重 组 城 市

——关于建筑学、城市设计和城市理论的概念模型

[美] 戴维·格雷厄姆·肖恩　著
张云峰　译
张　萃　校

U0293027

中国建筑工业出版社

著作权合同登记图字：01-2011-2529号

图书在版编目（CIP）数据

重组城市——关于建筑学、城市设计和城市理论的概念模型 /（美）肖恩著；
张云峰译 .—北京：中国建筑工业出版社，2016.6
ISBN 978-7-112-19077-5

I.①重… II.①肖…②张… III.①城市规划 – 建筑设计 – 研究 IV.① TU984

中国版本图书馆 CIP 数据核字（2016）第 028600 号

责任编辑：程素荣 石枫华 董苏华
责任校对：陈晶晶 张 颖

重组城市——关于建筑学、城市设计和城市理论的概念模型
[美] 戴维·格雷厄姆·肖恩 著
　　　　张云峰 译
　　　　张 萃 校
　　　*
中国建筑工业出版社出版、发行（北京西郊百万庄）
各地新华书店、建筑书店经销
北京嘉泰利德公司制版
北京云浩印刷有限责任公司印刷
　　　*
开本：787×1092 毫米 1/16 印张：19¾ 字数：360 千字
2016 年 8 月第一版 2016 年 8 月第一次印刷
定价：69.00元
ISBN 978-7-112-19077-5
　　　（28249）
版权所有 翻印必究
如有印装质量问题，可寄本社退换
（邮政编码 100037）

中文版序

——中国语境下的城市重组

城市设计是关注共同居住的设计。它关注我们如何在城市中共同生活，而不仅仅是关注视觉效果。它需要共享集体智慧以及个体、群体、社区组织、政治机构和专业组织的理解。集体共享的智慧在不同的国家呈现出不同的代码。每个国家都有自己独特的历史，每个城市从创立到现在的状态也都有着不同的发展历程。甚至对城市的定义都会随着时代变迁、国家和大陆的不同而有所差异。

十年前我写《重组城市》的时候，目的是反映我们共同居住的模式，即城市设计的模式。这需要进行不同层面的思考，从建筑设计到城市规划。城市设计专业已经演变为规划与建筑尺度之间重要的桥梁，我想通过本书识别在过去50年里欧洲及美国范围内该专业所进化出的几种语言。受本人旅行见闻所限，本书案例主要围绕欧洲和美国的城市，但同时也涉及拉丁美洲、日本、中国香港和澳大利亚等国家和地区。

基于这些有限的研究，《重组城市》集中讨论了三种共同生活的方式，这三种生活方式的模型广泛见于城市发展历史和理论中。第一个模型是封建社会和帝国时代，基于大规模人力与土地之间的农业生产关系。那时候的城市与乡村密切联系在一起，但除了行政管理和军事功能之外，城市与乡村地区的差别只是因为城市中存在着市场贸易。到1945年以前，全球大多数人口仍然生活在这样的乡村地区中，与欧洲工业和殖民地城市系统交织在一起。城堡、巨型宫殿、寺庙、大教堂、城墙和城门这些城市帝国的象征到今天还笼罩着现代城市，构成了城市的集体记忆。美国规划师凯文·林奇（1981）将这类城市命名为"信仰城市"模型。

我研究的第二个模型是工业城市。在大英帝国全球贸易的推动下，工业城市模式先是在英国起源，然后蔓延到其他欧洲国家，最后在美洲大陆扩展到前所未有的规模。19世纪的欧洲人对纽约和芝加哥等美国工业城市的增长规模和速度惊羡不已。与封建城市模式类似，工业城市模式也有许多变形。城市设计师试图用绿带将污染性的重工业区与工人住区分隔开来，如同英国规划师埃比尼泽·霍华德的《明日的田园城市》(1898)或勒·柯布西耶《三百万人口城市》(1922)所表达的那样。林奇(1981)将这类城市命名为"机器城市"模型。他将战后基于小汽车的郊区化城市阶段也归为这类模型，并为之创造出一套新的视觉和分析语言。这就是我们熟悉的当代蔓延城市,高层办公塔楼和大片低矮的住宅区与尺度宏大的高速路、地铁、铁路和机场等交通系统交织在一起。

林奇(1981)还提出了第三种城市模型，即生态城市。但是在他1983年去世之前没能完整地发展这个模型。《重组城市》在伊恩·麦克哈格早期生态研究工作的基础上将生态城市模型与詹姆斯·科纳和 Field Operations 等当代景观建筑师和事务所的作品联系起来，从乡村、地志、地理以及全球工业经济和现代房地产业等角度重新认识城市形态的发展。本书写于2002~2003年间，目的是希望借助新兴的景观城市主义(2005)运动提供一个新研究框架，使得城市形态的研究能够对诸如气候变化等全球敏感的生态问题有所回应。

《重组城市》一书的关键论点是，所有这些城市模型都有一些共同的组织和空间模式。它们会随城市规模有所变化，如今设计师借助电脑可以很轻松识别出这些特征。城市元素的概念并不新鲜，模式语言的方法也早已有之。不过关于可以在建筑与规划之间进行尺度调节的想法为城市设计提供了新的机遇。理论上，设计师可以在当代城市形态中应用罗和科特的《拼贴城市》(1978)思想，混合和搭配任意形式和比例，也可以将新形式应用到更早期的形态中，将其转化为新用途。如果有必要的话，即使是新城或者勒·柯布西耶的平板和塔楼住宅模式也可以被更新。《重组城市》为这类未来可能进行的重要尝试提供了理论和工具。

十年后再来回顾《重组城市》这本书，这种重塑和改造模型，创造新的混合模型的理想仍然是一个有用的目标。虽然将稳态空间、流动空间、变异空间三种元素组合为新模型的想法尚需更多的研究，但是可以想见，基于这类碎片分形的思想，新的城市设计科学正在形成。变异空间——城市中发生变化的场所——是一种非常有用的分析工具，它可以在各种尺度上发挥作用，随着时间的推移促进场所形态的转变。与现代媒体和通信相关的第三种变异空间形式，即幻象变异空间，现在看起来更加重要。

相比于中国近些年来所发生的人类历史上前所未有的城市化进程，我只有谦逊、严谨地介绍和推广这一模型。在过去十年里，这一伟大的成就使百万人摆脱贫困，以前所未有的速度创造了新城市和新区。这一计划还将在未来十年继续加速进行，同时促进那些没有城市户口的"漂流"工人在城市中定居。

任何城市设计师或历史学家都应在这一空前的历史功绩面前保持谦虚谨慎的态度。这样大规模的城市化进程和人口迁移必将不可避免地伴随着痛楚。我们的目标是尽量管理好这一转变过程，从而减少移民所产生的代价和痛苦。欧美工业化和城市化的历史已经表明，从农业基础转变到创造现代城市从来就不是一件容易的事。由于社会联系割断带来孤立感，新移民可能会经历"新城忧郁"，如同二战后欧洲新城镇或美国郊区中所发生过的。

《重组城市》的目的是提供一个关于城市组件的工具箱，通过对这些工具进行组合和重组，可以适应并提升之前的城市设计，从而使得过渡进程更加可持续和更有人情味。中国快速城市化的一大代价就是标准化住宅原型和城市设计布局的重复。这些设计以其简单和标准化被广为使用，它们建造成本低，易于被建筑行业接受。不过这些住宅对城市移民来说已经是巨大的进步，因为他们过去的住宅可能缺乏水电，下水及厕所等基本设施。

希望《重组城市》可以为未来重新思考及设计一些新城和住宅区提供一个框架，让它们能够更好地融入母体城市，功能上更加复杂，为人们带来更现代的住宅的同时也带来更丰富的生活。中国有着悠久的城市设计和创新历史，《重组城市》将在这一历史性的快速城市化进程中鼓励有中国特色的新混合体的出现。

我非常感谢本书的译者张云峰，他花了好几年的时间"攻克"这些我也花费了好几年时间编写的复杂文字。而且，这项翻译工作都是他在繁忙的规划工作之外，利用业余时间完成的。这种投入是学者的态度，他跨越两种迥异的文化，在高难度的概念和学术层面工作。翻译向来都不容易，尤其是当遇到一个看似简单但被赋予技术意义的词语时。如书中的"armature"，它是指一条线，一个线性的空间，像街道或道路，一个框架，一种组织机制，与电子词典中翻译所说的"士兵的盔甲"没有任何关系。张云峰在针对这些词语背后的复杂性的释译上颇费功夫，我深表感谢。

另外我必须要感谢阿西姆·伊南（Aseem Inan）教授，是他第一个在加利福尼亚大学洛杉矶分校（UCLA）教课时采用《重组城市》作为教科书，并向包括译者张云峰在内的中国访问学者强调该书在亚洲范围内的重要性。我还要感谢伦敦的编辑海伦·卡斯尔（Helen Castle），她帮助推进了该书在威利（Wiley）出版社的外译许可。最后，也是最重要的，我要感谢中国建筑工业出版社决定翻译该书，并在中国出版。我将本书献给所有我中国的学生和朋友，希望它对构建新型的、混合的、有中国特色的城市和乡村居住环境有帮助。

戴维·格雷厄姆·肖恩（DGShane）

纽约，2015 年 4 月

Recombinant Urbanism in a Chinese Context

Urban design is about living together, designing how we live together in cities and not only the visual aspects. It calls for a collective, shared intelligence and understanding by individuals, groups, community organizations, political structures and professional organizations. This shared intelligence is codified differently in every nation. Every state has a different history and each city in its turn has had a different development sequence from initiation to contemporary situation. Even the definition of what a city is can vary from period to period, from nation to nation, from continent to continent.

The goal of *Recombinant Urbanism* when it was written 10 years ago was to reflect on the patterns of living together, the patterns of urban design. This involved thinking at a variety of scales, from the architecture of a building to the planning of megacities. The aim was to identify several languages that had developed in the profession in Europe and America over the last 50 years when the profession emerged as an important mediator between the planning and architectural scales. The study was Euro and America centric, reflecting my restricted travel opportunities, with some orientation to Latin America, Japan, Hong Kong and Australia.

Based on this limited survey *Recombinant Urbanism* concentrated on three ways of living together formalized in urban models that appeared widely in urban history and theory. The first model was feudal and often imperial, based on the great mass of people tending the land in agricultural production. The city was intimately bound to the village and countryside, becoming an exception where market trade and exchange took place beside administrative and military functions. In 1945 most of the world's population still lived in such agricultural villages, often inside European, industrial and colonial systems. The symbols of these great urban empires still haunt modern cities, the castles, great palaces, temples, cathedrals, walls and gates that form a collective urban memory. The American planner Kevin Lynch (1981) identified this "city of faith" model.

The second model surveyed was industrial, accelerated by the global trade of the British empire and then spread to other European states and scaled up enormously to a continental scale in the USA. Europeans in the 19th century were amazed at the scale and speed of growth of American industrial cities like New York and Chicago. The industrial model, like the feudal came in many variations and urban designers tried to segregate heavy, polluting industry from workers housing and institute green belts, as in the British planner Ebenezer Howard's *Garden Cities of Tomorrow* (1898) or in Le Corbusier's *City of Three Million* (1922). Lynch (1981) identified this as the "city as a machine" model and developed it further to include the automobile based suburbs of the post-war era, creating a new visual and analytical language. This is the familiar contemporary model of the sprawling city with its office towers and residential slab blocks, great highways and subways, railway stations and airports.

Lynch (1981) proposed a third urban model the Eco-city but did not fully develop it before his death in 1983. *Recombinant Urbanism* links this model to the work of contemporary landscape architects like James Corner and Field Operations, building on the earlier ecological work of Ian McHarg to relocate the city back into the countryside, topography, geography and larger, global, industrial economy, including the real-estate industry. Written in 2002-3, *Recombinant Urbanism* hoped that the new *Landscape Urbanism* (2005) movement might provide a fresh framework for grounding the city and urban development back into a new global sensitivity to ecological issues such as climate change.

The key argument of *Recombinant Urbanism* was that all these urban models shared certain organizational and spatial characteristics, patterns that could occur at various scales and which, thanks to the computer, designers could now easily identify. The idea of urban elements is not new, nor is the idea of a pattern language, but the idea of scaling between the architectural and planning scale in urban design provided new opportunities. Theoretically designers could mix and match patterns, even scales, developing the idea of Rowe and Koetter's *Collage City* (1978) in new, contemporary urban forms. Theoretically these forms could be applied to earlier forms to recondition them for contemporary uses. Even new towns and Le Corbusier's models of slabs and towers could be reconditioned if necessary. *Recombinant Urbanism* provides theories and tools for this important future task.

Looking back at *Recombinant Urbanism* 10 years later this ideal of retrofitting and adaptation, as well as the creation of new hybrid models, still seems like a useful goal. The equations proposing combination of the three elements, enclave, armature and heterotopia in new models definitely need more research, but it is still possible to imagine the emergence of a new urban design science based on the idea of such fractals. The heterotopia as place of urban change still seems a very useful analytical device that shifts form and moves place over time, also working at multiple scales. The third form of heterotopia, the heterotopia of illusion linked to modern media and telecommunications, still seems especially important.

Such models are offered humbly against the background of China's recent historic process of urbanization on an unprecedented scale in human history. This enormous achievement in the last 10 years has lifted millions out of poverty and created new cities and districts at an accelerated rate unknown before. The plan is to continue this process even faster in the next ten years while also incorporating the "floating" population of unregistered workers into the settled urban population.

Any urban designer or historian must be humble in front of this gigantic achievement. Any urbanization process and human migration on this scale will inevitably involve some suffering. The goal must be to minimize such migration costs and suffering through processes to manage the transition as best as possible. Creating modern cities and moving from an agricultural base has never been easy as both European and American industrialization and urbanization demonstrated. The new inhabitants can suffer from "new town blues" and a sense of isolation from the disruption of old social ties just like in European new towns or in American suburbs after the Second World War.

Recombinant Urbanism is intended to provide a toolbox of urban components that can be combined and recombined to adjust and refine previous urban designs to make this transition more sustainable and compassionate. One of the costs of the speed of the Chinese urbanization process has been the repetition of standard typologies of housing design and urban design layouts. The simplicity and standardization of these designs makes them a well-known product, economic to construct and easily accepted by the construction industry. The housing produced is a great improvement over the migrants' previous houses that might lack water, plumbing, sanitation and electricity.

Hopefully *Recombinant Urbanism* can provide one framework for reconsidering and redesigning some of the new towns and housing blocks at some future time to become more integrated with their host city and more complex in their functions and use, allowing people a richer life together in modern housing. China has a long tradition of urban design and invention. *Recombinant Urbanism* will encourage new hybrids with Chinese characteristics that can emerge from this historic, accelerated urbanization process.

I am very grateful to my translator Zhang Yungfeng who has spent many years struggling with this complicated text that took me several years to write and edit. This has been in addition to his daily work as a busy planner. It has been truly a labor of scholarship, working at a difficult conceptual and intellectual level between two very different cultures. Translation is always difficult, especially so when dealing with apparently simple words that acquire a technical meaning, like an armature for instance. In English this is a line, a linear sequence of space, like a street or path, a framework, an organizational device that has nothing to do with a soldier's armor, the translation suggested by a digital dictionary. Translator Zhang has struggled with such complexities with much skill and I am deeply grateful.

In addition I must thank Professor Aseem Inan who first used *Recombinant Urbanism* as his textbook at UCLA and argued for its importance in the Asian situation to the Chinese Visiting Scholars including Translator Zhang. I would also like to thank my London Editor Helen Castle for facilitating the permission to translate at Wiley. Finally and most importantly I would like to thank the China Building, Architecture and Urban Planning Press for their decision to translate this book and make it available in China. I dedicate this book to all my Chinese ex-students and friends in the hope that it is useful in the construction of new, hybrid urban and rural habitats with Chinese characteristics.

David Grahame Shane

New York

April 2015

前　言

　　所有关于"重组"系统的讨论都要追溯到弗朗西斯·克里克（Francis Crick）和詹姆士·沃森（James Watson），是他们早在 20 世纪 60 年代就提出了 DNA 的概念。当克里克、沃森和莫里斯·威尔金斯（Maurice Wilkins）在 1962 年获得诺贝尔奖的时候，我还是伦敦的一名学生，那时候我就被他们的发现深深震撼了。很显然，这个理论在建筑学和城市学的研究中应该有很多潜在的应用价值。

　　克里克和沃森 1953 年发现的 DNA 结构，揭示了变异（mutation）现象之下隐藏的内在机制：一种有代码的、可以遗传、可以转换的 DNA 序列。改变这种序列就能够使有机体的结构发生变化。从此以后，有一种想法一直萦绕在我心头：城市里可能存在一种与生物学里 DNA 这样的螺旋代码相似的序列装置。不过，城市演员（urban actors）跟这种机制是什么关系，还是一个谜。即使排除纯粹的尺度上的差异，在这两个不同的领域能够找到的相似性也还是有限的；对城市进行的精心设计显然不同于生物体的变异过程，能量流经细胞也绝不同于能量流经城市。然而不管怎么说，通过多年的研究，城市演员们共享某种城市 DNA 它们又是怎样进行着代际交流的？

　　"韦伯在线词典"对"重组"（recombinant）的第一个释义是"关于或显示基因的重新组合"；第二个释义是："关于或包含重新组合的 DNA；DNA 重组技术所产生的"。词典中对"重组 DNA"的解释是"剪切 DNA 分子成为片段，并把一种以上组织的 DNA 片段进行粘接的基因工程技术"。重组本身是一个"对母体中没有出现过的基因进行交叉和独立的组合"。重组的过程允许出现不同的演员，允许根据环境变化有不同的反应。这也解释了代际遗传的特征变异和达尔文的自然选择理论。

　　我们在城市的发展模式中也可以发现类似的变异过程。在寻求增加效率、扩大利益或者娱乐方式的过程中，城市演员将相关的城市结构要素拼接（splice）在一起，形成新的布局，从而方便自己的活动，或者在新的环境下重新利用原有结构。与基因重组类似，城市拼接包括了分类（sorting）、分层（layering）、重叠（overlapping），并且把完全不同的要素组合起来形成新的组合体（combinations）。于是产生了突变或者杂交的形态，并形成了城市的边界，从而使得城市演员们可以在无法预见未来的情形下成长和变化。在这一过程中，城市演员们在层级化的城市空间矩阵（spatial matrix）中通过自己的行动创造了新的城市空间。进一步讲，我相信这些城市演员的行动已经从根本上被全球范围内不断加强的通信网络及其对公众、政府和公司反馈的信息所改变。我所感兴趣的是：找到一些理论来帮助我们认识并处理这样一个复杂的、没有任何个人能够掌控整个系统的重组世界。通过信息系统内部的反馈就可以对人的行为进行检验和制衡，而不是对每一次行为与空间的互动做出预先规定。

城市理论家凯文·林奇通过他的城市建模技术为我们提供了一种讨论城市重组现象的语言。林奇创造的这种语言可以用来描述一个清晰的城市系统，在行人、汽车以及其他各种尺度下分析空间发展的动力。林奇关于城市及其概念模型方面的探索，为我们研究当代的、全球化的、蔓延的巨型城市提供了非常有价值的工具。利用凯文·林奇的术语，我们可以给这些城市命名为"星系"（galaxies）、"多中心网络"（polycentric nets）、"蕾丝网络"（lacework nets）、"交互网络"（alternating nets）。在本书中，我试图用准基因重组系统来重新诠释林奇的工作。我把他的三个标准模型——信仰城市（the City of Faith）、机械城市（the City as a Machine）和生态城市（the Ecological City）——整合进一个可以变革的重组系统里。在这个系统中，构成系统的要素由城市演员们激活，但是没有任何一个演员具有支配地位。

对城市元素的分类（sorting）、排序（sequencing）、拼接（splicing）、重组（recombining）已经有很长的历史了。我站在许多城市学家的肩膀上来认识错综复杂的城市，因此我自己也在充当着重组的媒介。除了林奇，还有斯皮罗·科斯托夫（Spiro Kostof）、弗朗索瓦斯·科伊（Francoise Choay）、米歇尔·福柯（Michel Foucault）、柯林·罗（Colin Rowe）、阿尔文·博雅斯基（Alvin Boyarsky）。我会在本书中尽量按原意表达这些伟大学者的见解，同时我也要阐述清楚我自己的观点，因此本书中不时地会有其他人的声音出现，也会涉及相当多其他作者的理论。不过我会试图把这些理论的来源说清楚，而且我会根据自己的写作目的选择这些作者。最后，由于我不是研究林奇、科斯托夫、科伊，或者福柯的专家，所以我在本书的写作中不得不仔细研读那些真正研究他们的专家的作品。我要通过本书的文字向他们致敬。

我对林奇的理论的处理就是创造性地采用借用和重组方法的一个好例子。我从未与林奇一起做过研究，也没见过他，因此我对他的理论有所误解是很有可能的。但是我在利用他的理论进行我自己关于城市形态变化与重组的讨论时，会尽量把他的目的与方法阐述清楚。类似的，我要重新诠释我年轻时师从伦敦阿基格莱姆小组，以及在康奈尔大学师从柯林·罗时的思想，来支持我自己关于现代主义者机械城市的瓦解及其分解为专业化碎片（稳态空间）的想法。

因此，像所有城市演员一样，我是把（这些）碎片拼贴起来达到我的目的，把不同的样本拼凑起来表达我的论点，并且把讨论引向我心目中未来的发展方向。林奇的词汇可以用来讨论后现代城市——他的词汇适用于所有关于后现代城市的研究。柯林·罗和弗瑞德·科特（Fred Koetter）的词汇可以用来描绘城市碎片是如何在主导演员或者演员群体的控制下进行组合的。基于两种全然不同的语言，应用于不同尺度，我调配出了第三种语言——一种使用前两种语言的元素，并且加入了福柯的变异空间的概念。

在聚焦重要的设计问题之前，作为辅助，我将提供7个观点，或者说是以7个基准概念作为前面四章的导读。这些观点与现在以及对未来的预测有关，它们不仅有助于读者（尤其是设计师）读懂本书内容，而且有助于读者重新建立城市的概念，并适应新的城市环境。

1. 城市总体规划的消失

在后现代城市中没有一个人能掌管一切；由单一权力绝对掌握一个巨大的城市的时代已经一去不返。不再有能够裁决或者协调复杂变化的单一逻辑、声音或者时间表。设计师必须要和多种演员按照多种时间表工作。在所有尺度上，从细微到局部，变化都在以一种不断增长的碎片方式零碎地发生着。

2. 后现代城市中非理性的存在

考虑到单一控制中心的缺失，传统单一功能的区划条例将不可避免地被更容易适应多元演员的变异和弹性系统所代替。城市里将会出现奇怪的富裕与贫困、效率与浪费、工业与商业、生活与工作、快乐与痛苦的并列体（juxtapositions）。非理性的行为不再像过去那样受到集体无意识的镇压，城市演员们现在可以毫无愧疚地大胆表达他们的愿望，并允许在城市常态和并列体中出现异常。设计师必须在持续增强的"非理性"状态下工作，并把非理性的因素融入他们的工作中。演员们仍然会寻求社会公正，但是不会得到来自控制中心或者审查官①的有效帮助（或者阻碍）。这种控制中心的缺失使得休闲活动和之前法律所不允许的娱乐活动得以在整个城市中浮出水面。不过，缺少中央权力并不意味着没有来自保守势力的抑制性反应。这些势力服务于他们自己的目的的，也是新城市状态的组成部分。

3. 城市是一个紊乱的反馈系统

作为能量和人口的净流入体，城市始终处于不平衡状态。假想城市在生态和社会方面能够实现完美的平衡无异于假想一个不可能的乌托邦。简·雅各布斯在她1960年代以后关于城市的著作中指出，"城市的动力基于城市演员对空间竞争的衡量与比较"。对雅各布斯而言，这是一件好事情。因为到目前为止，正是由于城市的唯一性和和谐性，才使得城市变得停滞、固定，缺少弹性，不能适应变化，从而走向衰灭。而通过冲突、竞争、妥协，城市演员创造了新的知识和产品，才使人类的存在得以延续。

4. 城市是由异质流系统（heterogeneous flow system）组成的组合体

凯文·林奇发明了一套针对变异城市系统的术语体系来解释新的城市状态。这套术语体系为讨论后来出现的宣扬大尺度城市景观的所谓"反城市"（reverse city）（维加诺）或者"网状城市"（net city）（奥斯瓦尔德；这种理论在弗兰克·劳埃德·赖特的广亩城市理论之后就走向衰落了）提供了一种工具。为了追踪这种去中心化的新现实情况，林奇把观察的焦点转向大尺度系统。通过这种转变，他发现了新的城市模式——星形、网状、星座型等等，通过现代通信与交通系统，也就是流动空间，组织在一起。他把这种多形态的城市与传统的小尺度、静态的城市，即稳态空间作了对比，他发现过去主导欧洲和亚洲小城市的秩序在大城市中依然存在。林奇通过心理访谈和图像认知实验，发现他所说的"城市印象"在城市居民心理普遍存在。林奇与那些简单地谴责巨型城市蔓延或者市中心历史街区的现代主义者不同，他是出于实用的考虑，试图通过实验来揭示其中内在的逻辑。

5. 城市是由异质性碎片组成的拼凑体（patchwork）

林奇的理论没有对城市演员的理性和非理性欲望在特定的地点和场所（稳态空间）的相互适应问题做过多的研究。在创造这些城市秩序的新模式或者"补丁"的过程中，起主导作用的城市演员排除了那些不适应的（其他）演员和元素。考虑到这种困难，我借用柯林·罗和科特的《拼贴城市》（Ccollage City）（1978年）的理论，把"拼贴"

① 审查电影书刊，与演员的说法相呼应。——译者注

作为包容性的策略。这个理论比较早地指出城市是由完全不同的城市演员和元素组织起来的多尺度碎片系统。罗在研究帕拉第奥、立体派（cubism），（建筑的）分层和透明等方面十分有经验，而科特专注于研究构成后现代城市的多尺度元素，他们的经验增加了我的工作的深度。拼贴技术和1920年代发展起来的达达艺术、1930年代发展起来的超现实主义一起，被城市演员们不加限制地使用，可以被视为后现代城市许多组合体和令人惊奇的并列体产生的渊源。1960年代纽约城市设计小组在罗伯特·摩西（robert moses）早期的"万能公路"总体规划（all-powerful highway master-planning）技术失败之后也应用了类似的理论。《拼贴城市》提供了一种战略性的方法，不用像林奇那样给出一个复杂的普遍适用模型，或者去试验各种跨越广阔城市边界的元素组合或重组的方法。

6. 城市变异空间是一种专门的碎片，是城市中孵育变化的温床

我使用米歇尔·福柯关于变异的理论来特别强调在现代城市和后现代城市中，当城市演员把城市元素切分和重组之后，城市系统和碎片是如何产生变化的。福柯关于变异的概念丰富了罗和科特用来分析城市的复杂性和模糊性时使用的"建筑原型"工具，这种工具主要应用在城市的中等尺度上，这是一种随着时间的推移能够容纳不同城市演员的尺度。1970年代，福柯发现城市中一些特定的场所对变化和杂交的进程有促进作用，他把这些场所叫作变异空间。在变异空间中，（演员的）乌托邦式（utopia）理想可以作为规则和目标存在并且发生作用。然而，这种变异空间是受到时间和场所限制的，并非真正的乌托邦。福柯列举了诊所、医院、学校和监狱作为变异空间的典型。在这些场所中，有专业人士治疗病人、教授学生、改造罪犯。这种变异系统对现代城市来讲是必要的，它的主要作用是通过建筑手段（architectural means）来维持社会理性，创造出更加开放和公平的系统。为了促进这种过程，演员们建造了微型城市——各种不同于宿主城市的具有一定代码的细胞，在这些细胞中允许特殊的内部控制与互动（例如监狱），而这些活动在细胞之外的宿主城市中是被禁止的。

城市演员可以通过实施有形的试验来控制变异空间或者碎片中的变化，而不必冒险建设大规模不平衡系统。如果实验成功，演员可以把新模型向外界输出、拷贝（或者更替原有模型），随着时间的推移，这些新模型就成了新的典型。曾经令人惊异或者是超现实的（矛盾）并列体逐渐地融合到宿主城市的社会实践中。福柯识别了很多种变异空间，本书集中研究三类：危机变异空间、偏离变异空间和幻象变异空间。

7. 城市是由变异性节点（heterotopic nodes）和网络（network）形成的层级结构

城市演员使用拼贴的方法并采用不同的联结系统（armature）来构成城市中的秩序碎片；同时也创造出内部带有多细胞结构的变异空间来促进变化。城市演员可以横跨地域（稳态空间），在水平层面上组织这些碎片或是细胞，形成"反城市"（reverse city）的地貌；或者在一个节点中把他们集中起来，在后一种情形下垂直的片段则变得十分重要。当然也可以同时使用两种组织方式。出于这种理解，在1980~1990年代，设计师们逐渐开始用变异的策略来整合大量（矛盾的）演员与行为。比如底特律这样的衰落中的后工业城市，既有增长的空间也有衰落的空间，景观城市主义者在这类城市中的工作就是采用变异的策略来包容两方面的矛盾。

1980年代，解构主义学者对想象中的城市进行片段拼接（sectional configuration）和韵律重组（recombinant poetry），这反映了他们对城市的动态不平衡状态的认知。解构主义者和设计师们针对全球化网络中出现的城市超密度节点（hyperdense nodes）的新特点，通过创造新型的高媒体化（media rich）的公共空间，把非理性、中央参考点的缺失、"潜意识"等因素结合起来。元素在空间中的分层变得特别重要，抛弃单一视角，对潜在的矛盾解读采取模糊化的方式，从而有可能产生新的韵律。系统的拼贴（collage）、拼凑（bricolage）、剪贴（decoupage）、剪辑（montage）[1]、组装（assemblage）、块茎组装（rhizomic assemblage）[2]（后文将会详述这六个概念）描述了在新兴高媒体化的环境下不同的联结技术。这些联结技术反映了城市演员和联系每一个城市碎片或片段的动力流之间的关系。

这7个要点表达了我关于后现代城市本质上是一种新的城市状态的理念。后现代城市不再像以前那样简单和纯净，城市演员与设计师们现在不可避免地要处理无处不在的变异（heterogenous）和混合

---

[1] 通常用于电影的术语，指把分切的镜头进行剪辑和组合。根据影片所要表达的内容，和观众的心理顺序，将一部影片分别拍摄成许多镜头，然后再按照原定的构思组接起来。——译者注

[2] 来源于法国哲学家德勒兹的哲学概念。《德勒兹思想要略》（陈永国）中对这个哲学概念的解释为：块茎是一种植物，但不是在土壤里生芽、像树一样向下扎根的根状植物。相反，块茎没有基础，不固定在某一特定地点。块茎在地表上蔓延，扎下临时的而非永久的根，并借此生成新的块茎，然后继续蔓延。如同马铃薯一样，一旦砍去地上的秧苗，剩下的就只有球状块茎。一个球状块茎就是一个点，点的链接就是生长过程的结果，德勒兹把这个过程称为"生成"。生成不是由物的状态决定的，并不根植于确定的物的状态之中。——译者注

（mixed）。我还认为，在分散的反城市中，媒体和通信系统已经改变了我们看待和使用城市的方式。人们在城市中活动并且获得信息，这种方式是从前所没有过的；对场所的大规模市场营销也从以往的宗教圣地延伸到像迪士尼世界这样的地方。

这7个要点也表达了我作为一个居住在美国的欧洲人对城市未来发展的预见。尽管我有着广泛的信息和资源网络，但是由于我自己的兴趣和经验，作为一个作家、城市主义者和城市演员还是有明显的局限。局限之一是我的欧洲中心主义。这是因为我去过的地方有限——我的大多数旅行是在欧洲（包括伊斯坦布尔）、美国和日本——而不是因为我对其他地方的发展有偏见。我的研究尽量来自我亲自去过的地方，这样我可以有一些现成的感受，尽管有时候因为看到特别有启发的案例我会打破这个惯例。这种自我强加的惯例把我的视角限制在熟悉的城市，或者至少像中国香港、加拉加斯、墨尔本这些曾经去过的城市。这样的结果是，这本书忽略了发生在非洲、印度次大陆等地方的大规模城市化。我希望通过限制视角让我脚踏实地。本书选取的案例范围很广泛，但主要还是为了讨论城市的问题（并非为了无所不包）。

《重组城市》这本书试图把不同的城市设计思潮粘接起来，以加强城市设计这个新鲜的、有待探索的领域。我想要给设计师和学生提供一种与不同的城市演员进行交流（异花授粉）的工作方法。我希望读者们要有耐心；我自己的选择和偏好会在本书最后出现。在这之前，我想要尽量把作为我思想来源的众多理论提供给读者。我的目的是给那些必须在21世纪网络城市的"扩大的领域"，包括不受欢迎的景观、高密度和全球城市节点在内的网络化、媒体化的环境中工作的设计师和城市演员提供一些有用的策略。我们需要新的策略和手段来处理后现代城市——这个由传统环境和控制论引导下的信息化环境混杂在一起的碎片系统。

目　录

绪　论

本书对城市演员们在各种尺度下重组城市元素并构建城市概念模型的方法进行了重新审视。无论是建筑师、城市设计师、还是景观设计师，城市演员们都在城市中扮演着催化剂的角色，他们的工作都要依靠对城市建立起来的概念模型。一个好的城市模型能使设计者理解城市及其组成元素，有助于设计决策。依靠城市概念模型，城市演员可以在复杂的城市环境和多种尺度下把握方向。

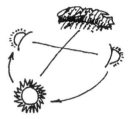

图 0-1　凯文·林奇：信仰城市的详细图示，《城市形态》，1981 年

城市理论研究者已发现了许多种标准城市模型（几乎都分为三类），它们是城市巨系统经历时间的推移而形成的稳定原型。这些模型的优点在于它们是一种标准的概念体系——采用简单的组织结构和清晰的表达方式——解释城市应该是什么样子。每个模型趋向于代表城市发展的一个阶段，与三个模型相关联的三个阶段通常被称为工业化前期、工业化时期和后工业化时期。

在《城市形态》（1981 年）一书中，凯文·林奇描述了后来产生巨大影响力的三个模型：信仰城市（图 0-1）、机械城市（图 0-2）和有机城市（即生态城市）（图 0-3）。一些研究城市历史的著作，如斯皮罗·科斯托夫的《城市的形成》（1991 年），都引用了这三个模型。但是书中没有说明一种模型如何转换成另一种。我将论述构成这三个模型的城市基本元素：流动空间，一种呈线性组织的装置；稳态空间，一种以自我为中心的装置；变异空间，一种嵌入到更大系统中的混合性空间，在稳定城市模型以及促进城市模型的转换中起着关键性的作用。流动空间、稳态空间以及变异空间构成了城市的基本元素，在不同文化、不同场所和不同历史阶段，不断地进行组合和重组。

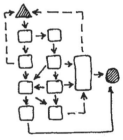

图 0-2　林奇：机械城市的详细图示，《城市形态》，1981 年

在第一章，我探讨了凯文·林奇的"城市理论"，概要描述他的三个城市模型，这三个模型不仅考虑了城市静态的结构，还包含了城市的瞬间状态和理想愿景。凯文·林奇对他的同代人只关注城市碎片、总体规划以及基于功能和经济的地方性城市设计的短视提出了批评，认为城市设计应该关注更高的精神层面的内容。在本章的结尾，我回

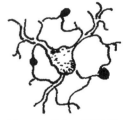

图 0-3　林奇：有机城市的详细图示，《城市形态》，1981 年

1

顾了林奇对当代景观城市主义运动等强调"城市设计"（city design）是一种大尺度的系统设计过程的影响。

在第二章，我概括了林奇关于"城市设计"（urban design）理论的评论。在他的理念中，城市设计的起源与购物中心（shopping mall）的设计有极大的关联性。林奇对城市设计起源的批驳有一些是正确的，因为他曾亲自研究过购物中心，并参与过对旧城中心创造性再利用（例如对旧城法律法规的创造性使用）和新建购物中心的设计工作。林奇的《城市印象》（1960 年）和他 1958~1959 年间在波士顿中心区的工作皆是致力于这些改变，其工作还早于贝聿铭在 1961 年所做的波士顿总体规划和城市设计。然而，在 1970 年代和 1980 年代，波士顿快速发展的房地产业远远超出了林奇的控制和他的喜好。我还查阅了乔纳森·巴奈特（Jonathan Barnet）和纽约城市设计小组在 1960 年代的作品，以及在罗（Rowe）和科特（Koetter）的《拼贴城市》（1978 年）中出现的城市碎片竞争理论。欧洲传统的城市设计（如 1820 年代启蒙运动向德国慕尼黑的传播）起源于文艺复兴时期封闭的透视学，远远不能适应现代主义及城市和区域的发展。罗和科特尝试翻新这些传统，允许设计师在谨慎控制的郊区稳态空间（anclaves of stasis）内重组传统要素（后来被美国新城市主义者所倡导）。通过学习《拼贴城市》中关于城市规划和空间分层（layering）的分析，我也提到了 1980 年代和 1990 年代解构主义设计师如何通过修改城市设计代码（code）来创造新奇的重组体。本章中，我主要强调了流动空间作为城市设计中线性空间组织工具（组织城市和摩天楼的竖向剖面）的作用以及变异空间促进实验和变革的作用。

在第三章，我详细探讨了流动空间和稳态空间在各种城市模型和城市设计碎片中的组合。并通过古代、现代和当代的案例，总结了流动空间与稳态空间的各种组合关系（图 0-4）。

第四章重点讨论了变异空间作为一种变化（change）的场所，在平面和剖面的不同尺度上，组合或重组城市元素的方式。我强调了在

图 0-4　左图：伊斯坦布尔的集市，1464 年　右图：朱塞佩·门戈尼：米兰的埃马努埃莱二世拱廊，1877 年

后现代城市多变的环境中变异空间容纳由快速交通和通信系统引起的快速变化的作用。本章还回顾了变异空间对稳定三个标准城市模型（林奇献给城市设计师的伟大礼物）所起的作用。

本书的主要观点是：城市由一系列碎片和稳态空间构成，这些碎片和稳定体由流动空间——交通和通信网络——组织起来，构成相互联系的生态系统。它们坐落于大地景观中，由于大量变异空间的植入而显得异常复杂。变异体是城市中容纳和产生变化的主要场所，包容着特殊的活动和人群。我从米歇尔·福柯关于变异的研究中选取了三种类型的变异体，结合我的研究加以详细区分。我认为稳定空间、流动空间和变异空间三种元素结合而成的混杂体（hybrid）构成了当代城市化进程的空间基础（图 0-5~ 图 0-7）。

福柯的第一种变异空间——危机变异空间（heterotopia of crisis），主要是将变化介质隐藏在城市常规建筑中，伪装那些触媒性的活动。福柯的第二种变异体偏离变异空间（heterotopia of deviance），是一种在严格控制的环境中培育变化的空间。在一些具有高度纪律秩序的小单元中——主要是公共性的机构，社会成员间的关系被有组织地进行重构，以产生可能引起社会变革的新秩序。这些机构包括大学、诊所、医院、法院、监狱、兵营、寄宿学校、殖民城镇和工厂等。在这些地方，人们被召集、分类、操控，最终由公共机构输出到社会中，保证制度和文化的延续，并增添新鲜的内涵。以工厂为例，工人按照工业生产的规程有秩序地生产物品就是一种新的社会标准模型。在较大尺度上具有掌管城市能力的城市演员，无论他是什么样的人，其行为都会产生新的代码（code）。

第三种培育变化的变异体类型是幻象变异空间（heterotopia of illusion），它由貌似杂乱、富有创造性和充满自由想象的空间构成。在这类充满幻象的场所中，变化集中而快速，系统的组织规则会毫

图 0-5　左图：稳态空间图示
中图：流动空间图示
右图：变异空间图示

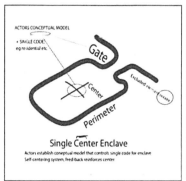
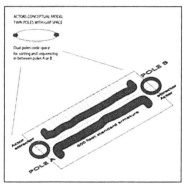
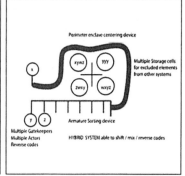

图 0-6 （a、c）流动空间顶视图——拉斯维加斯弗里蒙特大街，捷德国际建筑事务所，1995 年；（b）流动空间节点——弗里蒙特大街

无理由地快速发生变化。这类场所包括各种正规和非正规的有组织的市场、大集市、拱廊商场、百货商场、中庭、购物中心、大型购物区、证券交易所、赌场、宾馆、汽车旅馆、电影院、剧场、博物馆（包括当代艺术博物馆）、集市、环球中心、主题公园、温泉疗养地、健身馆、妓院等等。这些场所的主要功能是娱乐、休闲、消遣、展示，而非工作。

很显然，城市是在变化的。问题是城市是怎样变化的？本书认为

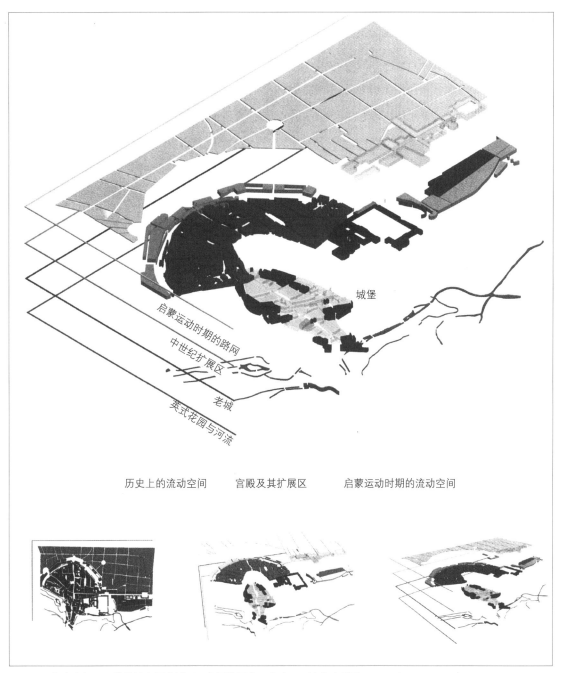

图 0-7 稳态空间——慕尼黑多层分析图，由罗德里戈·伽迪亚·达奥索所画，2004 年

在城市化过程中，变异空间所产生的新奇的、不稳定的变化以及这些变化的转移是使得三类标准城市模型相互转化的根本原因。这种城市模型的转化贯穿在历史发展进程中，并在我们身边持续地发生着。城市演员们为了更好地支持他们自己的活动，一直在寻求对既有城市元素进行新的重组。

第1章
什么是城市理论？

1.1 什么是城市？

> 城市（city）是一个相当大的、密集的、异质性社会个体的永久聚居地。
>
> ——L·沃斯（L.Wirth）《作为生活方式的城市主义》

> 城市，即一群精力充沛的人生存和生活的地方。城市与绝对的规模和人口数量无关，而是与居住密度有关。
>
> ——斯皮罗·科斯托夫（Spiro Kostof），
> 《城市的形成》（The City Shaped）

乍看之下，给城市下定义很简单。像其他的文化一样，根据欧洲的传统，城市是一个区别于乡村的密集聚居地，城市和乡村处于基本文化对立的两端。几个世纪以来，城市通过实体城墙与乡村分隔开。由于欧洲城市规定城墙外必须设置防御缓冲区和禁止建设区，城和乡的隔离被这种规定不断强化，以至于在城门一定距离以外产生了亚城市地区（sub-urbs，规模小于城市）。这种分隔起初是出于军事和防御目的，但是到后来逐渐形成了禁忌、城门、城墙等一系列的强制性要素，使城市与乡村始终保持着距离。城市与乡村之间的流动是被禁止的，城市向外围农田地区扩展也要受到控制。传统的城市是一个专业化的封闭地区（enclave）。城市外围的耕地、乡村和封建领地有组织分布在庄园和村庄周边，依靠牲畜和人力作为动力；而它们所形成的财富则在城市中进行积累。在封建领地体系中，佃农和农夫被牢牢地捆绑在土地上，一代又一代地传承着这种人地关系，城市居民则摆脱了这种人地关系的束缚，他们在与土地的关系方面是"自由"的。

这种城墙和禁忌系统已经深深地融入了英语的语言结构。在美式英语词典中，"city"是城镇体系中的一个点，并且代表一种网络关系。

在传统城镇等级体系中，最高层次是大都市（metropolis）。《韦氏词典》对大都市的定义为："一个国家的首位城市，首都。"这个词起源于希腊语，意为"母邦"（parent state）（metro-mother，polis-state）。"city"在《韦氏词典》中的定义是："比镇和乡村具有更大人口规模的聚居场所。"《牛津英语词典》将"city"定义为"一个重要的镇"，"由于城市宪章（city charter）而形成的城镇（town），特别是包含有大教堂的城镇（但并不是有大教堂的都是城市，反之亦然）"。"镇"（town）——城镇体系中的更下一级，是"很多住宅的集合，并由城墙和围栏所包围，是一个具有相当规模的住房的集合（大于一个乡村的规模，通常与乡村相对立）"。镇的下级是村（village）。"村"是一堆住房的集合，比小村庄（Hamlet）的规模大，比镇的规模小。位于等级体系最底层的是小村庄，即一个小规模的村，特别是指那种没有教堂的自然村落。

塞巴斯蒂安·塞里奥（Sebastian Serlio）在《建筑五书》（公元前1537年）中对这种传统的欧洲城市等级进行了形象化的分析。他发现三种基本的城市场景（urban settings）可以产生戏剧性的效果。这三种场景分别是：高贵或悲剧（Noble or Tragic）场景、喜剧（Comic）场景和酒色（Satyric）场景。他使用最新发明的一点透视"科学"技术在书中再现了这些场景。虽然塞里奥的三种城市场景来源于公元1世纪维特鲁威对罗马剧场戏剧场景的描述，但是这些场景仍然能够镜像（mirror）出当时出现的文艺复兴城市以及城市空间的专业化倾向。他采用印刷出版的书籍——一种新发明出来的媒体方式，来表达这三种场景。塞里奥的书中有三幅街道透视的木版画，分别表示三个舞台场景。从词典中对"城市"（urban）的定义来看，这些场景显然是"城市的"（urban）。即便书中对城市等级中最底层的小村落的描绘，也是处于半自然环境中。

塞里奥书中的每一个城市场景都有明确的视觉秩序。在他的设想中，每一个场景都代表一种文艺复兴时期城市网络中的世俗画面。城市演员的活动在这些场景中变得专业化，每个人都需要一个特定的环境和一套专门的道具或标志。例如，古罗马纪念碑是悲剧场景（Noble scene）的主题标志，这个场景中到处散发着顽固的社会等级秩序；街角商铺加上妓院和无序的街景布局代表喜剧场景（Comic Scene）。每一种场景都代表了一个不同的城市系统。每一种系统都有自己专门的演员和吸引点、活动和场景、表演空间和道具。

在悲剧或高贵场景中，街道是有秩序的、古典而庄严的。这是一个王子及大臣们参加城邦公共活动的典型场景。街道两侧布满古典宫殿建筑，从城市中心一直延伸到城门。透过拱形的城门可以看到城外散落布置的古罗马亡灵纪念碑——方尖碑和金字塔。在街道中间坐落着一个古罗马神庙——这是取材于现实中罗马城台伯河边的一座神庙，在王子大臣们和文艺复兴式宫殿的映衬下显得十分矮小。画面里还有古罗马的风塔（取材于罗马论坛）、斗兽场的一角、万神庙的穹顶等等。这个城市场景无疑是塞里奥对古罗马城（曾经是古代世界上最大的城市，人口超过 100 万）的认知——即使描绘的不是真实的罗马城，也是他想象中的古罗马城（图 1–1）。

　　塞里奥的第二个城市图景——喜剧场景，远没有那么有秩序。充满生气的市场交换场面创造出一种混乱的场景。场景里面每一个人都在自下而上地表达着自己，扰动着整体秩序。喜剧场景展示了各种各样的建筑组合、建筑高度和建筑风格。这幅画面里的街道是尽端式的，蜿蜒的街道尽头是一座坍塌了一半的教堂或礼拜堂。在这里塞里奥再现了从北欧（布鲁日和安特卫普）延伸到伊斯坦布尔，再延伸到更广阔地域的中世纪贸易网络中形成的商业城市。城中的每一个商人都在努力实现自我表达最大化。每一幢相邻的住宅都不相同，店铺牌匾争奇斗艳，竭力宣示着自家的与众不同。联排住宅既用作居住，同时也是店铺，从乡村来的学徒在店铺中接受培训。在塞里奥喜剧场景的木版画中，一个街角哥特式小商铺的货物和柜台都摆到了街道上，屋顶晾晒的衣物跟楼下工厂里正在纺织和漂染的布料完全不一样。在画面前部另一个位于街角的建筑，里面是一家小酒馆，一架木楼梯通往上层，有标志表明上面是一家妓院。街道尽端的教堂明显受到忽视，一棵小树遮住了教堂的钟塔。这幅图画暗指的是形成于中世纪意大利的名为卡斯特莱尔家族的领地（enclave），像锡耶纳或圣吉米尼亚诺这样的山

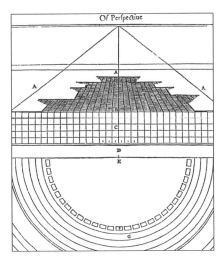

图 1–1　左图：塞巴斯蒂安·塞里奥：舞台的透视结构图，《建筑五书》，1537 年
右图：塞里奥：悲剧场景，《建筑五书》

地城镇。每一个家族领地的城市里都有自己的防御性教堂，通常都布置在弯曲的街巷里面。莎士比亚的《罗密欧与朱丽叶》（公元前1592年）就参考了类似的城市形态。

粗看上去，塞里奥的第三个城市场景并没那么"城市"。在第三幅木版画中，"城市"被淹没在自然景观之中。场景的主体是长满大树的林荫路，林间掩映着稀稀落落的乡村小屋。林荫路的尽头是一个小酒馆——这里是乡村生活的中心。这个酒色场景代表的是小村庄（Hamlet）——城市等级中乡村的最低级形态。这幅画特意与前两幅高密度的城市图景形成明显的对比。在这个场景里城市演员处于一种弱势环境中，必须要在不同的天气状况、庄稼、农耕技术以及必要的分散居住模式条件下工作。"酒色"（Satyric）这个词值得注意，古代神话中satyrs就是半人半兽的杂交体①。酒色场景中种满树的乡村道路所构成的几何形态是街道透视融合自然景观的最早的线索。塞里奥的时代是一个设计师"矫揉造作"的时代。设计师们热衷于打破早期文艺复兴建筑完美的几何形体，创造出奇怪的混杂建筑，如伯拉孟特（Bramante）在罗马梵蒂冈设计的坦比哀多神庙（蒙托利奥的圣彼得教堂，1502）。所以塞里奥设计的城门把切割粗糙的石工和精细加工的古典石工工艺融合在一起，创造出一个混乱的建筑杂交体（图1-2）。

喜剧场景意图通过展示城市上流社会贵族和商人们的腐朽生活空间（enclave）来嘲弄他们的自命不凡和唯利是图。像莎翁笔下《仲夏夜之梦》中的乡巴佬一样，塞里奥画中的村民也是置身于城市宫廷贵族和商业资产阶级上演的讽刺剧舞台之外，完全处于与之平行的另一个世界。这种沉浸在农业景观中的奇怪混合秩序，暗示着文艺复兴时

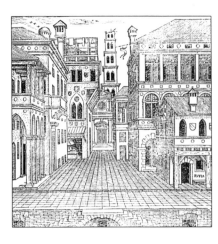 

图1-2　左图：塞巴斯蒂安·塞里奥：喜剧场景，《建筑五书》，1537年
右图：塞里奥：酒色场景，《建筑五书》

---

① 古希腊和罗马神话中半人半兽的森林之神，常用来比喻性欲极强的男人。——译者注

期城市的脆弱。

塞里奥时代的真实城市是这三种场景的组合体。这种组合是政府控制、市场和贸易发展，以及农产品生产、交易、贮存循环三者合力的结果。文艺复兴时期的艺术家，如塞里奥和莎士比亚等人，对这些城市中不同寻常的元素十分熟悉，对它们之间相互作用所产生的能量也很清楚。所以塞里奥构建的三个场景采取线性的、以街道为组织中心的方式并不意外。街道—广场的线性组织序列能够吸引人群大量集聚，继而产生人群和空间的压缩，这种压缩又造成了高密度的活动和人群的多样化，这对于形成一个具有活力的城市至关重要。

城市首先是区别于乡村的。不过城市与乡村通过食物供应、防御、服务、人力等网络保持着密切联系。城市历史学家斯皮罗·科斯托夫在《城市的形成》（1991年）中使用一系列的"点"来描述这种关系。他先引用了本章开头引用的沃斯的话，接着引用路易斯·芒福德关于城市的论述，"城市是社会生产力和文化最大化集聚的点"，然后他又强调城市是一种能量聚集的焦点，或区域经济的"引擎"。城市通过多样化和相互联系的专业化活动创造利润。他列举了贸易、集约农业……食物剩余的可能性、物质资源、天然港口等地理资源、国王等人脉资源等等。依靠这些资源获利的城市居民，科斯托夫写道，"（他们）通过特殊的城市代码（code）保卫着这些利益的源泉"，他们建立起"一些界限——不论是实体的还是象征性的，来将正常的城市秩序和那些不正常的情况区别开"。人们被要求实施、服从、维持这种代码的信用，结果形成了演员角色的专业分化。于是城市就充满了各种专业化演员，变成一个"由牧师、工匠、士兵等不同身份的人组成，财富非平均分配的场所"。这种贫富差距导致了职业分工和社会阶级化。城市逐渐容纳不同的人群，内部动力开始变得不稳定。

城市同时也充当着一个区域中吸引人们居住的地方（attractor），提供其他地方无法稳定获得的专业化产品和服务。欧洲核心地区的帝国首都、外围蛮荒之地的殖民城市或者是像欧洲里尔那样的后现代城市，都发挥着聚集区域物质与文化流的焦点作用，并与全球交通与通信系统紧密联系在一起。这种引力作用在城市中心地区最为强大，向外围地区则逐渐衰减。科斯托夫认为城市最初是成簇群出现的，在"城市体系"（urban system）中，每一个城市都与其他城市相联系，并把自己的农村腹地融入城市体系。一个城邦就是一个前工业化的城市。科斯托夫写道：

在古代只有很少数真正的大都市，这其中包括公元前2世纪的罗马帝国首都和公元 8 世纪的长安城。在中世纪，这样巨大尺度的城市只有君士坦丁堡、科尔多瓦和帕尔玛，后两个城市可能在13~14 世纪达到了大约 50 万人口的规模。巴格达城在 1258 年被蒙古人摧毁之前可能达到了 100 万人口。后来这种显著的集聚再次发生在中国城市——15 世纪的南京，清帝国晚期的北京、苏州以及广东^①。北京直到 1800 年一直是全世界拥有人口最多的城市，大约达到 200 万 ~300 万人，后来被伦敦超越。在 17 世纪，最接近北京的对手是伊斯坦布尔（土耳其）、阿格拉（印度）和德里（印度）。

相比之下，大多数典型古代城镇的规模就要小很多。科斯托夫写道，2000 人或更少"很常见"，人口达到一万的城市就"值得记录"。在神圣罗马帝国的 3000 个城镇中，居民超过一万的城镇只有 10~15 个（其中包括科隆和吕贝克）。

科斯托夫因此把城市（city）视为处于更大范围的城镇网络（urban network）中，有着专业化功能和多样化人口的引力点（attractor）。从这个角度看，城市从未独立存在过，而是通过强大的贸易与其他城市和内陆腹地发生联系并从中吸取能量。城市在其边界范围内不均等地再次分配这些能量，并通过城市居民和机构的活动处理能量和货物、信息、技术等各种流（flow）。城市在更大区域范围内扮演着引力中心和磁极的角色，是城镇网络中的一个节点；其内部秩序和结构依赖于外部流。这个概念启发了沃尔特·克里斯泰勒。他于 1930 年代在荷兰构建了一个空间均匀分布、自成体系的小型城市模型（与周边城镇构成等级体系），这就是荷兰的"环型城市"（ring city）（图 1-3）。

图 1-3 沃尔特·克里斯泰勒：荷兰城市节点及网络结构示意图，1930 年代

科斯托夫使用类型学的方法对城市进行了分类。类型学是一门研究城市中主导演员及其活动，以及城市地理、地质的学科。科斯托夫提出的城市类型包括临河住宅（滨河城镇）、天然港口（港口城镇）、防御基地（城堡城镇）、线型山脊（山脊城镇）、山顶城镇（山地城镇）以及坡地城镇（台地城镇），还可能有谷地城镇和水城。同时工业化时代也造就了独有的城镇类型：矿业城镇、加工城镇、工业城镇、铁路城镇、专业制造城镇等。类似的例子如"汽车城"（底特律）、带有异国情调或令人兴奋场景的温泉城镇和度假城镇，或者赌城（如黑潭或拉斯维加斯）。然而城市不是静止的。科斯托夫坚信：城市是"有机体"，能够在特定的模式中生长，对特定的情况做出反应，并随时间而变化。

---

① 应为广州。——译者注

从亚里士多德的货币制度以后，独立的城镇可能会发展成为一个被科斯托夫称为"村镇联盟"（synoecism）的体系。科斯托夫最喜欢的这类城镇成长的例子是锡耶纳。锡耶纳城最初由三个独立的城镇发展而成，现在的锡耶纳城新市政厅广场周边就是曾经的三个山顶城镇（图 1-4）。

图 1-4　稳态空间和流动空间，阿姆斯特丹，1603 年

按照词典中的描述，城镇等级自上而下形成大都市（metropolis）、市（city）、镇（town）、村（village）、小村落（hamlet），每一级都嵌套在更大的系统中。传统上认为规模小些的城镇位于较大城市附近，受到大城市的影响；区分村和小村落需要辨识哪一个距离镇更近。科斯托夫引用费尔南·布劳岱尔的理论："一个城镇的存在是因为还有比其更低等级的生活形态……它必须要支配一定的地域才能存在，不管这个地域有多小。"这样的类比使人想起欧洲城市传统等级结构下统治与依附的殖民关系。这种传统关系不断地将城市系统中的流引向秩序与控制中心。这个中心可能是一个国家的首都，也可能是一个大都市（图 1-5）。

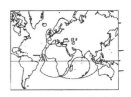

图 1-5　18 世纪荷兰东印度公司的全球贸易网络

这种持续压缩造成的结果之一是产生了一系列相互关联的城市公共机构，来规范城市内部的程序、网络和流。它们包括：政府议会、贸易委员会、公会、图书馆和大学、给水系统、污水处理系统等。这些公共机构管理城市，保存那些监控并维持城市系统所必需的书写记录。"正是通过书写"，科斯托夫写道，"（商人们）可以进行销售记账，记录监管社会的法律，确立他们对财产的权利——这点尤其重要，因为城市最终是建立在财产所有权基础上的"。公共机构通过对档案、法律和所有权登记同拥有土地的个人紧密联系起来，各种城市流通过这种联系得以有序地组织。

拥有城市中的土地——一种天生有限的资源——是控制城市流并从城市运行中获取利益的方式之一。在传统欧洲城市中最大的土地主和一群小土地主共同对城市形态产生了强大的影响。这就是为什么法律代码管理和土地产权记录会成为一种对城市结构最早的、持续最久的书面记忆。城市演员创造了实体性的公共机构（纪念碑、图书馆、档案馆等等），这些公共机构主要的功能是维持城市记忆以及掌管、认知、组织和稳定某种特定的城市场景活动代码。这些纪念碑和存储区被特意与日常生活和时间流区分开，反射和转化日常生活中的流，形成固化的视觉秩序，创造社区的场所感和连续感。它们被有意设计成静态和抵制进步的，用曼弗雷德·塔夫里的话说，是一个"消极的乌托邦"（《建筑和乌托邦》，1976）。继塔夫里之后，科斯托夫也强调了纪念碑和纪念物的作用。它们通过"一系列公共建筑和地标的布置，赋予城市尺度和公众认同"。这些象征性的标志物赋予城市一

图 1-6 左图：中世纪城市结构书面记忆：嵌套的城市建筑

右图：流动空间的传递，用一层一层的台阶将人群引向中心建筑

种非时间元素，一个独立于时间的"历时性"维度。塞里奥的悲剧场景中对古罗马城及其纪念碑的视觉再现，也反映出这种历时性的维度（图 1-6）。

中心城市的街道、广场和纪念性建筑是创造历史的场所——至少在传统欧洲的观念中是这样——尽管这种观念忽视了许多同样创造历史的人（比如女人、奴隶、外国人等）。这种历史观导致了 20 世纪出现的极权主义政权，如德国、意大利、俄国等。他们试图通过恢复这些传统的城市空间来改写历史。20 世纪晚期的商业力量也曾进行过类似的尝试（尽管没那么明显）。对城市公共空间间歇性的民主解放是对其市民性象征价值不断再认识的过程，特别是在"场所消失"（placeless）的信息化时代。这些城市空间始终代表着城市反抗压迫，博取自由的承诺。1989 年柏林勃兰登堡门重新开放，以及布拉格"天鹅绒革命"中占领温塞斯拉斯广场正是这种民主运动的象征，这些庆祝性的信息又通过卫星电视的传播散布到全世界。

从词典、塞里奥的图景以及科斯托夫列举的专业化城市资源中，可以概括：一个城市（city），至少在欧洲语境下，是一个复杂而有组织的压缩结构；它依赖于欧洲大陆区域以及长距离贸易网络系统。传统上，城市以街道和广场为视觉核心组织空间秩序，并形成象征性的城市公共空间。在 16 世纪，塞里奥把城市公共空间的视觉秩序描绘成一个透视结构，每幅场景都有特定的内部组织系统和活动。在这样的欧洲传统城市中，高度专业化的社会组织机构和公共机构调节着贵族、商人和农民之间的矛盾。比如，在塞里奥时代，威尼斯圣马可广场钟塔下有供贵族们休息的凉亭，贵族们可以坐在那里观看来往的人群，同时显示自己的高贵。这样的机构是半永久性的，它们需要土地，采用特定的物质结构，遵守特定的社会代码。

我们还可以概括地认为：城市从周边乡村吸引人群和活动并把它们塞进一个相当小的空间里。从这个意义上看，城市是"压缩的"或"气密的"，其结果就是形成了高度分层的社会——功能差异、政治隔离、充满变数，总是处于轻微不平衡状态——城市的能量和多样性来自于多样化的世俗生活的混合。这类场景中存在的内在压力产生了力量和裂缝，引导各种显性和隐性的流穿过城市的组织模式。而且，这些模式趋向于在相似的文脉环境中重复发生（但是从来不会以同样的方式）。

1.2　城市模型和城市理论

> 理论不是用来娱乐的。不过当理论能够成功和准确地解释之前令人困惑的现象中所蕴含的内部机制的时候，自然会吸引人阅读——尽管可能读起来困难，但是一经理解就不会忘记。只要想想达尔文理论的核心思想或者力学的基本原理，就很容易理解这句话的含义。相比之下，城市理论简直是无趣且令人气馁。它肯定代表着一类更难的理论。
>
> ——凯文·林奇，《城市形态》（*A Theory of Good City Form*）

在讨论城市形成的过程中，我们已经在头脑中建立了一个城镇网络模型：一个压缩了各种活动并包含受其影响、支撑其生活的广大农村区域的具有复杂结构的节点。20 世纪末最有影响力的城市形态理论家凯文·林奇认为城市模型是城市理论（city theory）和城市设计（urban design）概念的扩展。传统的城市设计主要是制造城市中的小块片段，为特定的演员创建场景；反之，城市理论是"标准的"。就是说城市理论应该能够回答什么是城市，以及城市与区域城镇网络的关系。林奇在他最后出版的著作《城市形态》（1981 年）中贯彻了这一观点。他在书中描述了三种传统的"城市标准理论"。这是三个"有关适当的城市形态及其成因的连贯理论"，即：作为神圣纪念中心的城市（the city as sacred ceremonial center）、作为生活机器的城市（the city as a machine for living）、以及作为有机体的城市（the city as an organism）。林奇认为，在大多数城市中和大多数时间里，这三个理论中的任何一个都是由主导者或"城市主角"来实行的（比如个人、团体，或者具有极大权力的机构）。

在林奇创建自己的城市理论和城市模型的 1970 年代，出现了英国城镇规划师彼得·霍尔所谓的城市规划的 "系统革命"（《明日之城市：20 世纪城市规划与设计思想史》*Cities of Tomorrow*）。在 1970 年代，城市规划师们摒弃了针对某个时间点的蓝图式规划，转而开始研究基于复杂自组织系统的变化状态。城市规划变得没有休止，不再完美，不再呈现最终的视觉状态。在彼得·霍尔看来，这种革命的前身可以从 1910 年代利物浦大学的阿兹黑德和阿伯克隆比使用的物理 "测量" 规划方法一直追溯到后来的德国区位理论（例如，克里斯泰勒和勒施的网络理论，后面将会详述）。彼得·霍尔强调了德国理论学者们使用科学的方法来验证其理论的重要性。他们采用美国经济学家沃尔特·伊萨德等人的技术（《区位与空间经济》，1956 年），形成了彼得·霍尔所谓的 "即时革命"（instant revolution）。彼得·霍尔引用米歇尔·贝蒂的话作为结尾："从 1960 年代到 1970 年代的十年间，物质规划的变化超过了过去的 100 年，甚至 1000 年。" 城市与区域现在被视作，用贝蒂的话来说，是一个物质要素（建筑物、管道、电力线、道路等等）空间布局的 "复杂系统"，仅仅是众多可能与演员—设计师相关的 "各类系统" 中的一个 "物理子集"。在与设计相关的系统中，如弗朗西斯·弗格森在《建筑、城市以及系统论》（1975 年）中所言，演员—设计师的互动可以视为对这些系统进行的积极和持续的监测。

系统论借鉴了新兴的控制论（1950 年代由诺伯特·维纳创立）科学的思想，并融合了其他的理论，根据城市系统的反馈构建计算机模型。1950 年代中期，这些模型在底特律的规划中被用来模拟系统中的相互作用，如交通流、就业模式、土地利用模式等等（结果很悲惨）。后来又在 1960 年代和 1970 年代被贝蒂用在英国中部的新城规划工作中。贝蒂以及保罗·郎利后来创作了最早的概括自组织模式对城市发展产生影响的著作《分形城市》（*Fractal Cities*，1994）[①]。

林奇利用早期著名的城市规划案例以及经济地理学中的模型来构建自己的三个 "标准" 城市模型，并把这些模型编排进《城市形态》冗长

---

① 分形（fractal）理论是 20 世纪 70 年代同混沌理论一起发展起来的，是非线性科学的重要组成部分。不同于传统的欧氏几何以零维、一维、二维、三维、四维对应的点、线、面、体和时空来描述物体的形状，分形理论用 "分维"（fractal dimension）来描述大自然。例如，曲折而不规则的闪电路径、弯曲复杂的海岸线形状、密如蛛网的人体血管系统、变幻不定的宇宙星云分布，以及材料的组织生长、准晶态的晶体结构、材料的损伤等等。从地理学、生物学到物理学、化学甚至社会科学，都普遍存在分形现象。——译者注

的附录里。比如，对于信仰城市（the City of Faith），林奇参考的是 1826
年冯·杜能提出的中心地理论（图 1-7）；这个模型表示城市在相对稳定
的环境下，以中央市场为单中心，在平坦的农业平原上以同心圆的方式
增长。这种自组织网络拥有单中心或单磁极，在中心的周围形成团块状
的等级系统。当土地租金、土地利用以及交通成本允许副中心发展时，
这种同心圆状的等级体系就会打破。副中心首先作为专业化区域出现在
城市肌理中，然后逐渐在城市边缘产生更多的副中心。

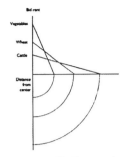

图 1-7　图示 1826 年
冯·杜能的中心地理论，
来自保罗·克鲁格曼的
《自组织经济》，1996 年

　　在机械城市（City as a Machine）模型中，林奇引用了沃尔特·克
里斯泰勒（1933）和奥古斯特·勒施（1940）由中心地系统演变成为
带有等级秩序的六边形几何次区域的图示（图 1-8）。引用这个图是
因为城市中产生了可以在交通系统中自由位移的工业生产系统。保
罗·克鲁格曼在《自组织经济》（The Self-Organizing Economy，1996）
中描述了工业革命时期这种系统的引入如何影响了既有的农业均衡，
进而产生新的城市形态。他把这种过程叫做"城市形态生成"（urban
morphogenesis）（来源于希腊语，"morphos" 指形状或模式，"genesis"
意味起源）。保罗·克鲁格曼注意到，阿兰·图灵（英国计算机先驱者
和二战中的密码专家）在 1952 年提出了一个在旧中心两端出现专业化
副中心的数学模型。这两个副中心将会主导城市边缘环形"跑道"的
发展（图 1-9）。它们是最不稳定的副中心，不断从周边更不稳定的环
境中吸取能量保持生长。比如 18、19 世纪的伦敦，在传统的伦敦老城
和罗马时期城墙的外围发展出了两个新的副中心。西端（the West End）
是富人和高级消费的中心，东端（the Eest End）是穷人和工业生产的
中心。

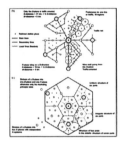

图 1-8　沃尔特·克里
斯泰勒：图示中心地理
论及网络结构上的节点，
1930 年代

　　在讨论有机城市（the Organic City）的时候，林奇参考了沃尔
特·伊萨德在《区位与空间经济》（1956）以及杰伊·福瑞斯特（Jay
Forrester）在《城市动力学》（Urban Dynamics，1969）中提出的理
论。他们的理论认为工业设施和其他城市元素的区位选择由在多中心
网络中工作的演员来决定。随着距离增加，系统会发展出多个不稳定
的平衡点，这时通信网络变得尤为重要。副中心逐渐成长，构成复杂
的自组织大系统。这种多中心的城市体系在城市规划理论中已经有相
当长的传统。例如，埃比尼泽·霍华德在《明日之田园城市》（Garden
Cities of Tomorrow，1902 年）中就设想了在伦敦环城绿带外围建设 12
个新城，试图以这种网络来取代伦敦老中心城（图 1-10）。

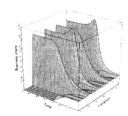

图 1-9　图示阿兰·图
灵于 1952 年提出的城
市边缘环形"跑道"发
展模型，来自保罗·克
鲁格曼的《自组织经济》，
1996 年

　　在《自组织经济》中，保罗·克鲁格曼采用了图灵 12 中心和 16
中心城市系统模型的计算方法。克鲁格曼认为自组织网络最基本的定

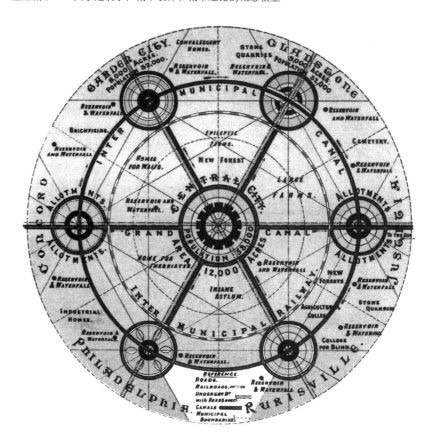

图 1-10 埃比尼泽·霍华德在《明日之田园城市》中描述到，"一个没有贫民窟，没有工业废气的城市"，1898 年

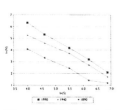

图 1-11 图示齐夫定律，美国城市的规模、面积、人口呈现连续、按比例的等级分布，来自克鲁格曼的《自组织经济》

律就是"秩序源于混乱"，这种混乱是由于演员们按照各自的利益（或兴趣）进行活动而产生的（有点像亚当·斯密"看不见的手"理论）。克鲁格曼使用图灵的公式来描述城市外环新城增长的频率和强度。他发现副中心在网络中的规模和等级分布符合齐夫（Zipf）定律[①]（林奇也参考了这个定律）。基于面积和人口的统计，利用齐夫定律预测可以发现，城市规模呈现连续、按比例的等级分布（图 1-11）。在克鲁格曼的模型中，当城市群升级为多中心、等级化的网络体系后，其人口和面积规模会扩大一倍，城市数量会变少。城市体系的规模取决于城市演员的组织容量。克鲁格曼进而发现这种自组织的模式与美国一个多世纪以来工业化时期的统计数据相吻合。美国最大的城市纽约通常是第二大城市芝加哥规模的两倍；而芝加哥通常是第三大城市洛杉矶规模的两倍等等。克鲁格曼写道，齐夫定律对于预测大城市之间在尺度、规模和频度之间关系方面，准确得"令人吃惊"。

---

① 齐夫定律是文献计量学基本定律。美国哈佛大学教授 G. K. 齐夫（G. K. Zipf）1935 年通过对文献词频规律的研究，认为：若把一篇较长的文章中每个词出现的频次从高到低进行递减排列，其数量关系特征呈双曲线分布。该定律应用于情报检索用的词表编制和情报检索系统中文档结构的设计。——译者注

　　林奇不仅从研究自组织的城市经济学家、地理学家和城市规划师那里吸取传统、科学和理性的方法来构建其城市概念模型，而且还考虑到了无法计量的集体无意识作用对模型的影响。林奇通过试错的方法，汇总大量普通城市演员的反馈并逐渐形成新的模式。这种新模式融汇了普通人的信息反馈，最终使得作为演员的设计师获得了更为强大的城市设计概念模型。新的信息系统能够实现反馈，使得发端于现代工业体系中的高度中心化的命令与控制系统（如福特主义的单一大规模生产与标准化产品）变得扁平化。

　　基于对反馈力量的坚信以及现代主义等级体系已经崩溃的共同理念，彼得·霍尔、塞德里克·普莱斯（Cedric Price）、雷纳·班海姆（Reyner Banham）、彼得·巴克（Peter Barker）等人在合著文章《无规划：实验自由（1969年）》中指出，总体规划在尺度宏大的现代城市和区域中难以取得实施效果。霍尔及其合作者们对于在全球系统中实现地方控制的弹性和适应性更加乐观。普莱斯试图在设计中整合快速反馈系统。比如他在伦敦东端的游趣宫（Fun Palace）方案中，设计了一个三维的迷宫，悬浮在空中的轿厢以及各种建筑元素可以通过附着在建筑结构上的活动吊臂任意移动。普莱斯在另一个设计方案 Potteries Thinkbelt（1966年）中设计了一所活动的大学。这个项目位于一个废弃的工业区，普莱斯在大量的荒废轨道（流的冗余系统）上装配了活动的车厢（活动的稳态空间）。活动车厢串联各种生产流程，从而完成对失业工人的再教育。

　　普莱斯假定演员—设计师能够在他设计的建筑中阅读来自城市的反馈，并及时改变自身的建成环境。他们可以通过阅读反馈来监控全球和地方系统，观察流、能量和时间帧的变化以及社会偏好的改变。林奇曾经引用英国阿基格莱姆小组的作品作为机械城市的案例。他们的作品把城市想象成可以移动的机器。比如罗恩·赫伦（Ron Herron）的《行走的城市》（*Walking City*，1964），把这种灵活的系统化反馈逻辑推向极致。在阿基格莱姆小组成员彼得·库克的"拼插城市"（Plug-in City）（1964）中，出于对机器美学的偏好，他设想通过安装永久性的吊臂来移动住宅，并为这种住宅设计了一个快速变化的表皮。库克设想的这种"拼插城市"可以借由称作"城市公共论坛"（urban forums）的巨型结构框架来形成新的公共空间。表演场所和消费场所的室内外空间都安置着电子屏幕，通过实时反馈和监控使得系统能够响应不断变化的需求。库克的"即时城市"（Instant City，1968）项目创造了一个临时性全媒体化公共空间，这一创意后来启发了美国纽约伍德斯托克摇滚音乐节（1969 年）的诞生。

林奇受到伊塔洛·卡尔维诺（Italo Calvino）的《看不见的城市》（*Invisible Cities*，1972 年）的鼓舞，在《城市形态》一书中大力称赞其描述的一系列奇妙的城市。林奇认为书中提到的每一个城市都包含着一个"夸张地表达某些人类本质问题的社会"，他相信每一个城市模型（model）都大体对应着一个特定的城市理论（theory）。换句话说，是价值观塑造了城市。因为价值观只能通过想象和悲悯心来理解，所以林奇特别强调了想象力对于理解城市的作用。这使他的理论成为近代为数不多的试图构建一个想象中的多元城市，并强调城市具有多种理解可能性的理论。

林奇根据"model"的传统用法——形容词"值得模拟的"——来定义"模型"（model）这个词。这种定义与当时在科学和学术领域对这一词的用法有所不同。林奇写道，在学术界，"模型"通常意味着：

> 一个关于事物如何运行的抽象理论，较适合以量化的模式表达系统中的元素以及元素之间的关系……而我所理解的模型是环境"应该"被塑造出来的样子，是对一种形态或过程原型的描述，原型是可以延续的。我们的研究对象是环境形态而不仅仅是规划过程，但是一种形态的模型肯定得把创造和管理这种原型的过程考虑进去。

林奇认识得很清楚，演员们利用模型在混沌（chaos）的城市中创造秩序（order）。林奇写道，"创造秩序是认知得以发展的本质"。城市演员寻求"简单的、第一感的秩序结构"。当这种秩序结构发展完善以后，就会产生更加复杂的秩序，这又激发了新意义的构建。城市居民就是通过这种方式构建了自己的世界。林奇不断强调城市演员的价值观在创造城市秩序中的重要性，以及由于城市演员的差异所造就的城市功能分区和专业化区域。他同时也揭开了自己的价值观"面具"。他认为好的聚落应该是"鼓励文化延续性和居民的生存，随着人们活动的增加，聚落在时间和空间上的历史联系感不断增强。好的聚落能够促进和激励个人的成长：在连续性环境中通过开放和联系不断发展"。

模型有其实用的必要性。他写道，"某些类型的模型必须要用到：一个人在时间的压力下，如果不使用固有的经验原型，就难以处理复杂的现实问题"；"设计过程中总是要使用各种模型，虽然基本模型可能因为表面的创新而变得模糊，或者一个从别处移植的模型被转化成令人吃惊的新用途"。模型的范围很广泛，从"街道边缘人行道这样的习惯成自然的细节原型到诸如卫星城概念等有意识提出的主流模式"。林奇认为，"最有用的模型应该是能够清晰地表达与其所处环境的依存关系，并且对模型的预期效果也有所描述。模型应该是开放的，可以不断地检验和改进。"

林奇认为克里斯托弗·亚历山大及其同事在《建筑模式语言：城镇、建筑、结构》（*A Pattern Language*，1977 年）中已经概括出一种可以验证的，能够产生模型的经验体系，或者说是一种"形态形成"（morphogenesis）[①] 的方法系统。亚历山大试图把城市中的大量日常活动简化为能够反映普遍联系网络的公式。他列了一长串这样的公式，从飘窗到小街道的花园式入口等等，都是些令人愉悦的小尺度空间元素。这些元素可以根据不同的规则和代码进行组合，从而产生富有地方感的特殊环境。从整体上看，城市就是由地方居民通过半自治的交互关系网络构建起来的。城市的基本模式是非对称的邻里单位朝向聚落的中心，位于中央的一条线性步行道承载商业和文化流（armature）。聚落中心周边环绕着低层、高密度的住宅，从外围地区可以开车进入住宅区。亚历山大及其同事们的成就在于他们创造了一个简单的小规模反馈圈，通过计算程序或者公式在系统中形成小规模的反馈活动，最后小规模的终端用户或者说消费者能够定制产品，在本案例中定制产品就是住宅和城市组织形态。这些小规模的地方性活动不断积累，最终在大尺度上改变了城市的形态。N·J·哈布拉肯（Habraken）在其著作《平凡的结构：建成环境的形态与控制》（The Structure of the Ordinary，1998）中对这个理论又作出了更为简洁的论述。

亚历山大的"模式"是一种地方性（local）"算法"。就是说，这些公式主要用来处理地方性决策，但是"计算"的结果会逐渐在大尺度上产生无意识的结构。这些大尺度的结构，如隔离、功能分区、集聚、城市蔓延等，发端于不同演员的个体行为。每一个演员都栖身在一个细胞里，并根据场景代码（set codes）与周边的人发生关联 [②]。亚历山大把这些自下而上的地方性开放决策网络称作"半格"（semilattices）（《城市并非树形》，1964 年）（图 1-12），并对自上而下的封闭等级化决策系统提出质疑，比如霍华德的《明日之田园城市》的思想。这些源于

图 1-12　克里斯托弗·亚历山大：自上而下的开放树状结构图示，1964 年

---

① 生物学术语，指构成生物的细胞以上的单位形成最终形态通常分为生长、分化、形态形成等过程。形态形成常伴有某些方面的部分蜕变，比如变态和细胞的死亡。——译者注

② 图瓦·波图加利（Juval Portugali）后来在《自组织与城市》（2000）中对因地方演员的欲望而形成的大尺度无意识形态模式的复杂性进行了研究。——译者注

开放半格网络的模式对演员们习以为常地自上而下为别人做决策的模式提出了挑战。

林奇认为《建筑模式语言》是"一本非常重要的著作"。亚历山大设计的模式"充满了美好的意义，尤其是对于我们的文化和当前的状况而言"。尽管林奇反对亚历山大宣称基于社区的生命循环已经找到了"超越时间的自然模式"，但是林奇自己提出的有机城市或生态城市的理念其实深深地受到这些自下而上的概念的影响。林奇在《城市形态》一书的最后一章描述了他心目中理想的社会，或者叫"场所乌托邦"（place utopia）。基于对人们强烈地关心自身栖居场所的认识，他构建了一个"混沌景观"模型。在模型中，土地由非盈利的基金会管理，人们通过"场所教育"（place educated）自下而上地重塑城市形态。

亚历山大影响的不只是林奇。戴维·史密斯——林奇在麻省理工学院的一个学生，美国参与式规划（Participating Planning）的先行者，在 RUDAT（乡村 / 城市设计援助委员会）提出了社区回顾（community review）的国家标准，这个标准在美国 1967~1969 年的骚乱之后被美国建筑师学会（AIA）采纳。戴维·戈斯林——林奇在 1957~1959 年的学生，在《美国城市设计变革》（The Evolution of American Urban Design，2003年）中描述了戴维·路易斯的事业轨迹，高度评价了路易斯在 1970 年代和 1980 年代的社区参与规划的实践[1]。威尔·莱特——畅销电子游戏"模拟城市"（sim city）的发明者（在这个游戏中玩家可以一个街坊一个街坊、一个细胞一个细胞地从平地上建起一座城市），也承认他的创意受到了亚历山大关于模式发生、模式语言、自组织以及城市演员的模式识别技术等理念的启发（图 1-13）。

对林奇而言，构建城市模型（urban modleing）最核心的困难或者悖论就是，尽管个体演员寻求在城市中的自由，但是城市模式最终是作为群体行为的副产品出现的。林奇在《城市形态》一书中以附录的形式列举了他自己的城市模式语言，接着又开列了一个"聚居形态模型目录"。林奇的模式分析与南加州大学建筑学院主任亚瑟·加利恩的研究有很多相似的地方，后者在《城市模式》（1950）一书中提出了三种竞争性城市形态模式。林奇和加利恩都受到了路易斯·芒福德在《城市文化》（*The Culture of Cities*，1938 年）年中提出的线性技术组织结构的影响。加利恩是一个现代主义者，他认同形式服从功能的观念，

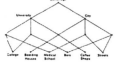

图 1-13　亚历山大：图示向下开放的城市，1964 年

---

[1] 路易斯在 1990 年代，为了方便实际工作，编写了《城市设计手册：技术与工作方法》1989，成为美国新城市主义（new urbanist）的典型示范。——译者注

因此他认为每一个城市模式都对应着一种技术竞争体系。第一个体系是传统欧洲手工业城市中的"形态—功能"统一体；第二个体系是 19 世纪的工业城市；第三个体系是现代工业城市，特别是美国的"城市—区域"格局下的现代工业城市。

图 1-14　凯文·林奇：图示"稳定"和"流"，《城市形态》，1981 年

林奇修正了加利恩（Gallion）的设想并应用在自己的模式系统中。林奇的模式系统突出了移动（movement）和稳定（stasis）的本质区别。林奇写道，"聚居形态（settlement form）是对人们做事情的空间安排，人、物和信息的空间流以及塑造空间的围合、表面、渠道、场景和实体等物理特征在某种意义上对这些活动具有重要的作用"。林奇花了很长时间研究移动与稳定的差异。在他早期一篇文章《城市形态理论》（A Theory of Urban Form，1958 年与他在 MIT 的导师劳埃德·罗德温合著）中，林奇提出了一种基于城市演员活动的形态语言。这些活动既包括在场所（place）或稳态空间（enclave）中的地方性活动（产生"适应性空间"矩阵），也包括在运输线上，需要通道或线性空间（armature）的活动。林奇参考了内·托姆[1]提出的在流体中存在流动和稳态平衡的理论。基于托姆的理论，林奇在《城市形态理论》中提出了从"流（flow）"中发生"形态生成"（形态与秩序的出现）的思想，后来形成了他的"功能理论"（图 1-14）。

林奇根据流动和稳态最基本的区别，从能量流、信息流、人流以及地方性"场所场景"（place settings）——消费能量并产生有用的产品——等方面进行了系统性的聚居模式研究。在接下来研究这类系统的心理地图过程中，他发现每一个市民都会建立自己头脑中的城市地图。这种城市心理地图包括各种碎片系统，每一个碎片都有自己的特征和建筑形态，甚至是微气候。林奇认为这种心理地图中，节点（node）是一种吸引点，人们根据自己的偏好，从不同的点向节点集聚。林奇把城市里各部分区域的土地混合使用描述为"城市织理"（urban grain），把城市描述为由不同的织物通过聚焦和交通网络连接在一起的"碎片"（patchworks）（图 1-15）。他用手绘的方式强调了用于构建移动渠道的"流"（flow）和围合演员基于场所活动的"稳态"（stasis）这两种元素，构成他的城市理论的基本元素。用我自己的术语说，就是流动空间（armature）和稳态空间（enclave）。

林奇根据这些元素矩阵创建了他广受欢迎的"印象模型"。在这个"交互网络"模型中，他再次引用了 1950 年代瑞典朗德学院托尔斯腾·哈

图 1-15　凯文·林奇："碎片"图示

---

[1] 法国数学家，突变论的创始者。——译者注

图 1-16　林奇：网状城市模型示意图，《城市形态》，1981 年

格斯特朗提出的时间地理的概念 ①。在林奇的网状城市模型中，"碎片"包含有时间成分，节奏或"快"或"慢"，相应的支撑网络也随之变化节奏（图 1-16）。林奇设想了一个由市民自下而上控制的民主城市，市民们可以投票选择发展的"快"与"慢"，或者在二者之间转换。这种网络是一种松散的网格（grid），掌管"快运动"与"慢运动"的通道可以在网格间变换。快节奏的稳态空间（enclave）沿着快速运动的系统集聚；同时，慢节奏的乡村田园要素集聚在由森林和农田环绕的与快速运动系统平行的农村小径。系统偶尔会发生变化，新的快速通道可能会切割慢节奏、低密度的环境，但是与此同时，其他的快速通道可能会被遗弃，继而回复到慢速发展的模式。因此，他总结道，"聚落就维持着不间断的空间循环，经历一代又一代的积累和保留，慢慢产生结构的'层叠'"。

《城市印象》（The Images of the City，1960）描述了林奇早期在波士顿的研究，这是他 1981 年提出的城市模型和城市理论概念的基础。书中描述了林奇如何在邻里街道上采访市民，以探寻居民对城市的心理认知地图。他请儿童和成人描绘城市地图，然后把这些地图与实际的城市进行比较，寻找图中显著的变形和重复的模式。通过这种采访和图形收集的过程，他重新构建了这些城市在使用者头脑中的"城市印象"。他用图形和符号来表示这些邻里、边界、联系、中心和边缘，并把它们连贯起来形成连续的认知系统。在此基础上，他提出一个步行城市中应该包含路径（path）、边界（edge）、节点（node）和地标（mark）四个基本要素，这四个要素一起构成了邻里细胞或者叫区域（district）。他选择了波士顿的老城步行中心进行研究，这也是他在意大利山地城市和罗马所做的研究的延续。林奇发现波士顿历史街区的居民可以很清晰和准确地识别出自己在城市中生活的区域，但是对于工业革命和汽车时代发展出来的城市区域认知性就要差一些。他接着又用这种心理地图方法系统研究了其他一些美国城市，结果也都类似。他发现，工业和汽车尺度对传统居住和步行秩序的破坏力非常之大。

林奇的心理地图描绘的是一个正在消失的城市。他在波士顿做研究的时候恰好是波士顿中央干道的建设时期。这是一条穿越老城中心，直达新查尔斯河码头的公路。中央干道始建于 1950 年代，拥有六车道，现代化的钢筋混凝土高架公路与北波士顿 30 英尺宽的历史街道以及从 1600 年就开始形成的历史街区的尺度形成了鲜明的对比。《场地设计》

① 林奇还借用了托尔斯腾提出的关于环境或网络节点中"引力盆"的概念，相关概念将在后文详述。

（*Site Planning*，1962）中的一张照片展示了北波士顿和新公路的建成效果；照片的标题戏剧性地指出这条道路是如何"野蛮地切割了老城的肌理"。林奇非常清楚造成这两种鲜明对比背后的不同代码。在这里，信仰城市（the city of faith）（广义上）遭遇到了机器城市，后者是由机动车主导的。《城市形态》中用两个相对的图示来表示这种对比：一个是科尔多瓦小街上"偶然性的视线景观序列"照片，"吸引人沿着不断变换的景观序列前进"；另一个是林奇手绘的草图，描绘的是"意向中的公路景观序列"；驾车沿着干道行驶在西波士顿的郊区也会产生景观变化，图上标注了标志性建筑、河流、桥梁等变化的景观（图 1-17）。

　　两种不同的哲学——两种城市理论或城市模型，一种是"快"，一种是"慢"，在波士顿中心区碰撞产生了灾难性的后果。林奇恰好在美国城市郊区化对传统中心造成巨大影响的时期记录了这种对比。作为反思，林奇在为波士顿重建局（1961 年由 ED 罗格领导）的中心城复兴研究中提出了小规模保护的想法。林奇在 1959 年的规划中提出保护昆西市场，并与新的市政厅相连。在《美国城市设计变革》（2003）中，戴维·戈斯林在林奇、迈耶、阿普尔亚德等人 1959 年规划的基础上又提出了一个新的规划，通过高架公路下方一系列新开发，将昆西市场、市政厅与水滨和栈桥区域联系起来。

　　这些思潮对波士顿重建局的工作产生了较大的影响。在贝聿铭1961 年总体规划的指导下，新建的市政厅广场街区采取了低层建筑设计方案（只有两座塔楼），随后在 1962 年的市政厅建筑设计方案竞赛中，格哈特·卡尔曼、尼尔·麦金内尔和保罗·诺尔斯的低层建筑方案获得优胜。市政厅于 1968 年建成竣工，昆西市场随之在 1971~1976 年进行了再开发。新市场由詹姆斯·罗斯（James Rouse）公司开发，由本杰

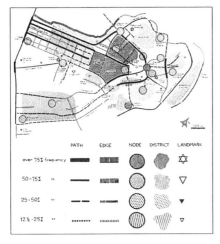

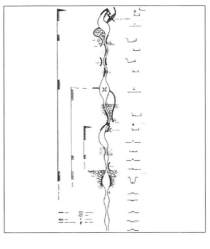

图 1-17　左图：凯文·林奇："波士顿景观结构图"，《城市印象》，1960 年

右图：林奇和唐纳德·阿普尔亚德：驱车通往郊区沿线景观序列示意图，《街道视角》，1964 年

明·汤姆森设计，成功地改造成为第一个中心节日市场——法纳尔市场（Faneuil Hall Market place）。波士顿又用了30年的时间才认识到中央干道工程的错误。从2000年开始了"大开挖"工程，新的城市设计出自阿历克斯·克雷格和劳伦斯·陈，是美国有史以来最昂贵的工程（图1-18，图1-19）。

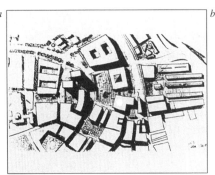

图1-18　波士顿中心城市设计，1945~2005年

a）迈耶、凯文·林奇、唐纳德·阿普尔亚德：关于波士顿市政厅广场的研究，1959年

b）历史上波士顿北区的高架中央干道（1956年建设），2001年

c）贝聿铭：波士顿市政厅总体规划设计鸟瞰图，1961~1968年

d）格哈特·卡尔曼、尼尔·麦金内尔及保罗·诺尔斯设计的市政厅，1962~1968年

e）本杰明·汤姆森事务所设计的法纳尔市场，1971~1976年

f）法纳尔市场的流动空间，2005年

g，h）拆除中央干道——"大开挖"工程，2004年

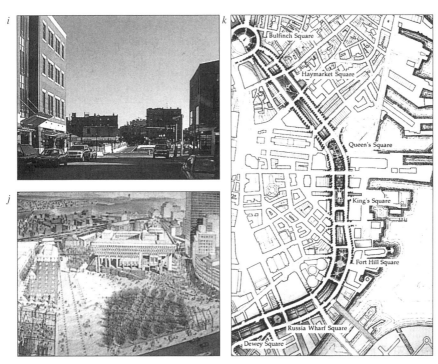

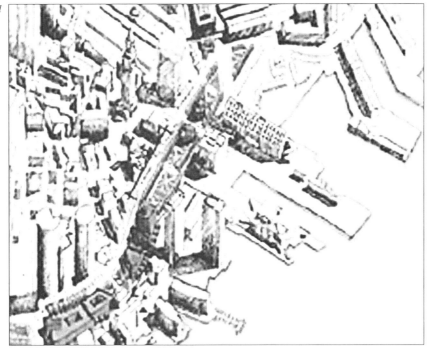

图 1-19　波士顿中心城市设计，1945~2005 年

i）中央干道移除后的波士顿北区，2005 年

j）劳伦斯·陈和阿历克斯·克雷格及哈格利夫斯事务所设计的波士顿市政厅广场更新方案，2003 年

k）陈和克雷格事务所设计的中央干道走廊总体规划设计，2003 年

l）陈和克雷格事务所设计的中央十道走廊详细设计，滨水地区，2003 年

　　在 1960 年发现波士顿中心区的"快"与"慢"两种城市模型的冲突之后，林奇在《城市形态》中表达了他对城市发展过程中缺少对这种冲突的应对之道的惋惜。"一个整合了程序与形态，发育良好的模型对城市设计有巨大的价值。这些模型和理论结构必须足够独立和简单，

但是应该考虑到城市设计实施中对目标、分析和可行性进行不断修正的实际操作情况。"为了部分弥补这种不足，林奇在《城市形态》的附录 D 中列举了一系列的"聚落形态模型"。该书第 41 页是这个附录的概要，包含了林奇所创造的各种基本"稳态 vs 流动"（enclave versus armature）模型组合体。前两个"通用模式"和"中心场所模式"模型表现的是流动空间（flow）和稳态空间（stasis）之间一般性的组织关系。林奇把这种增长模式叫做中心场所聚集、星型、网型等级，以及大尺度中心模式。第二套模型——"织理"，与稳态空间（enclave）有关，特别是指混合或单一功能的碎片，容纳那些构成城市肌理原型的城市局部片段。第三套模型——"流通"、"开放空间模式"以及"临时组织"——与流动空间（armature）有关，主要包括线性流（包括信息系统）、生态系统中的"开放空间"廊道，以及序列性的问题，如变化度和更新时序等。

林奇认为演员就是通过城市模型（urban models）来组合城市中的稳定（stasis）与流动（flow）元素，然后在特定的时期按照自己的目标推动形成城市模式（urban patterns）。这些模式随着时间的推移又会再次被组合，形成不同的城市模型。进而，林奇把特定的城市理论和模型与特定的演员联系起来。他写道："某一种价值观所形成的标准理论倾向于选择某种特定的城市模型，或者（很不幸，就像我已经解释的那样）把某些模型体系当作普适的标准。这样，'城市是机器'这种观点就沉迷于清晰的、重复的模式。这种模式是高度统一的、可置换的，也是相互隔离的，如规则的路网、独立的建筑物等等"。林奇的模型没有假装中立或者科学，这些模型是"意向性"的，目的是向演员们灌输价值观和标准偏好，使他们意识到事物应该是什么样。

我们现在开始研究林奇的三个标准城市模型——信仰城市、机器城市和有机城市（或者叫生态城市）。这些模型的力量，用林奇的话说，在于它们是基于"伟大的标准象征……它们在一个模型体中融合了动机、形态以及人类聚落的自然观"。

1.3 三种标准模型和理论

林奇在设计三个标准城市模型的时候，考虑到了如果城市主导演员拥有绝对权力并且按照正常的逻辑行动，他们将会如何构建和组织城市内部的联系。因此故意简化了这些模型。比如说前两个模型——信仰城市和机器城市，每一个都假设由社会地位稳固的精英自上而下地实施控制。在信仰城市中，封建领主和教会喜好基于土地（land-based）、稳定而有场所感的农村经济；在机器城市中，董事和资本家们喜好基于空间（space-based）和资本集聚的工业经济所产生的流动和交易、消费和生产。在第三个模型"生态城市"中，林奇想象了一个更为复杂的结构：在这个模型里，由居民选举出来精英，再由这些精英对城市居民的要求进行反馈。

1.3.1　理论背景

20 世纪 60~70 年代期间，除了林奇以外，还有很多城市理论研究者也提出过城市模型（大都是三个），每个模型都代表了文明发展的一个阶段。这些模型理论构成了林奇的城市模型范式的产生背景。这三类模型所对应的理论都试图对现代主义和当代功能主义进行一些修正。

第一种修正的方法研究了在不同的网络城市中，城市形态给城市演员带来的感受。这种现象学分析方法的代表是建筑评论家克里斯蒂安·诺伯格·舒尔茨的（《存在、空间与建筑》，1971 年）。现象学分析方法试图揭示近代科学出现以前就已经存在，更适合人类的关系范式，从而对现代科学提出的空间范式进行修正。

第二种修正方法主要探索网络城市中以记号和机制为代表的控制、协调、沟通等"附加"系统。弗朗索瓦兹·科伊在其文章《城市主义与符号学》（1969）中，对演员—设计师之间使用的记号、系统以及语言进行了复杂的解读。她通过研究区分了前现代、现代以及当代的网络化城市交流系统，奠定了符号学研究的基础。

第三种修正方法分析了网络城市中通信系统快速发展造成的影响。这种方法基于城市是为面对面交流提供"社会环境"（social milieu）一类的概念——曼纽尔·卡斯泰尔在《信息化城市》（1989）中描述了这种社会环境。这种方法强调"交流"（communication）和"地方模式辨识"（local pattern-recognition）在全球城市网络形成过程中的重要作用，并研究了农耕体系、工业体系与信息网络中城市的差别。

林奇觉得"城市应该采取的"的三种基本形态，即他在《城市形态》一书以及其他著作中提到的信仰城市、机器城市和有机城市（或叫生态城市），在历史时序上是彼此传承的。而且，每一个理论都为当时的城市塑造出独特的意向，从而产生了相应的城市类型（city type）或叫"城市模型"（urban model）。每一个"城市模型"都镜像着当时城市主导演员的"城市理论"。城市主导演员发挥权力的作用（直接作

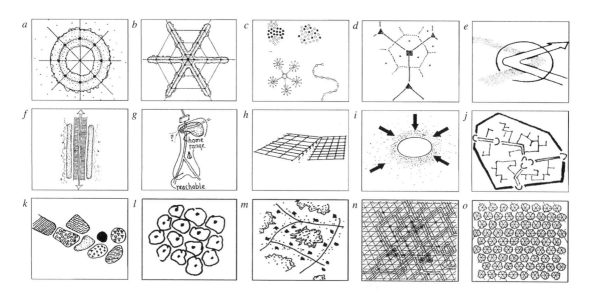

图 1-20 凯文·林奇：
城市形态示意图，《城市
形态》，1981 年
a）冯·杜能的环形或中
心地模型城市
b）星型或指状放射模型
城市
c）点状、线性及卫星城
市模型示意图
d）克里斯泰勒的网状城
市模型
e）节点交换方向示意图
f）米留廷和斯普拉格
的线性城市示意图,
《Sotsgorod：建设社会主
义城市的问题》，1974 年
g）住宅及其领域范围示
意图
h）网格和间隙示意图
i）城市节点示意图
j）"内向型"城市
k）碎片化城市示意图
l）细胞状城市示意图
m）网状城市示意图

图 1-21 林奇：城市形
态示意图，《城市景观和
城市设计》，1990 年
n）多中心网状城市示意图
o）星系城市模型

用或催化作用），按照自己的标准理论最终塑造了城市行为模式（urban pattern）。这些城市模式继而造成一种由大多数居民意愿推动城市发展的感觉。由此，模型与理论就形成了相互推动的反馈循环。（图 1-20，图 1-21）

在林奇看来，城市主导演员的理论决定了基本功能要素的聚集。这些功能要素构成了三个城市模型的基础。在信仰城市（类似的城市模型在斯皮罗·科斯托夫的《城市的形成》中被称作"宇宙城市"）中（图 1-22），巫师或牧师主导着世界观的形成，城市元素之间的关系由巫术决定。在机器城市中，管理者和工程师按照科学世界观主导城市形态的发展。在生态城市阶段，市民－规划师在机械论的实用主义基础上又增加了有机的、生态的世界观和价值观。在我下文详细阐述每一个模型里，城市主导演员（牧师、实用主义者、生态市民）的哲学最终形成了对城市体系中各种元素的处理方式。

1.3.2 信仰城市

在信仰城市中，城市元素之间的关系由一套"巫术"规则来控制。这些巫术，林奇写道，是建立在"宇宙和神灵的魔幻模型"基础上。祭司颁布无限复杂的禁忌和祭典。有关卫生、食物、服装、时间，祭祀以及日常活动和习惯的代码通过预先规定的仪典明确地在城市日常生活中构建起天堂与地狱、大地与天空之间的关系。宗教武士在圣域范围内执行规矩（rules）。虽然，这些规矩在现代人看来可能有些专制和迷信，但是几个世纪以来对许多人来说，这些规矩为他们在动荡和无力控制的世界上提供了一种安全保障。

信仰城市的设计基本上遵循宇宙几何哲学。用"轴线"来象征天堂和大地上的"神圣"，并组织城市空间。通过风水或者占卜，祭司在一些吉地上建立起巫术"围场"（比如神庙和圣迹）。这些围场或者稳态空间（enclave）围绕着单中心参考点布局，成为喧嚣尘世中安宁、稳定的秩序场所。这种场所通常都有守卫把守，周边环绕着圣墙。通往圣迹的轴线两侧呈严格的对称布局。武士－巫师试图通过这种极其严格的秩序、组织和信息控制把因为神祇和恶魔的愤怒而产生的不确定和非理性的流排除在圣域之外。林奇的图示表明了巫师（同时也是武士和规矩制定者，或者至少能经常接触到这类人）通过把自己抬升到社会等级金字塔的顶端来表达自己的力量。巫师在这些领地中自上而下地分配智力和信息，如同诺姆·乔姆斯基[1] 所提出的"集权宣传模型"[2]。

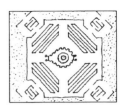

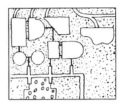

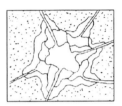

图 1-22 斯皮罗·科斯托夫：三种城市模型，《城市的形成》，1991 年

结果是信仰城市最终形成了以通往统治圣域的通道为轴线布局的多细胞结构。以北京为例，作为网状稳态空间（enclave）各个等级中心的宫城、皇城、北京城环环相套，高高屹立于广袤的农耕景观之中。北京城在规划的时候就已经融入清晰的等级秩序。轴线街道（armature）与对称结构将象征着权力和主导演员（统治者－巫师）控制力的稳态空间（enclave）紧密联系在一起。林奇还发现在古罗马和阿兹台克神庙城市综合体中都有类似的通过巫术和等级权力确定流动空间与稳定空间关系的情形。

在"巫术"体系中，城市以外的景观也是重要的组成部分。山丘、岩石、洞穴、溪流等所隐含的意义都通过占卜术被指定。我所提出的"拉伸式流动空间"（stretched armature）——用于移动和组织空间的轴线，作为象征性中间体，可以从其起点开始一直延伸到城市以外，在连接各种"引力点"（圣地）的网络中充当具有神圣意义的朝拜路径。在信仰城市中，稳态空间（enclave）用来锚固宇宙稳态（stasis），而线性空间为"圣流"（sacred flows）提供流动的通道。（图 1-23）

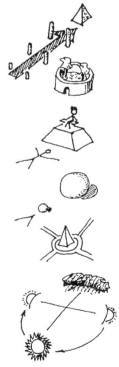

林奇的信仰城市模型主要适用于京都、马杜赖[3]、罗马等"圣都"。但是我想把前现代城市都归入信仰城市的类别，这样我就可以在信仰城市的总目录下面包括进已经发现的、在前工业时代作为商业贸易和工业生产中心的城市。这些城市不一定完全围绕巫术或神圣元素组织，

图 1-23 凯文·林奇：信仰城市——采用相同理念的不同形态，《城市形态》，1981 年

① 麻省理工学院的语言学和哲学教授。——译者注
② 乔姆斯基和爱德华·赫曼在《制造同意》（1988）中研究过前现代等级化媒体控制方式与现代的"民主化"、去中心化、少数人垄断、自省的媒体控制方式的差异。——译者注
③ 印度南部城市。——译者注

但是同样非常重要。例如中世纪的佛罗伦萨或者布鲁日主要是制造业中心城市，生产丝绸和出口木材，但同时也修建了大教堂来表达虔诚和财富。美国城市如殖民地时期的波士顿，是建立在清教徒的虔诚和残酷贸易基础上的混合体，在繁华喧嚣的经济活动空间中夹杂着宗教清净之地。

1.3.3 机器城市

林奇的第二个城市模型——机器城市，也是一个由拉伸式流动空间或交流廊道组织稳态空间的系统。机器城市与信仰城市一样，"流动"（armatures）和"稳定"（stasis）是分离的。不过在机器城市中，流动尤其重要，因为流动能够在物理上把已经被工业化隔离分开的城市碎片联系起来。在林奇关于机器城市的图解中，线条和箭头（都用虚线表达）表示小的多细胞结构通过流联系起来，构成一个相互分离却彼此关联的细胞或稳态空间网络。单个的细胞可以被拿掉和替换，但是不会影响到整个系统的运转。新的细胞永远都在增加，从而使得系统始终存在失去控制的潜在可能性。林奇用图示诠释了机器城市模型的精髓（图 1-24）。在图中，大部分代表不同类型标准空间的细胞是黑白的，而少量细胞是带有阴影的，表示异质性（heterotopic）功能区。就是说，那些细胞中包含有不必要的，被排斥的或者非标准的功能。

机器城市的理论基础是假定城市是一个机械化的系统，城市各组成部分在网络中相互作用而又不必被限定在特定的场所。为了表现这种拉伸式流动空间（stretched armature）和线性的机器城市形态，林奇引用伊万·莱尼多夫在 1930 年代为苏联城市马格尼托哥尔斯克所做的线性城市规划和一个典型（理想化的）节点。这个节点就像安东尼奥·圣埃利亚 1914 年画的草图——表达了"未来主义者对塔楼和巨型交通系统的喜好"。他还提到英国的阿基格莱姆小组及其机械城市的思想。"在这种城市中，整个环境是机动的、可拆卸的"，这让人联想到前文提到过的罗恩·赫伦的"行走城市"。在这个宏伟的意向图中，一个带有四只巨型机械腿（容纳联合国的不同机构）的城市机器在纽约东河（east river）上行走，背景是纽约的天际线。（图 1-25）

"行走城市"这个例子跟林奇用图示、文字和引文构建出来的动态机器城市模型比较吻合。机器城市可以按照预定的方向生长出巨大的机械部件。林奇把这些以物理方式连接的部件比喻成机器的榫卯和齿轮。机器城市的生产、消费和增长都依靠线性程序操控。另外，他还

图 1-24　凯文·林奇：机器城市示意图，《城市形态》，1981 年

用图示表达了我所谓的"拉伸式"流动空间（armature）是怎样在由细胞构成的城市中形成网络的。这些流动空间不一定全部是物理的交通通道；林奇的机器城市图示中连接一些细胞的虚线也可以解读为是一种承载着城市媒体空间的高速通信线，可以加速细胞之间的反应。还有一个值得注意的地方：在林奇的机器城市模型中没有出现景观和地

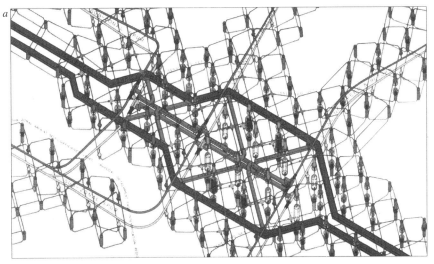

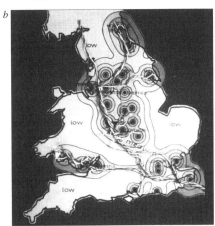

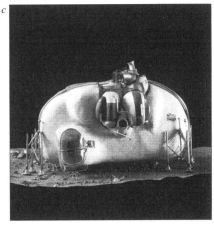

图 1-25　机器城市：阿基格莱姆小组，1960 年代
a）丹尼斯·康普顿：电脑城，1964 年
b）丹尼斯·康普顿：英国网状城市，1964 年
c）大卫·格林尼：豆荚住宅，1966 年
d）罗恩·赫伦：行走城市，1964 年

图 1-25 机器城市：电
讯小组，1960 年代（续）
e）彼得·库克：插座城
市，片段，1964 年
f）彼得·库克：插座城
市，轴侧，1964 年

e

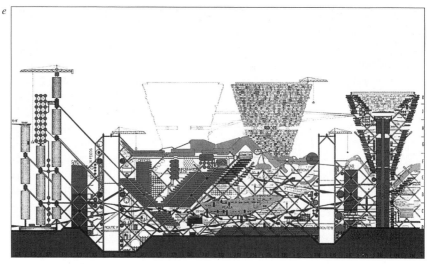

f

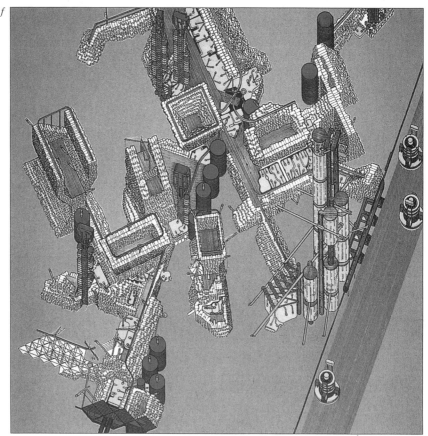

形；白色的底可以当做像沙漠一样没有任何特征的空间。机器城市本
质上与场所无关（placeless）。可以将它想象成漂浮在外太空的机器。

林奇对机器城市中隐含的组合、复制和连接的简单规则持批评态
度。而这些规则是影响美国战后城市规划实践的勒·柯布西耶和 CIAM

（图 1-26）的现代主义建筑师以及 1933 年《雅典宪章》的理论核心。《雅典宪章》明确提出城市的各种功能应该分隔开，简单而机械地把城市划分为四类功能区和三种密度，以实现效率最大化。现代主义者想要通过隔离生产与消费、穷人和富人、文化与自然，来改革 19 世纪工业城市的两极分化模式。在他们的规划中，工业城市的两极——由交通与通信系统连接起来的生产区和消费区——被分隔开并重新划分为四种新的功能区，分散布局在绿色景观之中。

图 1-26　国际现代建筑协会标志，1933 年

按照《雅典宪章》的分类，每一个细胞或平台都只能属于四种功能类型之中的一种：（1）居住功能；（2）工作功能（工业或办公设施）；（3）游憩（体育活动、娱乐或购物）；（4）交通与通信（还应该有第五个功能——混杂的或者不相容的变异性元素，比如传统的混合功能区域）。细胞可以是高、中或低密度，这取决于它在城市中所处的区位（中心、边缘或二者之间）。所有的细胞都通过交通和通信廊道连接。与《雅典宪章》类似，勒·科布西耶在 1951 年的昌迪加尔规划中移植了美国的支路、干道和公路等道路等级体系，把移动流分为七种类型。这些现代主义者依据不同功能和等级对流进行分类的方法在林奇的机器城市模型中得到了充分吸收。

《雅典宪章》体现的机器城市不仅包括四种功能和三种密度，还包括一种"亭子化"的规则（即每一种功能必须容纳在一个独立的建筑或"亭子"中）。这种规则为细胞中标准化、专业建筑的发展提供了舞台，成为细胞增生和系统成长的规则基础。玩过电子游戏"模拟城市"（1989）的人都会了解这个模型（图 1-27）。玩家在游戏中可以使用各种单功能的细胞（住房、办公楼、工厂、商业中心、公园等等）来构建一座虚拟的城市，依托铺满大地（平原、岛屿、山川等）的网格可以生成交通系统，连接所有的细胞。游戏一开始只有单一的反馈回路——从点击鼠标到市长；在城市系统中，市长占据着决定性的中央控制点[①]。游戏的内在反馈使得"模拟城市"成为机器城市的一种高级版本，一个能够产生秩序的自组织系统，由演员的微观行为自下而上地推动发展。作为机器城市的理想化模型，模拟城市需要假定城市发展的经济动力永远不会消失。

图 1-27　《模拟城市 I 》外包装，1989 年

阿尔伯特·波普在《梯级结构》（1996 年）一书中非常生动地描述了"模拟城市"式的增长对现实生活的影响。杰弗逊时代建设的美国

图 1-28　弗里乔夫·卡帕拉：《网络生活》（1996），"反馈回路"示意图

---

① "反馈回路"是一种信息传送连接，它可以使系统或结构自我修正，保持常态或者保持向恒定目标的方向；比如一艘船的船舵和舵手就构成了一个典型的机械反馈回路。（图 1-28）——译者注

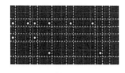

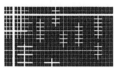

图1-29 阿尔伯特·波普：坐标系和梯级结构示意图，《梯级结构》，1966年

城市道路网（最初由托马斯·杰弗逊作为一项国家政策提出）实现了城市内部的均等化联系。但是20世纪高速公路修建以后，因为出入口的原因，这种均等化的联系开始"坍塌"和"崩溃"。那些基于既有道路网络的高速公路出入口造成了可达性的等级化，并推动城市空间重新整合。波普以当代休斯敦为例，描述了这种崩塌后形成的可控制细胞结构（enclaves），他把这种细胞结构称为"梯级结构"。在梯级结构中，理论上场所不再像处在开放均衡的笛卡尔坐标系中那样均等化，而是产生了"多核中心化扩展新逻辑"和"排斥的漩涡"（图1-29）。

在波普的"梯级"稳态空间结构中，每一个稳态空间都有单独的、受控的出入口，这也呼应了赫比斯·海默对1950年代郊区增长的分析。梯级结构代表了一种新混杂形态。它整合了传统城市稳态空间（enclave）中的场所向心集聚力（place-centering capacity）和工业时代流动空间（armature）的线性组织能力（linear-sequencing ability），并形成一种三维空间矩阵的形态。梯级的稳态空间可以在水平和垂直两个方向上组织，比如多层购物中心和建筑前室——20世纪末在机器城市中经常出现的专业化空间的原型。

机器城市模型既有组织的清晰性，也有分类学的精确性。这种清晰与精确可以追溯到伊尔德方斯·塞尔达[1]的《城市化通用理论基础》（1867）。这本著作又借鉴了达尔文《物种起源》（1859年）的方法论（下一章将会进一步讨论）。事实上，从效率角度看，即使到现代，这些专业化的细胞形态——居住、工业或其他——还可以不断改进，可以说这种"机械化"的模型同样也是一种变革和生物学上的进化。尽管机器城市属于伪活体性质，如同林奇所说，机器城市没有任何"神奇"之处。城市的所有元素都是"冰冷的"数学式的，但是机器城市在整体上是可以预测的，它有清楚的部件构成——稳定的、流动的和变异的元素，可以根据需要来计算各部件的流量和容量。机器城市的理论基础是简单的机械运算：四种功能，三种密度，以功能分区为规则，专业化功能区的标准原型不断被复制。这些简单的规则被不断地使用，推动城市以机械般的效率在广袤大地上无节制地扩展。

也可以说这种方式并不高效。林奇认为机器城市总是抛开旧城建设新城市是一种浪费。这样的城市没有办法给旧细胞赋予新的功能，于是为了建设新的商业中心和促进城市周边地区增长，旧城中心就不可避免发生衰退。这种增长的模式意味着机器城市注定要走向蔓延，

---

[1] 19世纪中期巴塞罗那扩张计划的规划师，以方格网状路网将巴塞罗那老城区与邻近的小城镇连接成为一个新的工业化都市。——译者注

一路拖撒着美国城市中到处可见的衰退和废弃的城市地区（如卡米洛·维加拉在《美国废墟》（*American Ruins*,

图 1-30　卡米洛·维加拉：《美国废墟》，1999 年
a）底特律市中心
b）没有人流的底特律

1999 年）一书中展示的底特律中心区和内城边缘区的照片（图 1-30））。

　　不过，机器城市还是有明显强大的力量。这从安德雷斯·杜安伊和伊丽莎白·普拉特 – 兹伊贝克等"新城市主义"设计公司的项目作品集中可见一斑。这些设计公司的项目尺度从 1982 年佛罗里达滨海城的 80 英亩迅速扩大到 1989 年佛罗里达阿瓦隆公园的 9400 英亩，围绕景观式线性空间组织小规模邻里的设计和销售手法也变得炉火纯青（图 1-31）。这些技术的进步要感谢那些在大都市卫星城地区拥有巨型规模土地的地主们。不过，尽管这些设计对之前的郊区开发模式有所改进，但是在理论层面并没有根本改变机器城市的增长系统。

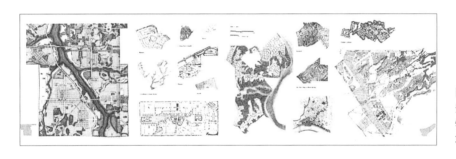

图 1-31　安德雷斯·杜安伊和伊丽莎白·普拉特 – 兹伊贝克：城市扩张项目，1970~1980 年代

1.3.4　生态城市

　　林奇的第三个城市模型——生态城市，也是由稳态空间和流动空间构成（图 1-32）。第三个城市模型的基础是林奇的老师弗兰克·劳埃德·赖特的思想。赖特提出的广亩城市（1935 年）理念试图把每一个家庭都变成微缩的农庄，从而在城市元素之间构建一种有机的关系[①]。在广亩城市模型中，大地景观以及更大范围的生态系统对于城市与乡村的融合具有非常重要的意义。林奇认为这种类型的蔓延不一定是坏事。实际上，林奇在他的论文《城市与区域规划》（1973 年）中乐观地认为这种城市乡村模式既保持了农村景观的开敞性又具有城市生活的

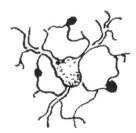

图 1-32　凯文·林奇：生态城市示意图，《城市形态》，1981 年

① 林奇和赖特其他的学生在西塔里艾森帮助赖特构建了广亩城市模型，位于亚利桑那州凤凰城边缘沙漠中的西塔里艾森在 1930 年代末是既是赖特的住宅、总部、办公室，同时也是学校。

复杂性。这篇文章的思想也呼应了埃本尼泽·霍华德在《明日的田园城市》（1902）中所展示的市镇 – 乡村"双极"图示。

在生态城市中，城市演员竭力维持一种精妙和"有机"的平衡；城市几乎相当于一个有机体。林奇特别强调所有的有机体都拥有自组织动力，生态城市也具有这种动力。他提醒读者，"生态城市拥有一种自我平衡的动力：无论何时受到外力的扰动，有机体都能通过内部调节来保持某种平衡状态。所以它是自我规范的，也是自我组织的。它能够自己修复自己，产生出新的个体，会经历出生、成长、成熟和死亡的全过程"。

林奇描述了这个相对比较新的城市理论的基本原则，"第一个原则是，每一个社区都应该是一个独立的社会和空间单元，尽可能实现自治"。

健康的社区是一个存在异质性的社区。它应该是多种人群和场所的混合体，这种混合应该有某种最佳比例，达到一种"平衡"。社区的各个组成部分彼此不断进行交换，交互参与社区的整体功能运行。但是因为这些组成部分彼此各不相同，因此发挥的作用也不一样。它们并不是彼此平等或重复的，而是多样并相互支持的……健康的社区由于能够维持动态的自我平衡因而是稳定的……最佳的状态是生态进化的顶层阶段，拥有最大多样化的元素，对流经系统的能量的最高效利用以及物质的连续循环。如果平衡被打破，最佳混合比例恶化，聚落就会生病……循环终止，组成部分停止分化，自我修复功能消失（图1-33）。

图1-33　日本京都龙安寺，1499年

林奇因此强调，生态城市中的"平衡"不仅与单个细胞或稳态空间的生态有关，也与整体系统的生态有关。

生态城市的理论基础与整体动力、启发式学习，以及包括社会公正在内的平衡感等有关。林奇经常说"生态学习"（ecology of learning）是他的有机城市观的基石。生态城市的元素比机器城市的元素更加复杂和混杂。在生态城市中，边界不再总是那么清晰，混杂性成为常规。这使得变异性状态变得更普遍。在描述这种复杂的情况时，林奇写道："溶解转换是一种常见的特性，因为选择、灵活性、或者引发一些复杂意义的需要，模糊变得很重要。"

对林奇而言，"有机"——生态城市模型的一个关键概念——表达的是从达尔文的进化论模型一直发展到控制论和启发式反馈回路时代的一套元素。按照这一观点，城市演员不断反复的行为模式能够缓慢地向新的"吸引点"（一种控制论的隐喻，非生态学意义）转变。当城市演员遭遇到生态装置的极限，就会推动城市模型的平衡逐渐地、或者不可预测地发生跃迁。保罗·克鲁格曼等经济学家把这种突变的情景叫做"间断平衡模式"（图 1-34）。这个模型最早由生物学家史蒂芬·古尔德和尼尔斯·艾崔奇在 1972 年提出[①]，是对以达尔文为代表的渐进主义理论的重要修正。城市学者认识到这种跃迁是一种递增式的增长爆发，而在每次爆发之间则保持着相对平静的稳定状态（steady state）（图 1-35）。因此，林奇认为生态城市作为一种控制系统或者仿生物系统，包含了信息流网络以及使用者与设计师之间的信息反馈。他认为生态城市是"自组织"的，并且谈到了 1970 年代的生物学和控制论等概念。

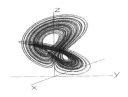

图 1-34 詹姆斯·克雷格：间断平衡模式，《混沌：开创新科学》1988 年

林奇对生物学和控制论的融合，与某些风靡于 1960 年代，到了 1980 年代基本消失，而在 1990 年代又重新出现在一些著作中（如弗里乔夫·卡普拉）的知识界时尚很相似。卡普拉尽管不是研究城市形态的学者，但是在《网络生活》（1996）中对这些问题的研究提出了很好的见解。卡普拉认为任何一个自组织系统都是一个生态平衡系统，可以维持动态平衡，从历史的错误中学习经验和教训，并用来修复自身。林奇认为这些都是生态城市的特性。卡普拉把这种动态的自组织系统与之前主导机械城市、基于牛顿科学和机械论的世界观进行了对比。卡普拉和林奇都认为这种世界观正在发生改变。卡普拉引用托马斯·库恩的科学"图解"（后者认为科学就是"一系列的成就——概念、价值、技术等——由一个科学团体共享，并用于合理界定问题与解答"），并且提出，在 19 世纪已经发生了世界观中最主要的非连续变革性中断，产生了库恩所谓的"范式转型"（尽管在不同的学科中以不同的速率发生转变）。

图 1-35 克雷格：复杂理论，《混沌》

---

① 间断平衡模型认为，大多数进化都是在地质史上相对短暂的时期内发生的，这样就可以解释我们在化石记录中所观察到的现象。——译者注

卡普拉认为这种转型是从牛顿式的世界观转向系统自觉的生态性世界观。他注解道，"生态"（ecology）一词起源于希腊文"oikos"，意思是"一家人"（household），在传统上由女性主导。词典中对"系统"（system）的定义为"由各部分组成的整体"。卡普拉认为（归功于海因茨·冯·福尔斯特[①]的观察），这个词来源于希腊语"synhistanai"，意为"放在一起"。他写道，"系统性理解事物——字面上的意思就是把他们放在大环境中，并构建起所认知事物与大环境的本质关系"。生物学家早在 20 世纪就提出了这种自我规范的网络关联方法，其核心观念就是"有机体是一个内部相互协调的整体"（图 1-36）。卡普拉认为科学家已经把人类从生态图景的中心移除出去，从而产生了非人类中心主义的后人文主义"深层生态学"[②]，并对价值观的改变产生广泛的影响。当然，并不一定要通过"盖亚系统"[③]或者别的更神秘的全球智能形态来发现这种生态系统的优点。

图 1-36　A·G·坦斯利：生态系统示意图，1930 年代

如上所述，林奇的老师弗兰克·劳埃德·赖特也同样持有有机的观点。卡普拉进一步发展了赖特的分析。他认为有机观强调的是流和关系，这种观念超越了事物之间简单而严格的因果链联系（牛顿论观点），与量子物理学的研究重点类似。在这两个领域中，研究者都发现，旧有的关于离散体相互作用的基本科学假说并不全面：物体的边界不能再被视为纯透明的。量子力学发现，在亚原子层面，物体会溶解在波谱中，这种波谱不是简单地代表离散物体的现实存在或不存在的概率，而是代表着在一个相互作用或者相互"观察"的网络中互相联系和发生关系的概率。就像物理学家维尔纳·海森堡写的，"世界因此变成了一个复杂的由各种事件构成的组织，在组织内部，各种类型彼此替换、重叠或组合，于是就决定了整体的'织理'（texture）"。卡普拉认为，城市形态向生态模型的转变与物理学向量子力学的转变类似，二者的研究都是从分析局部（笛卡尔、牛顿时代的模式）转向对整体感（the sense of the whole）

---

① 1950 年代控制论运动的启蒙者——译者注
② 深层生态学是西方生态哲学提出的一个与浅层生态学相对立的概念。由挪威哲学家阿伦·奈斯（Arne Naess）在 1973 年提出。将生态学发展到哲学与伦理学领域，并提出生态自我、生态平等与生态共生等重要生态哲学理念。"深层"相对于"浅层"而言，浅层生态运动局限于人类本位的环境和资源保护，深层生态主义者把浅层生态运动视为一种改良主义的环境运动，试图在不变革现代社会的基本结构，不改变现有的生产模式和消费模式的条件下，依靠现有的社会机制和技术进步来改变环境现状。深层生态学认为这种试图减轻人类对环境冲击的努力最终会导致人们寻求用技术方法来解决伦理、社会、政治问题。——译者注
③ 希腊神话中的大地之神，是众神之母，所有神灵中德高望重的显赫之神。英国科学家詹姆斯·洛夫洛克提出盖亚假说，即地球生命体和非生命体形成了一个可互相作用的复杂系统。——译者注

或整体"织理"（texture）的研究。以整体感为基础改变了观察事物的方法，使所有已经清楚的知识又变成了模糊的。

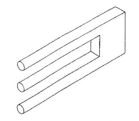

图 1-37　理查德·格力高：格式塔理论示意图，《眼睛和大脑：视觉心理学》，1966 年

"整体感"是构建生态城市认知模式的基础。这个概念来自于格式塔完型心理学中关于人类大脑中存在的整体性感知分析以及行为模式构建（pattern-making）的研究（图 1-37）。卡普拉强调，在德语中，"格式塔"（Gestalt）意思是有机的、活的形态，区别于无生命的形态（德语"form"的内在涵义）。卡普拉写道，格式塔心理学者认为事物是"活的有机体……不把事物当作割裂的元素来认识，而是当作有感知的整体——有意义、有组织的整体，其整体显现的特性在局部并不具备"。卡普拉认为人类的大脑本身就是一个无比复杂的自组织系统。大脑中的意识受到早已形成的自组织模式的吸引。无论何时何地，在相互关系中，在流体力学中，或者是封存在岩石里的地理印记中，在涉及社会等级组织的时候，在艺术品中等等，只要发现和感知这些模式，就会引起大脑意识的反应。根据格式塔理论，这些模式的局部个体存在的意义在于它们是参与到模式整体格式塔中的一部分。大脑不仅在实体世界中寻找这些模式，而且把这些模式在大脑意识中投影为"关于"世界的假定。这些假定中有的可能是已经被经验所证实的，有的可能没经过证实。这样，模式构建（pattern-making）、模式识别（pattern recognition）、模式检验（pattern-testing）以及自组织（self-orgnization），就构成了生态城市的基础。卡普拉提出，"由社区共享的一系列概念、价值观、感知以及实践，形成了社区认识现实的基础，并成为组织社区的基本方式"，就此而言，应该重新定义新的生态范式。

既然城市演员不断地在其生存环境中扫描各种模式，他们就有可能发现正在发生变化的情形。经过一段时间以后，他们最终会在大脑中投影或识别一种模式，与其他人交流关于这种模式的认识，并设法介入这种模式以唤起某种反馈。在卡普拉的研究中，这种模式识别和投射的运行过程显得有点简单。罗宾·伊凡斯在《投射之范：建筑及其三向几何》（1995 年）中揭示了这种过程更加复杂的一面：它涉及构建模式过程中运用不同演员的多种投影系统，以及包括口头命令、法律文书、概念分析、绘画和摄影等表征在内的多种象征意义。伊凡斯区分出三种不同的投影系统，每一种投影系统都有自己的几何学形状。演员在构建感知的过程中，可以根据需要混合或匹配这三种投影系统。伊凡斯在书的最后用了一张非常好的图解来解释这种复杂的情形，这个图与卡普拉的投影假说有很大的关联性（图 1-38）。

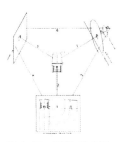

图 1-38　罗宾·伊凡斯：建筑设计示意图，《投射之范》，1995 年

卡普拉把自组织系统中的模式看作是城市演员寻找的一种特殊的

图1-39 弗里乔夫·卡普拉:耗散结构漩涡,《网络生活》,1996年

"耗散结构"（图1-39）。在网络或一个大的力学系统中，一个耗散结构会由于对某种压力的反应而出现在某个位置。当不再需要的时候，耗散结构也会消失：比如浴室排水口的漩涡。这类结构的存在状态是非均衡的，就是说，它们需要外来的能量来保持动态稳定性，必须通过与外部环境中流的交换来消耗（耗散）能量。只要相同的一套流在网络中出现，类似的结构或关系模式就会再现。不过，尽管我们的模式构建能力能够识别这些相似性，但其实每一个耗散结构在细节上都是独一无二的（例如，没有两个浴室排水口的漩涡是完全一样的，尽管所有的漩涡都可以归为同一种事件类型）。在地方网络系统的作用下，每一个自组织的耗散流系统都各不相同，由地方网络规定其唯一属性。最后，如果附近的流或压力加强或减弱，耗散结构就会出现或消失。

林奇在生命晚期更倾向于从流和废物生产的角度看待城市，即把城市看作一个复杂的、有边界和能量冗余的耗散结构宿主，一个城市漩涡。在他去世后出版的最后一本书（《日渐浪费》1990年）中，他毫不妥协地指出了全球化消费社会的兴起带来的浪费和污染问题。

卡普拉对生态系统的理解指向了生态城市结构转型和变化的趋势：城市模式和结构是一个更漫长过程的局部，是更大范围中可见或不可见的信息和能量流网络的组成部分。像林奇一样，卡普拉也强调生态范式中的反馈回路在模式认知和结构形成过程中起着关键性作用。自我规范（self-regulating）的结构需要依靠演员的反馈和程序来维持其形态和动态平衡。这种平衡远远没有达到均衡，而是一种处在持续压力和应力状态下的平衡，一种接近混乱边缘的危险状态。例如，林奇生态城市中的演员必须不断监控其环境中的变化，使用模式识别和反馈回路来确定需求，调节各种变化。卡普拉谈道，"一个系统修复自身或者再次形成自己形态的容量是自我规范的基础"。他把这种容量叫做"自我生产"（autopoesis）[1]，这是一个来自1970年代系统论中的术语。信息流是自我生产的关键，即随着时间的推移，能够始终维持结构的可识别性。反馈回路的作用是辅助自我生产，维持特定的平衡或模式。

在受控环境下，可以通过对反馈回路的设计来强化某些意愿，或者预先建立标准和一整套相互关系（可能会随着时间而变化）。林奇在生态城市模型中应用了反馈回路，基于反馈回路的规则和标准进一步加强了城市流系统的自组织属性。事实上，在林奇的三个标准城市模型中，建筑语言和模式作为活动程序的化身，都可以产生系统记忆。

---

[1] 指社会系统中，通过元素与元素之间的关系来生产元素。——译者注

这种语言和模式随时间变化而始终得以维持，成为一致性的集体记忆。因此，每个城市都是一个自我修正的系统，不断修复自己，以达到组织的最佳平衡状态。在某种意义上，生态城市带有活的智能系统的一些特性[①]。在第三章中，我将要用发展了大约250年的伦敦大地产系统及其"商务地产"作为自我修正系统的案例。

1.3.5 城市效能（performative urbanism）：城市理论与设计

林奇，这个美国有史以来最清醒的实用主义者，在很多方面像生态城市模型一样多变，他最终还是放弃了生态城市模型。他认为生态城市是一个乌托邦式的理想。构成生态城市必要条件的城市事件、信息系统以及城市结构之间的绝对透明是不可能实现的。流、形态、结构以及过程之间一一对应，意味着自发性的灭亡。人类的生活将会被自组织系统的规则分析所控制，最终发展出系统自己的意志（如同科幻小说《2001年：空间奥德赛》（1968年）中的计算机 Hal 一样）。城市演员作为设计师的作用将被系统纳入规则中，演员的意愿变得不再那么重要。林奇觉得人和机器不一样，人能够从自己的错误中获得经验教训，而且生态城市自我维护的目标尽管容易理解，但是跟现实中大都市的情况没有任何可比性。（图1-40）

林奇于是抛弃了生态城市模型，转而认为城市实际上并不比"机器"更"有机"，同时指出这种有机类比存在很多失败之处。首先城市与有机体不同，如果没有人类的自觉介入，城市不可能自我维持。林奇还批评了把生态主义者的最优化理念——"顶级生态阶段"——移植到城市的做法。他认为城市中不可能存在预先规定的最优规模和状态，因为城市或者其中组成部分的规模和构成取决于内部功能和外部联系，而这些功能和联系是不断变化的。林奇还认为在城市中不会像生态城市理论规定的那样，在细胞或子单元之间有清晰而永久的等级，因为在现实城市中细胞间的力量和功能的平衡是不断转移的。此外，在生态城市的传统中，通常都用曲线来表达有机感（比如弯曲的街道），但是林奇认为，这种"反几何学的浪漫布局"不能保证有机理论真的能够起作用。

尽管林奇因为生态城市模型（包括信仰城市和机械城市）不够恰当而选择了放弃这个模型的研究，但他还是觉得生态城市模型有一定的用处。这个模型最大的好处就是它标志了一种概念的转换——城市从中心控制、中心组织、由工业化生产元素组成的标准化系统，转向

---

① 林奇引用了克里斯托弗·亚历山大的《模式语言》作为这种思想的典型。——译者注

图1-40 城市效能

a,*b*) 克里茨托夫·沃迪奇科：无家可归者的小推车，1988年

c,*d*) 玛格丽特·莫顿：建筑工人和城市废墟，纽约，Bushville，1980年代

e,*f*) 比尔吉特·拉姆绍尔：无家可归者艺术展，纽约；莫斯科地铁，1997~1999年

g,*h*) 洛伦佐·罗米托：田野中的潜行者，意大利罗马，1995年

自组织、差异化、多中心、生态型的城市群。林奇的研究兴趣开始转向基于"城市效能"（city performance）标准的新城市理论。这个新理论利用了信息系统的洞察力和生态城市模型的组织模式，同时又建立在机械城市模型的大尺度、现代主义、区域规划等优点基础上。林奇相信，可以通过评价现实中或是被规划的城市履行一系列"效能特性"

（performance characteristc）——多样性、可达性以及效率等——的能力，
建立起一套标准城市理论。

　　林奇假设，城市设计（city design）应该建立在标准城市理论和控制系
统反馈的基础上。他"个人理想"中的"交互巢"（alternating nest）模型综
合了城市增长的"快"与"慢"，就像他在"场所乌托邦"（utopia of place）
中移除了土地开发中的资本压力，允许知情公众参与一样。林奇感到惋惜
的是，"城市设计很少能被实施或者通常被当作大型建筑和大型工程被错
误地实施：把整个城镇当成一个物体、扩大的建筑场地或者是基础设施网
络，按照预先设定的时间表去精确地实施设计"。林奇也很清楚，城市设
计所关心的行为模式是在所有尺度上的。"城市设计不是只处理大型事物，
它同时也通过政策来影响小的事物，比如座椅、树木以及提供前廊歇坐设
施等——主要是能够影响到聚落效能的那些特质。城市设计考虑的是物体、
人类行为、管理制度以及变化过程（process of change）"。（图 1–41）

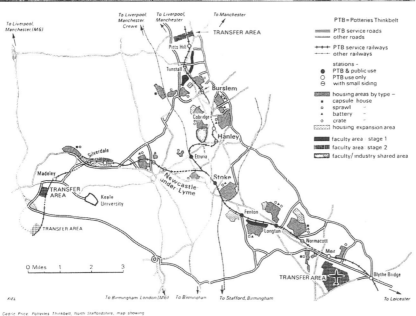

图 1–41　上图：塞德里
克·普莱斯：Potteries
Thinkbelt，曼德维尔流
动空间透视图，1996 年
下图：塞德里克·普莱斯：
Potteries Thinkbelt，区
域地图，1996 年

下一节我将要研究林奇如何展望城市设计（city design）对变化过程的控制作用。他的这些认识与当时流行的城市设计实践有非常大的不同。

1.4 城市理论与城市设计

1.4.1 城市设计与现代主义"危机"

按照林奇的观点，"city design"的出现是现代主义城市规划（city planning）的碎片化以及新兴的抽象统计学或者数学意义上"科学的"建模技术使得城市的物质形态变得几乎没有意义的结果。林奇认为新出现的"urban design"学科是一种短暂的、权宜的、将会暴露城市规划危机的方法。他在 1974 年的《大英百科全书》中写道：

> 城市设计（urban design）作为一个独立的专业，其兴起的原因主要是为了弥补传统环境艺术鸿沟，例如当需要为多个业主建设大型建筑综合体的时候。这个新的专业关注城市的整体设计，而不像很多人误认为的和建筑设计一样只关注细节，仿佛只是快速为某一个业主建造建筑。城市设计强调城市形态在心理与感受层面的作用，这些因素在社区、区域或者大型工程中通常会被忽略。当城市规划从纯物质规划转向关注经济与政策，有可能逐渐走向分裂成若干子学科的边缘的时候，城市设计的兴起成为城市规划领域的觉醒。

城市规划的这些方法能够预测公路交叉口的交通流，可以自上而下地精确制定购物中心的规模，但是不能为社区提供令人满意的人居环境。（图 1-42）

许多作家，包括曼弗雷德·塔夫里（《建筑与乌托邦》，1976 年），在 1970 年代都提到过现代主义建筑由于过于表面化（下一章还会讨论这个话题）而遇到"危机"。斯蒂芬·格雷汉姆和西蒙·马尔文在其著作《城市分裂》（2001 年）中用技术术语解释了这种危机。像林奇一样，这两位作者也使用三个城市模型，从历史视角研究"现代网络城市"的形成。研究结果表明，"现代网络城市"形成于 1850~1960 年。他们的书中描绘了现代主义者为机器城市创造的无缝和通用的基础服务设施工程从欧洲城邦起源，然后扩展到其殖民地的过程。

格雷汉姆和马尔文记录了欧洲和美洲历次基础设施建设的浪潮。

图 1-42 哈德孙河畔商业区商场的摧毁过程，底特律，1990 年代

欧洲和美洲经历过几次大规模的基础设施建设后由农业经济体系逐渐转变为工业经济体系。相互支持的基础设施网络为城市提供了前所未有的服务和联系。首先是新的能源，主要是煤炭；然后是新的机器，包括蒸汽机和铁路，电报信号随着铁路一起发展起来，蒸汽船的出现加速了全球通信和交通的发展。煤力取代了马力，城市迎来汽灯时代（煤炭燃烧的副产品）。大量工业城市的发展催生了卫生改革（一系列的霍乱爆发推动了卫生改革），以及对排水、污水处理和给水系统的关注。卫生改革运动还促进了公园等工人阶级居住环境的改善。

他们接着描绘了机器城市中的电气化。城市电力设施建设涉及大量的资金、电力线路和电厂的建设。这些电力设施最先从地方开始建设，最后联结成全国性的网络（图 1-43）。伴随着电气化出现了电话，电话线通常与电线共用线杆或管沟。格雷汉姆和马尔文详细描写了 1880 年 ~1940 年间美国电话协会的现代化以及电话网络与大都市的共同发展（图 1-44）。他们写道：

图 1-43　英国全国高压电网示意图，来自奈杰尔·斯利福特

　　　　和其他城市基础设施一道……城市电话网络被规划为独立的一体化网络，为所有的空间和所有的用户提供普遍平等的连接可达性（通常基于规定的责任与义务）。从干线和支线用户获取的利润用于交叉补贴贫困地区和农村的网络建设。

他们还指出了私人和政府支持的垄断巨头日益增长的力量。这是一个钢铁和铁路垄断的时代。这些垄断组织的复杂性、规模和涉及的领域都是空前的。1929 年股票市场崩溃后，纳税人为了挽救破产的公司，将很多公司的组织技巧移植到了政府。

格雷汉姆和马尔文将后来无所不在的政府行为与技术升华主义联系起来。技术升华主义与机器城市有关，是一个平等服务所有城市演员、系统充分整合和均衡的梦想，在现实世界中通常是把已经存在的碎片拼凑在一起。人们相信对基础设施科技的大规模投资会直接导致机械科学的进步，大众生活最终会被改善。一些政治领导者，从选举产生的罗斯福到希特勒这样的独裁者，都被这种机械城市的理想所鼓舞。（图 1-45）

格雷汉姆和马尔文把城市的"分裂"和终止构建无缝隙普遍服务系统网络的尝试，归咎于政府主导科技进步的技术升华主义理想的崩塌以及机器城市作为普遍均衡系统的失败。他们认为到 1980 年代早期，城市演员 - 开发商的投资重点已经发生了变化，"保守的"政治家削减

图 1-44　美国光纤网络，1990 年代

图 1-45　斯蒂芬·格雷汉姆和西蒙·马尔文：全球电缆网络，《城市分裂》，2001 年

了对普遍公共服务网络的投资，缩减政府的规模（当然，军队、情报、警察等机构除外）。比如在伦敦，玛格丽特·撒切尔以缺乏资金的名义，废除了大伦敦议会区域政府，停止了公共财政支持的伦敦地铁系统的建设，对伦敦的供水、天然气、电话等系统也进行了私有化。1980年代的这些"改革"一直持续到1990年代。私人公司运营的额外计次服务付费替代了日渐衰落的公共基础设施投资。这种逻辑最近由于伦敦对进入中心城的汽车征收"拥堵费"而进一步延续。

格雷汉姆和马尔文认为，在信息城市中存在很明显的"分类计价服务"模式——卡斯特尔用这个术语来描述从1982年至今，在已经停止发展的机器城市中出现的解体、非通用、高强度通信等现象。自由市场主义要求在城市演员计次付费的基础上提供层级差异化服务。特别是，政府现在开始倾向于分类征收额外服务费用（比如公路在高峰期征收拥堵费），以及修建面向富人的、昂贵的高速铁路系统。富裕消费者拥有自己的私人通信网络，可以任意选择相应的服务费率来定制专享媒体服务；同时，他们喝的是专门设计的瓶装水，以避免逐渐恶化的公共供水系统带来的健康风险；他们有私人的发电机和下水系统，这些都是为了防止或避免公共服务系统的失效。

自发建设形成的郊区和贫民窟通常都紧邻信息城市。大量的新建住宅普遍缺乏公共设施服务（比如供电、供水、下水和电话等）。这些服务属于从前的大规模"分类计价"服务，并非私人机构喜欢的额外计费的服务。郊区的演员－设计师徒手搬运饮用水，使用原始的废物处理办法（或者没有），非法接入电线，他们可能会使用手提电话或者卫星接收器独立搭接上全球网络（不过，这种搭接不会像网络授权用户那样享受到普遍的双向连接）。

当高速数字连接快速绕过穷人区直达富人区的时候，机器城市潜藏的负面作用表露无遗。这些数字服务绕过城市中大量的低收入人群居住区，直达系统服务商最喜欢的目的地——财富中心，海量信息处理中心以及位于城市边缘战略性区域的仓储中心（图1-46）。

格雷汉姆和马尔文于是发现了一种在信息城市中普遍存在的被公共服务遗漏的稳态空间（anclave）——被剥夺了获取信息能力的贫民窟，一种有守卫的、奇怪的、"信息丰富"的微观环境。他们认为城市服务通过空间上的额外收费产生具有更高可达性专门化区域的同时，城市旧区被相应地降低了可达性等级。在北美存在着瞩目的数字分隔，截至2000年，仅有41%的家庭能使用互联网，白人和亚裔美国人能够使用互联网的家庭是非裔美国人和西班牙裔美国人家庭的两倍。到2000

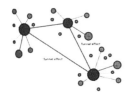

图1-46　斯蒂芬·格雷汉姆和西蒙·马尔文：绕过穷人区的高速数字网络，《城市分裂》，2001年

年，年收入超过 75000 美元的家庭中有 83% 拥有互联网；相比之下，年收入低于 15000 美元的家庭中只有 12.7% 拥有互联网。结果是，看似随机分布在城市和郊区景观中的额外计价收费城市碎片，由强大却又看不见的基础设施网络连接在一起，而有些区域则没有被服务覆盖。富人阶层，额外付费的演员－设计者因为能够支付费用而享有比其贫困的邻居更加丰富的信息网络，二者接受的服务完全是在不同的层面。现代主义城市中作为"辅助系统"的公共服务的普遍性于是跟城市肌理一样变得碎片化。

学科规则的差异化和专业化推动了基于反馈的多层级自组织、信息城市的碎片化。演员－设计者可以利用复杂的多层次信息来构建图境式、叙述性的商业规划等等。但是，这种综合多层级信息的计算机化能力意味着每一个信息层面都有不同的内容。很显然，正是系统的这种全球化的积极属性，使得系统处于非平衡的动态，其负面作用是服务层级并非对所有人平等。演员－设计者与全部层级连接、整合系统、建立自述性结构的能力受到收入和代码等因素的限制，使得一些稳态空间和信息只能由少数人接触。萨斯基亚·萨森在《世界城市》（1991 年）中也注意到了衔接实践、置换模式和连接的不平等性等问题。

1.4.2 "City Design" 与 "Urban Design"

1960 年代中期，正当林奇热切呼吁在 "city design" 中使用更加灵活的方法时，"urban design" 作为一个独立的领域开始出现（与全球化所带来的城市碎片化同时发生，如同格雷汉姆和马尔文强调的那样）。尽管林奇尽了最大努力，他同时代的人仍然没有认识到区别 "city design" 和 "urban design" 的重要性。特里迪布·班纳杰和米歇尔·索斯沃斯在 1990 年出版的文集《城市感与城市设计》中选取了 4 篇林奇关于城市设计（city design）的文章。在书的前言中，他们写道，在 1960 年代中期，"urban design" 是有关建筑和工程设计导向的；而 "city design" 的重点在于关注"公共城市的整体品质和性格，或者至少是城市的很大部分"。他们还写到林奇的文章没有得到普遍接受，"city design" 一词也没有被固定使用。

在第一篇文章《城市设计（city design）的质量》（1966）中，林奇从规划的角度讨论了 "urban design" 的局限。他在文章中评估了使用套路性设计手法的缺点以及有限目标、有限动机、有限社区反馈存在的问题。他认为多元演员、多元复杂目标以及关于时间和形态的"流动性"和适应性非常重要——这样可以避免单一蓝图式的规划愿景。他提倡在稳态空间之间保持动态和变化的平衡以及交通的通道，文章中还提到要对 ED 培根——一位先锋城市设计师（urban design）——主导的 1960 年代费城总体规划（相当传统的规划）进行批评和回顾。

班纳杰和米歇尔·索斯沃斯文集中的第二篇文章《城市设计与城市容貌》（1968）中，林奇把"urban design"的角色局限在"工程设计"领域，并粗略指出"city design"适用于更广泛的领域。工程设计（project design）是为特定的业主提供具体的服务，在特定的区块（enclave）内完成。工程设计有固定的时间框架，并试图超越某种城市形态（比如新城）形成绝对控制；相反，"city design"是跨学科的，包括了建筑设计、对象设计（比如设计一把座椅或一座桥梁）、系统设计、环境（生态）设计等方面内容。林奇认为，系统设计是对"物体之间的功能连接"进行的设计，这种设计"可能会扩展到很大的区域，但是不会直接建成完整的环境（比如公路或照明系统）"。

在这篇文章中，林奇首次从交叉学科的视角把 city design 定义为"对一个广阔区域内活动和物体的一般性空间布局"。他写道，city design 主要是应对：

> 人类活动的空间与临时性模式以及物质环境，既要考虑经济 –社会因素，也要考虑心理因素（感官因素只是其中的一部分）。目前在概念和技术上处置这种复杂模式还不成熟。这种不适用的表现症状之一就是图谱系统的模糊性以及包容性的缺失。模式所对应的目标不是很清楚，我们对于目标与模式之间的关系目前也知之甚少。我们关于城市形态的词汇贫乏无力；相应地，对创新性理念的需求变得更加强烈。不过很明显，城市形态是人类环境的重要组成部分，必须要对城市形态进行设计。

与林奇努力使"city design"跨越多学科领域的尝试不同，"urban design"伴随着美国东海岸城市郊区迅速增长和城市蔓延快速发展起来，并且越来越专业化。勒·柯布西耶的学生，《我们的城市能否继续存活？》的作者，哈佛大学建筑系主任何塞·路易斯·塞尔特，在 1956 年主持召开了第一届哈佛城市设计（urban design）年会；同年开设了城市设计课程，并在 1960 年代召开了一系列学术会议。到 1973 年，美国建筑师学会将城市设计（urban design）确定为建筑实务的一项专业分支。

对林奇而言,最佳的"urban design"实践案例是区域购物中心(regional malls)——在新区域不断扩展的城市副中心。这种认识反映了当代城市设计的起源,但是并没有使林奇更喜欢城市设计的一些先行者,例如贝聿铭[①]。尽管林奇反对购物中心那种封闭式的、专业化、地方性和战术性的设计方法,但是他仍然推崇购物中心的设计模式,认为这种模式在新城市网络的战略性间隔空间中创造出了一种新的高效节点。他更倾向于把当代城市设计(urban design)定义为对这类大尺度地方性中心的设计。他在 1974 年的《大不列颠百科全书》中写道:

> 一些最复杂而精细的城市设计(urban design)已经在商业中心的建设中出现。这并不令人吃惊——考虑到对这些中心的大规模投资,对城市形态进行有效控制的可能性,为保持利润不断增长而创造富有吸引力的形态的重要性……区域购物中心现在是一个经常被效仿的成功模型,它比任何其他环境设计都更加基于对行为的认知。尽管现在购物中心已经相当建筑化和专业化,在物质空间上也相对隔离,但是它们还是能够与其他功能整合在一起成为真正的社会意义上的中心。

实际上,在那个时代,美国的购物中心作为城市中心的作用已经越来越受到重视。例如,雷纳·班纳姆在《洛杉矶:四种生态建筑》(1971 年)中,就认为可以用购物中心来构建新的郊区副中心,以应对网络城市的大范围扩张(图 1–47)。班纳姆专门用一章来研究"稳态空间(enclave)的艺术",高度赞扬了迪斯尼之类的主题公园,以及洛杉矶地区的先锋购物中心设计师,比如威尔顿·贝克特和维克多·格伦(下章还会进一步讨论其作品)。

图 1–47 雷纳·班纳姆:山脉和沿海地带的生态系统示意图,《洛杉矶:四种生态建筑》,1971 年

"Urban design"出现在二战后郊区化背景下,起初继承了现代主义和功能主义的传统,基本上遵循牛顿论的传统,采用机器论叙事。不过,"urban design"是应用在城市碎片中而非整体城市。林奇批判当代城市设计(urban design)主要是因为其想当然地认为城市中应该有这样的大尺度追加增量。林奇认为这种自上而下的方法会导致重大错误,可能他还记着波士顿郊区的弗雷明翰世界购物中心失败的案例(图 1–48)。这个耗资 600 万美元的购物中心在 1950 年代由于重大设

---

① 贝聿铭从 1950 年代末设计长岛绿色英亩购物中心露天长廊到 1961 年设计波士顿市政中心,取得了长足的进步。

图1-48 世界购物中心，弗雷明翰，马萨诸塞州，1950年代

图1-49 魏林比新城中心，瑞典，1949年

图1-50 科芬园保护行动，1970年

计缺陷，在运行了六个星期之后关闭了，直接导致了业主的破产。林奇把这种方法称为"大块头的冒险"，因为这种新的追加增量难以预先估计成效。"urban design有很多失败的案例"，林奇写道"但是极少有成功的案例"（林奇引用魏林比——瑞典的一个新城中心——作为成功的案例（图1-49）。格林等购物中心设计师也对这个设计赞美有加）。林奇还写道，"没有规划过的优秀历史文化地区"，比这些urban design范例"更容易找到"。

林奇撰写百科全书词条的年代正是美国城市中大规模追加增量（新增建设）盛行的时期。班纳姆在《巨型结构：从近期的发展看城市的未来》（1976）中描述了许多这类巨型工程的案例（他没有描写社区反对派的意见）。比如，保罗·鲁道夫在纽约设计的跨越下曼哈顿快速路的庞大巨型结构将会毁坏传统的苏荷街区；还有摩西的westway项目（1971年完成初步大纲），设想将下曼哈顿改造成为一个巨大的公路交通转换节点，最后由于社区的反对终止了。在同一时期，纽约和新泽西港务局克服了科特兰街（电讯街）电子器材店、华盛顿街水果和蔬菜市场以及地产业等地方业主的阻力，建成了世界贸易中心（1973年）。不仅美国热衷于建设巨型结构，在伦敦，对科芬园市场区的拆除尽管在1960年代晚期到1970年代早期因遭到社区组织协会的反对而推迟（图1-50），大伦敦议会仍然保留了拆除计划（如同布莱恩·安森在《我将为你斗争：科芬园背后的故事》（1981）中描写的那样）。社区组织阻止拆除巴黎中心区的中央市场的斗争则没有那么成功。班纳姆还以亚瑟·埃里克森设计的温哥华市民中心为例，讨论了各种各样的巨型结构，以及水平的"巨型形态"（megaform）（其中包含大地景观元素）。

林奇很清楚现代主义城市规划师和建筑师已经越来越远离普通的城市演员。他认为由于改变规划而导致城市演员的抗议活动是积极而有益的反馈。他看到了历史文化保护的一种新可能性。但是，与许多城市设计师不同（比如现代主义建筑师何赛·路易斯·塞尔特，哈佛设计学院研究生院主任），林奇并不反对郊区增长。在他看来，并不是所有的蔓延都是"坏的"。他提出的"交替巢"（alternating nest）模型理论体现了对密度的重视。在"交替巢"模型中，"快速"的增长模式与农村地区低密度花格布式的"低速"增长模式紧密交织在一起。和同时代的伊恩·麦克哈格①一样，林奇也把允许增长的区域区分开，这

①《设计结合自然》（1969）的作者。——译者注

样就能把大片的农田土地保留下来。在当时的城市设计师专注于巨型结构的同时，林奇已经开始从整体视角看待生态系统和大地景观。比如，他和阿普莱亚德一起为"圣迭戈区域，暂时的天堂？"所做的草图，就是近似于从 30000 英尺高空看到的区域景观。

在其职业生涯的晚期，林奇在《什么是"city design"以及如何教授》（1980 年）一文中，说明了他为什么"不顾一切"地选择"city design"来表达城市设计。他认为"city design"是"目前能想到的最好地表达城市设计的术语，因为当前对这个领域的认识还很模糊，这个词（city design）正好处于城市规划（city planning）和建筑学或景观建筑学之间"。他认为这是一门新兴的交叉学科，跨越既有学科的边界，并且包含一系列完全不同的活动。关于"city design"，他接着写道：

> 不再局限于对私人行为的公共规范，设计公共工程，以及法定土地使用布局的图示化——尽管所有这些仍然很重要。其范围已经扩大到对活动和特质的规划，根据环境的使用功能创造原型，制定"框架式"规划，实现环境教育或参与式设计，考虑场所的运行管理，利用奖励机制，构建规章制度保障所有权和控制权。

从这个角度看，"city design"为自下而上的参与式设计构建了一个"框架"，把城市设计与公共活动场所的管理、服务和控制规章制度联系起来，形成住宅肌理和交通系统的原型，在城市中产生新的自适应程序。

林奇在《城市感与城市设计》文集的第四篇文章——《"city design"：不成熟的艺术》（1984 年，林奇去世的那一年）中继续了这一论题。他对三种"公认的"自上而下的"city design"模型进行了批判。第一种是大尺度的城市设计，其目标是"按照美学的意象设计城市的局部（part）"，形成渐进式的"拼贴城市"或者"由大块局部组成的城市（city of big parts）"（参考柯林·罗和弗莱德·科特的《拼贴城市》，将在下一章讨论）。第二个模型是对城市中已经存在并运行良好的"局部"进行保护（参考 1970 年代世界上广泛开展的历史保护运动，也将在下一章讨论）。第三个模型在很大程度上指的是由规划师实施的看不见的"规划预备过程"。

林奇接下来提出了可能对城市设计有所帮助的六项"被忽视的技术"。前三个与线性运动以及演员对城市的概念性"印象"或心理地图有关。第一个是"结构设计"（structure design），主要是处理市民感知和概念模型，即处理居民头脑中关于线性空间和稳态空间之间关系的心理地图。结构设计的最高境界是"意象设计"（image design）。第二种是"框架设计"（framework design），即对大尺度的基础设施进行设计。这些基础设施与市民日常活动的路径或线性空间相联系，对构建居民的"意象"和"结构"有重要作用。第三个被忽视的技术是"序列设计"（sequence design）。序列设计的重点是线性空间及其景观叙事，即沿路径行动的行人或司机看到的一系列意象序列，形成一种"旅行"的体验（同样对于形成"结构"和"意象"起到重要作用）。

后三种技术的重点不是移动，而是稳定。第四项技术是稳态空间（enclave）或者"场所营造"（place making）的技术。场所营造的目的是为了创造出场所的归属感，包括参与"居家设计"。第五项技术是"日常设计"（routine design）或者"系统设计"（system design），这项技术是林奇基于工业设计的理念提出来的一门专业，其主要内容是设计公共场所中的一些辅助设施以及服务性的基础设施。林奇认为19世纪中期乔治·豪斯曼在林荫大道的设计中对"街道家具"进行合理设置是自上而下地营造场所并保留弹性的"系统设计"杰出范例。最后一项是"原型设计"。林奇认为克里斯托弗·亚历山大的《模式语言：市镇、建筑与结构》（1977）可以很好地解释这种方法。通过社区参与激发对稳态空间的设计以及居民自下而上对住宅原型的再利用都是很好的范例。

在林奇看来这六项技术是建立城市设计参与美学的核心"艺术"。利用好它们可以使城市设计师更加开放地对待变化和多元化的发展。他写到城市设计师应该"乐于对待持续的变化，局部控制，多元化以及公众参与；这些都是能够激发美学响应的创造性艺术"。林奇在自己的实践中也努力把城市设计建立在局部控制、公众参与、自述性结构、路径以及意象构建等基础上，尽量让所有的社会组成部分都能够接触到城市设计，即使是那些缺少资金、缺少组织、缺少话语权的人。

林奇的研究既涉及全球化、战略性的"城市-区域"尺度，也包括策略性干预的地方尺度。他的目标是要建立能够支撑城市意象空间的自述性结构，以便使演员-设计师亲身参与城市空间的营造。林奇在波士顿规划了许多社区，包括1962年波士顿中心区市政中心的第一版规划（位于昆西市场和滨河区的一侧，替代了斯科雷广场）。他还为公路工程经过的郊区社区提供咨询，通过研究视觉形态设计郊区商业副中心（如 1964~1965 年在布鲁克林的研究）。他还在新英格兰哥伦比亚角与一个由七人组成的业主委员会共同工作，主持了最大的贫民区公共住宅改造计划（由凯尔 / 林奇事务所设计）。林奇和唐纳德·阿普雷亚德共同参与了圣迭戈区域（包括墨西哥边界）的整体规划。他在亚利桑那州凤凰城中心区带状滨湖公园的设计中也发挥了重要的作用（由力拓萨德勒开发，1985 年）（图 1–51）。

图 1–51　凯文·林奇和唐纳德·阿普雷亚德：Rio Salada 区域规划，凤凰城，亚利桑那州，1985 年

1.4.3　林奇以后的 City Design

　　"City design"是一种为使用、管理、住区形态或其重点部分创造可能性的艺术。它主要是控制时间与空间的范式，调整这些范式中的人类日常经验……（city design）考虑的是过程、原型、引导、激励和控制，既可以构想普遍的、流动的序列，也可以处理具体的、平凡的细节。它是一项几乎没有得到发展的艺术——一种新的设计观和新的设计方法。

——凯文·林奇《城市形态》

　　林奇于 1984 年去世以后，"city design"的实践活动一直在持续，但是随着城市向区域化发展以及碎片化的出现，城市设计逐渐分为两种尺度。大尺度城市设计（city design）传统在彼得·卡尔索普的作品中得到了补救性的延续。他在近期进行了两项 100 英里长的都市区走廊规划，一个项目位于波特兰州的威拉米特河谷，另一个项目从盐湖城向东北延伸，一直深入到群山和沙漠之间。这些案例收录在卡尔索普和威廉姆·富尔顿合著的《区域城市》（2001）中。其中关于"设计区域"（designing the region）章节讨论了基于全球化的规划将使城市由"边缘城市"（edge city）转变为"区域城市"（regional city）。区域城市的"建筑模块"是中心、街区、保护区和廊道。每一个建筑模块都是一个自治系统或者是城市的一个组成层级。

　　卡尔索普的"区域城市"包括了大型公园、连续的生态廊道等与大尺度山河景观相关的带有区域特质的线性层级，很像林奇对生态城市的设想。还有一个独立的层级包含有沿着巨型线性交互廊道布置的公路和交通廊道，与林奇的"交替巢"模型基本相同。卡尔索普和富尔顿在这两个框架中布置了住区稳态空间（residential enclaves）网络，并进行了称作"邻里"的新城市主义街区规划。这个邻里稳态空间的概念来自于卡尔索普和道格·凯尔博早期作品《步行口袋》（1989 年）。

"步行口袋"是在大都市区外围围绕着"中心公园"发展出来的强调步行友好环境并通过轻轨和公路与大都市中心区相联系的新城。这些"口袋"是地方性的小尺度稳态空间。不过这些稳态空间是由建筑师自上而下地设计出来的,并非林奇所设想的原型。

林奇关于大尺度生态城市的设计策略大量吸收了弗雷德里克·劳·奥姆斯特德、霍华德·欧登、本顿·麦克凯耶[①]、劳伦斯·哈普林等景观建筑师和区域规划师等人的成果。林奇凭借其流行的教材《场地规划》(1962 年第一版,之后与盖里·汉克多次进行修订)也对这个领域早期的发展做出过卓越的贡献。西蒙斯·瓦菲尔德的《景观建筑学理论》(2002 年)读本中从《场地规划》中选取了两篇文章——"场地规划的艺术"和"场地设计"(都取自 1984 年汉克最后修订的版本)。林奇的大尺度城市设计作品包括对景观类型的研究,通常都采用从公路或空中的视角,比如他与佐佐木、道森和德美事务所合作的玛莎葡萄园的研究(图 1-52)。在这个项目中,林奇根据景观类型制定了开发导则,把景观作为地方生态系统的碎片,通过各种流(flows)组织起来。莫妮卡·特纳、罗伯特·加德纳和罗伯特·奥尼尔在《景观生态学理论与实践:范式与程序》(2001 年)中将类似的技术应用在更复杂的层级上。

图 1-52 凯文·林奇与佐佐木、道森和德美事务所:玛莎葡萄园的研究,马萨诸塞州,1973 年

林奇对大尺度的关注在景观生态学和新景观城市主义运动中得到了进一步延续。景观生态学和景观城市主义把工业社会的组织方式和对自然资源的使用当作城市景观的组成部分,其关注的范围远远超出传统欧洲城市的尺度。景观城市主义运动可以追溯到第二次世界大战之前的德国,当时的景观设计师利用 30000 英尺高空的航拍图片作为一种新的尺度来研究生态问题。与伊恩·麦克哈格在宾夕法尼亚大学的工作类似(在《设计结合自然》中提到过),二战后德国和荷兰的规划师也使用"比例"和"分层"的概念来研究整个流域的生态环境(图 1-53)。麦克哈格在宾夕法尼亚大学的继任者詹姆斯·科纳教授进一步延续了这种大尺度土地调查的做法,利用航拍图片结合计算机地图来研究城市发展的"实际成效"。这种方法后来被他的学生查尔斯·瓦尔德海姆在 1990 年代命名为"景观城市主义"。弗朗茨·奥斯瓦尔德和彼得·贝克尼在苏黎世瑞士联邦工业学院也采用了类似方法,把城市当作大地景观中的分层结构。(荷兰:设计城市,2003 年)

图 1-53 伊恩·麦克哈格:斯塔登岛,纽约;分层分析图,1969 年

---

① 本顿 - 麦克凯耶于 1921 年提出山径的设想。经过众多户外俱乐部和志愿者的努力,山径于 1937 年开通。——译者注

景观城市主义运动体现了林奇的许多关于全球、区域和生态的构想。景观城市主义者吸收了 1930~1940 年代德国生态规划师采用航拍视角进行城市景观研究的成果，以全景展示的方式来构建大地景观中的工业区和住区（林奇和佐佐木的作品中也有过这种表现）的空间范式。他们还吸收了美国生态研究中关于物种迁移的范式，把大地景观中的农田和乡村当作一系列大型人造"碎片"。物种的流动和迁移必须要经过这些景观中的"碎片"，并遵守这些碎片中的秩序。每一个"碎片"都有自己的生态系统和动力机制，在空间上形成非连续的居住和采矿的平台。随着高速通信与交通设施"流"的兴起，美国移民城市中出现了明显的贫民窟现象，并不断分裂出具有全球影响力、高度专业化的后现代城市碎片。

景观城市主义运动建立在林奇和塞德里克·普莱斯的"城市效能"概念基础上。詹姆斯·科纳等田野设计师用一系列的植物演替来规划城市景观的时间维度。他们经常使用这种设计方法来修复工业棕地或是受污染的基地（如科纳在 2003 年纽约斯塔顿岛弗莱士河公园的设计竞赛入围作品）。在这种分层的生态景观中，设计师们构想出新的活动碎片或城市演员共享的公共空间。在其他演员同意的情况下，这种空间被用来当作季节性宗教仪式、集市、狂欢节、运动或促销等特殊事件的临时性基地。继阿基格莱姆小组 1960 年代设计的一些项目之后，设计师们提出了"事件舞台"的概念，即通过支撑体系和高效的机械化非永久性结构设施为城市事件提供场所和服务。随着时间的推移，一些临时性的结构会转变成永久性结构。

景观城市主义者通常并不引用林奇的理论，也不使用"city design"来描述其活动。1999 年，为了应对洛杉矶的区域购物中心城市设计中出现的问题，"city design"这个术语再次被使用，这时的意思是指自下而上地对城市碎片化采取的小尺度战术性的补救设计策略。约翰·卡列斯基在他的文章《当前的城市与城市设计（city design）实践》中再次使用了这个词（同样没有提到林奇）。对卡列斯基而言，"city design"意味着关注位于权力边缘的地方性城市演员以及处于城市边缘的社区。他敏锐地感觉到了新移民、移民商贩、移民社群所形成的世界。卡列斯基认为"urban design"只服务于大型项目的开发以及政府机构，已经脱离了日常生活和后现代城市的发展。他尤其批判了新城市主义缺少生态观的刻板设计以及荷兰建筑师雷姆·库哈斯的"通用城市"论的支持者们所喜欢的现代主义巨型建筑。卡列斯基清楚地分析了"urban design"在过去 25 年中发展的不足，他写道：

　　现实城市（present city）必须被定义为一个持续创新的场所。场所中发生的故事规避了城市化大战略的理性，建立起可见的和等待挖掘的传统和历史文化。城市自发性活动在被谩骂和渴望中挑战着城市更新、城市规划、城市再开发、城市设计（urban design）的逻辑，以及其他由于建成环境和场所不够完美而选择忽视它们的 20 世纪城市化概念。这些故事和自发性活动尽管有这样那样的缺陷，但是它们的确构成了我们日常的城市世界。

　　因此，"City design"应该考虑被主流所排斥的、边缘化的"现实城市"所发出的声音。设计师必须要倾听这些新的声音，把这些市民的呼声纳入到设计师与城市的对话中。

　　为了实现包容所有故事的目标，卡列斯基在建筑学的基础上提出了"city design"的基本原则：

　　　　"City design"作为与环境有关的建筑学，承认每一个个人和实体都在通过日常生活构建空间和场所。作为城市设计师的建筑师有进入这些对话的优先权，帮助构建这些行为发生的空间框架……很明显，城市设计实践包括日常生活的声音、活动、标志以及象征物等等。日常事务的总和就是一个不断展开的真实故事，城市设计师与城市居民都在推动故事的发展。现实的日常生活必须充分融入规划与设计的过程中。

　　因此，对卡列斯基而言，"city design"是从传统的"urban design"等级底层发生的，继而向上层不断延伸。他设想了一场政党间在水平运动场上的民主式对话，城市设计师在其中促进对话和提供选择："现实城市中的建筑师必须创造能够包含自发性、散漫性和多重性的作品。"城市设计师最终的目标是通过与所有利益相关政党的谈判将个体和群体的诉求交织成一种"安排"。隐藏在城市中的平凡故事将会被城市设计师反复不断地渲染，变得"更加可视化"。《日常城市化》（1999 年）一书中包含有许多这样自下而上的例子，比如诺曼·米勒和克里斯·加勒特的洛杉矶服务站（LA service station）项目。这个项目是为摊贩建立一个小尺度的自行货运系统。通过这种系统的建设，把洛杉矶林荫大道上被边缘化的人行道变成了一类交易、交往、接触的新型线性"公共空间"（呼应林奇曾经做过的街道线性空间的微观管理，见第三章）。

1.4.4 林奇之后的概念模型（conceptual modeling）

许多设计师专注于从概念层面研究城市，把城市概念当作启发性的工具去理解全球城市（global city）。林奇的标准模型把地方和全球的范式捆绑在一起，明确指出演员－设计师的角色就是在城市发展过程中，在不同尺度下寻找不断重复的范式以及自组织关系系统。通过积极反馈，演员们把这些新范式扩大到新建成形态的关系结构和空间形态布局中。演员－设计师作为一个没有菜谱的厨师，一个观察者－参与者，一个复杂的、分层的、矛盾的、还有点幽默感的催化剂出现在这些模型中，在各种压力下始终能够创作出卓越而稳定的作品。

林奇的三个模型在塞德里克·普莱斯晚期作品中充当了分析工具[①]。在 1982 年的"特遣部队"项目中，普莱斯开玩笑地把林奇的三个标准城市模型与三种形态的鸡蛋进行了比较：煮鸡蛋、煎鸡蛋和炒鸡蛋（图 1-54）。2001 年在荷兰"青年规划师"会议上，国际城市与区域规划师联合会（ISoCaRP）将普莱斯的煮鸡蛋、煎鸡蛋和炒鸡蛋的设想应用到了信息化时代。与会者认为，鸡蛋的每一种形态都恰当地描述了一种关系范式、一种城市组织形式、一种权力和控制的分配形式。从而把演员－设计师与信息化城市各种模型中复杂的流动空间和稳态空间联系起来。

普莱斯把前现代城市的规划描绘为"煮鸡蛋"，把欧洲早期城市规划中的单中心比喻为鸡蛋黄，即一个有生命力的中心，外围环绕着同心圆式的支持结构，最外围有明显的硬壳（城墙）作为边界。这种类比突出了起保护作用的蛋白的等级性和蛋黄的优越性。蛋黄与蛋白之间是主人和仆人的关系。从"煮鸡蛋城市"（也就是前现代城市）蛋黄中发出的命令被传递到外围附属圈层和边缘。青年规划师会议把这种"煮鸡蛋"模式叫做"Archi Città（建筑城市）"（"archi"意思是第一或首要的，"città"是意大利语，意为城市）。他们写道，这种城市"独立于乡村地区，带有明显的中心，日常生活和人际关系依靠步行距离主导"。建筑城市是青年规划师会议提出的三个系统中的第一个层级，属于"空间与场所的建成世界，随着建筑物、构筑物、道路等建设逐渐产生变化的层级"。

普莱斯的第二种城市范式是"煎鸡蛋"。厨师必须要打破蛋壳：城市向外拓展到郊区。蛋黄变成了一个密集的、金黄色的泡泡。蛋

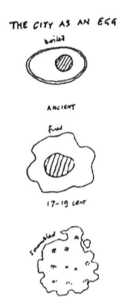

图 1-54 塞德里克·普莱斯：三种形态的鸡蛋，1982 年

---

① 其早期作品包括 fun palace（1962–67）和 potteries thinkbelt（1966）。——译者注

白向外围扩散，像变形虫围绕着单中心：郊区化将城市区分为经济中心和外围居住区。青年规划师会议将这种模式叫做"Cine Città（电影城市）"（"cine"参考了希腊词语"kinema"，意思是运动的）。他们写道，"工业革命时期的城市失去了清晰的边界，流向周边的农村地区。但是城市仍旧保留着明显的中心，可能变大了一些。（通勤）电车和火车影响着日常生活关系"。"电影城市"是一个物质流的世界，人与货物在轨道、道路和天空中流动。日渐增长的速度和相对缩短的时间是这个层级的主要特征，空间的尺度被缩小了，地球的尺度被缩小了。这种城市反映了物质网络无边界的现实。它有自己的模式和规律，是一个不但由世界公民、商务人士、旅游者构成，而且还包括移民和难民的世界。

普莱斯的第三个城市模式是"炒鸡蛋"，即网络城市。与林奇的生态城市类似，这也是一个多中心的模型（图1-55）。大厨把享有特权的蛋黄搅拌开，增加上液体（牛奶），形成一种无法区分中心与边缘的混合系统：响应城市（corresponding city），"tele città（信息城市）"（"tele"意为远距离通信）是一种"多个中心分散在城市区域中，不再有传统的等级差别"的城市。"城市与乡村融合成为像地毯一样的大都市区域。光速联系（通信）使得距离在日常生活中变得几乎没有意义。"青年规划师会议继而写道，信息城市"现在被武装了信息技术。使直接的在线信息交换和人际交流成为现实，这是一个网络空间的世界，是一种无时间的时间和无距离的空间现实"。

图1-55　凯文·林奇：城市绿网示意图，《城市形态》，1981年

在1990年代，其他的年轻建筑师和规划师逐渐把林奇和伊塔洛·卡尔维诺在《隐形城市》（1972年）中的想象和概念变成了现实。城市模型不再起到诊断工具作用，而是变成了一种对各种发展意象——有时候简直是美妙到不可思议的"情节"——的预报性设计技术。这股构建模型的浪潮由于计算机软件的发展被大大地加速，像克鲁格曼在《自组织经济》中观察到的那样。考虑到"模拟城市"游戏的盛行，我们就不会对建筑师、城市设计师以及城市规划师沉湎于"假如……将会怎么样"的游戏技术感到惊奇。利用数字技术模仿各种设计决策，利用代码创造一些"情景"结果已经成为普遍应用的技术。城市模型在高度计算机化和数字化环境中得到了新生，在表现城市意象构思方面起到更大的作用。比如，荷兰建筑小组MVRDV在西班牙滨海旅游区Costa Iberica的项目研究中表现了建设一个极其美妙的超高密度滨海旅游城市的各种未来意象。

1.4.5　场所乌托邦

林奇并没有寻求利用他的三个标准模型对城市进行诊断或预见，尽管他最初的兴趣是这样（比如《城市印象》，1960 年）。不过，在《城市形态》的第 17 章"场所乌托邦（a place utopia）"中，他确实描写了一个乌托邦（字面意思为"无场所"）。那是一个复杂的城市系统，把林奇的三个城市模型中的元素都综合在了一起。这些元素彼此平行存在，依靠制度来解决冲突，依靠内在的规定应对预期变化。林奇写道，在这种乌托邦中"聚落的循环"与大多数场所不同，"变化是有预期的"。这里面有应对衰退和增长的策略；林奇设置了一些"仪式"来关闭旧场所和开启新场所。他还想象纽约退化成渔村、娱乐区，超级摩天楼退化成矿石博物馆等。所有的社区都坐落在低密度蔓延的巨型区域大地景观中，形成若干旅游点（图1-56）。在林奇的场所乌托邦中，土地管理和"场所营造"是非常受欢迎的艺术。

图 1-56　凯文·林奇：交替的城市网络，《城市形态》，1981 年

林奇的场所乌托邦还包括他在 city design 中没有提及的移民元素。例如，林奇想象大多数人一生中大部分时间都和同一群人住在同一个地方，间歇性地出门旅游，"机动性受到场所的约束"。但是有些人可能想要搬到更好的环境中去，或者寻找更好的工作机会等等。他认为这种最大化利用世界资源的迁移是全球系统的组成部分，并且涉及区域间主管机构的谈判。有些群体始终处在运动中，他们的家就在公路上、船上或飞机上，为更广泛意义的迁移生态提供服务。

林奇的场所乌托邦中最显著的元素是一种特殊的稳态空间，专门用于"环境"的试验和变化（我将这种场所称为变异空间，将在本书第四章详细阐述）。他写道：

> 在用作实验的中心内部，环境的变化也是受到规范的。志愿者尝试对场所和社会的改进提出实验性假说，如在专门设计的结构中容纳一类新的族群……志愿者监测实验的进程，随时放弃或修正实验。如果结果证明是可行的，实验就变成了示范。其他人就会各自重复这个过程——为了娱乐，为了再次验证，或者帮助自己选择一种新的生活方式。

从这里不难看出，林奇试图将当时的社会试验——如蚁族的失落城市等嬉皮社团或者像哥本哈根克里斯蒂安娜这样的另类社团（在本书第四章将会重点讨论）——与城市设计结合起来。

通过林奇对场所乌托邦的描述，我们可以认为 city design 是对由通信与交通廊道连接起来碎片，形成复杂城市系统的模式的管理。某些稳态空间或碎片是之前的标准城市模型遗留下来的，还有一些是用于改变或试验的稳态空间。随着市民需求的演变，不断地有细胞新生和消亡；新细胞生成的同时，旧细胞也被新功能再次占据和调整。

共享信念（shared belief）使得碎片和通道（流动空间和稳态空间）联结在一起。标准城市"理论"是共享信念的工作平台，从内部管理其变化；城市"设计"是管理系统，在区域和全球网络生态景观中监控和调整系统整体平衡。城市设计关注所有的尺度，从地球视角——30000英尺高空甚至是卫星上———一直向下到局部场所的细部。沟通所有尺度的催化剂是相关的城市演员，他们的个人选择——取决于其自身所持的城市理念（城市理论）——创造了系统中大的范式。这些范式通常符合齐夫的"幂次定律"（主导美国过去100年城市规模分布的定律）。

林奇的问题在于大部分设计师没有从全局的角度看待他提出的城市模型、城市增长以及城市转型。就像我们看到在当代城市设计的实践者中，几乎没有人能够将大尺度的范式（通常是自上而下的设计）与小尺度的细部（来自自下而上地反馈）结合起来。林奇依赖克里斯托弗·亚历山大的"模式语言"描述自下而上生成的城市形态，这严重地限制了他对职业设计师的影响（他们从"局部控制"策略中预见到自己将来会变得多余）。而且，在工业社会的高级阶段，设计领域中的专业化更加明显，很少有人能够既掌握微观的设计技术同时又精通宏观的设计方法。相对容易的妥协就是采用城市设计的策略，这样就可以在宏观与微观之间设置一个中间平台，以平台控制为基础各自向两端发展。

1.4.6 本书概览

本书将要研究三种周期出现的城市结构或叫组织模式：流动空间（armature）、稳态空间（enclave）和变异空间（heterotopia）。这三种空间模式在林奇的三个城市模型中我们都曾经遇见过，只不过林奇使用了不同的名词。作为暂时的理解，流动空间可以想象成是传统欧洲城市的街道，是一个线性的组织模式或排序工具，在结构上是中心透视的；稳态空间可以理解为传统的公共广场，是一个中心集聚的工具，单中心稳定围合结构，通常只具有单一功能；变异空间是一类特殊的稳态空间，它可以包容城市系统中主导力量之外的特例，它是混杂的，带有多中心和亚区块，明显区别于周边环境。类似的例子包括纪念性教堂、医院，或者任何突出于周边城市肌理的公共设施。在大尺度的城市网络中，变异空间通常是处理流和管理变化的地方。

　　变异空间是真实的场所，但是其中可能会包含乌托邦的成分——某些由梦想和幻象形成的元素。米歇尔·福柯认为尽管乌托邦是对一个"好的场所"的梦想，其本身仍是一个"无场所"的世界。因此乌托邦是非现实的、想象中的。这是一个梦……不过这个梦，或者说梦中的碎片和精灵，是镶嵌在变异性的真实空间里。这种模糊且矛盾的结构在某种程度上解放了变异空间，使其能够脱离特定的位置，与更大系统中的价值观、信念和希望连接起来，形成集聚的力量。

　　本章主要围绕林奇的研究进行了讨论。林奇严厉批评了他同时代的城市设计师们，但是林奇也没有把自己复杂的理论解释清楚。在下一章，我将要通过深入研究 urban design 这个"中间平台"（middle ground）来揭示和扩展林奇的思想。正是 urban design 这个层面激发了林奇的愤怒并使他站到同时代设计师的对立面，从而限制了他的影响力，使他的理论在 1980 年代和 1990 年代的设计理论中快速地消失（除了上述的理论之外）。（图 1-57~ 图 1-59）

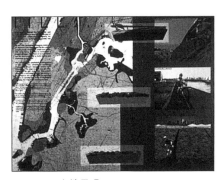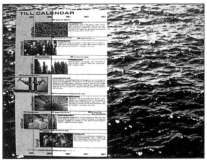

图 1-57　大地景观
维多利亚·马歇尔和史蒂芬·蒂普；凡·艾伦协会举办的纽约东河设计竞赛，1998 年

图 1-58 生态城市

a）凯文·林奇和唐纳德·阿普雷亚德：圣迭戈区域规划，1974 年

b）麦德隆和彼德·卡尔索普事务所：波特兰州地下空间规划，1996~2005 年

c）迈克尔·索尔金工作室：布鲁克林滨水地区规划，1993~1994 年

d）Bolles+Willson 建筑事务所："Eurolandschaft" 模型，1994 年

e）Field Operations：Freshkills 公园，斯塔登岛，纽约，分层设计分析，2003 年

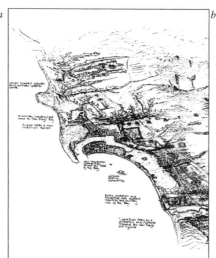

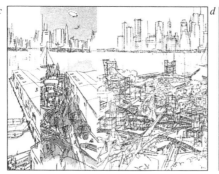

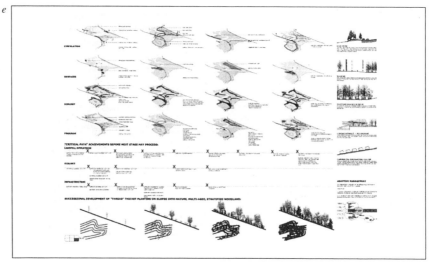

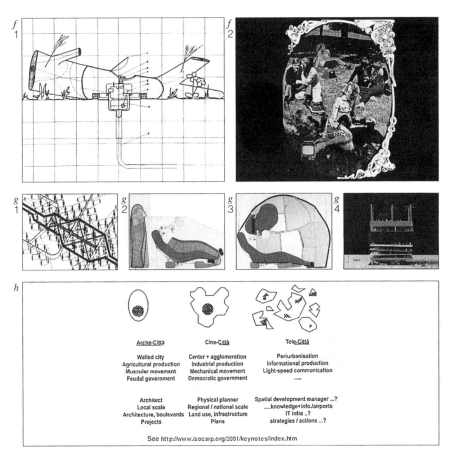

图 1-59 生态城市

f 1）大卫·格林：岩拴，1969 年

f 2）格林：The Bottery，1970 年

g 1）丹尼斯·康普顿：电脑城，1964 年

g 2, 3）麦克·韦伯：Suitaloon，1967 年

g 4）MVRDV 建筑事务所：荷兰展览馆，汉诺威展销会，2000 年

h）ISoCaRP 会议：三种城市模型，2001 年

i 1, 2）Paola Viganoet alia：莱切城市版图，分散和集中方案，2001 年

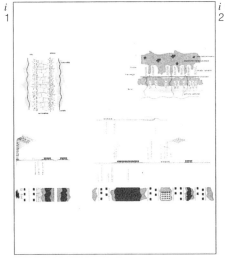

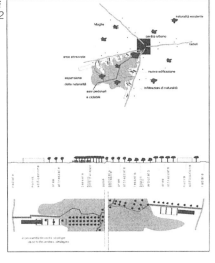

第 2 章
什么是 Urban Design?

2.1 什么是城市主义?

> 等到若干村庄组合起来形成一个独立的复杂社区,这个社区
> 大到近乎可以自给自足的时候,"城邦"(polis)就形成了。
>
> ——亚里士多德

　　正如第一章中回顾的那样,借助塞里奥、科斯托夫、林奇等人的研究以及词典释义,欧洲传统上关于"city"的定义相对清晰起来。因此也应该同样对"urban"这个词有个直接的定义。《牛津英文词典》中"urban"的意思是"有关生活的,或位于城市(city)、城镇内的";而在《韦氏词典》中对其的定义是"与城市(city)相关的,具有城市(city)特征的,或者构成城市(city)的"。另外,《韦氏词典》同时阐述了"城市主义"(urbanism)的定义:"城市居民独特的生活方式,即与城市居民日常生活有关的。"同一本词典中关于"城市化(urbanize)"的解释是:"导致出现城市特征的……赋予场所或空间一种城市(urban)的生活方式。"

　　我们关心的是城市居民日常生活中独特的生活方式——一种随着时间的推移不断重复的城市模式。但就像不规则的碎片,这些城市模式不会以完全相同的方式再次出现(参见第一章对卡普拉理论的讨论)。如前所述,长久以来,"city"一词已经涵盖了"urban"的大部分范畴。这些范畴在林奇的三个城市模型中都有表述,包括信仰城市中的紧凑稳态空间(基于农业支持体系),机器城市中拉伸的流动空间以及高密度节点(基于现代交通与通信的星型形态以及生产与消费的隔离)。最近,在生态城市理论中兴起一种更加强调网络形态均匀分布的研究(a.k.a 有机城市)。这种网络形态拥有不同年份和不同规模的混合节点,并在信息系统及全球分布的大量蜂窝稳态空间星云的反馈作用下被不断地重置。这三种城市模式大致等同于"建筑城市"、"电影城市"和"信

息城市"三种形态。

本章第一部分将考察与这些形态对应的城市演员（urban actors）如何根据他们自己的生存环境、活动、对公共空间的控制以及对私密空间的需求来界定他们自己的城市化模型。第二部分将简要介绍这些演员如何定义设计（design），即实现这些模型的方法途径。第三部分将研究现代主义崩坍后在设计方法上出现的一个重要的转变——1960年代在纽约出现的城市设计实践。这些实践构成了科特和罗创作《拼贴城市》（1978年）的背景。科特和罗在书中提出了一种与林奇在《城市形态》（1981年）中截然不同的城市设计方法，尽管他们因为创造出一种"博物馆城市"（Museum City）而遭受批判，但其实这本著作具有巨大的启发性。

本章最后一部分将探讨在19世纪末20世纪初设计师们采用的各种设计方法。它们是一系列的重组技术，我将它们称作后现代城市的七个"-ages"[①]。本章的主题是林奇和科特－罗的团队都在试图兼顾和平衡碎片化城市的重组，他们所选择的方法不同，但是相互之间有一定的关联，即都以"第四者"的角度站在常用的三个标准模型以外来看待城市模型。

在第一章中，我们介绍了罗宾·伊文斯的《投射之范：建筑与其三向几何》（1995年）[②]中的一个图示（图2-1）。这个图示来自于巴克明斯特·福勒[③]提出的四面体结构思想。图示中展现的是建造建筑的演员和他们之间的沟通交流。记住这个图示对我们理解演员的视角和演员创造城市的技巧十分有益。伊文斯的这个图示与我们对城市的研究有关，因为这个图示描绘了三个演员—雇主、建造者及建筑师——以及他们之间的交流，同时增加了一个"第四者"的视角。从这个视角可以看见建设工程中所有的系统情景。我们可以利用这个图示来绘制林奇的三个城市模型和相关演员的关系，然后将我们和林奇一起置于"第四者"的角度来综观整个系统。

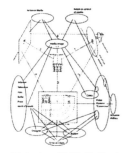

图2-1　反射性的建筑设计，图示来自于罗宾·伊凡斯的《投射之范》，1995年

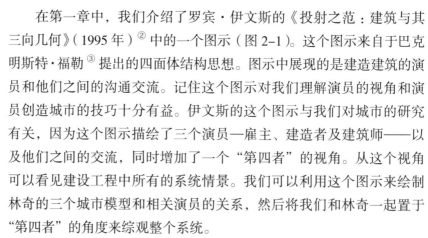

---

① 包括剪贴decoupage，拼贴collage，组合bricolage，照片合成photomontage，剪辑montage，组装和块茎组装assemblage and rhizomic assemblage。——译者注

② Robin Evan's Projective Cast：一本通过建筑的构思和制图过程反思控制着建筑师构思和制图的几何体系的过程的书。结尾处，埃文斯讲道，西方人的各类体系，既塑造了客体，也塑造了主体，既塑造了建筑和城市，也塑造了人，这就是思维的习惯。——译者注

③ R. Buckminster Fuller：里查德·巴克明斯特·福勒，建筑师、哲学家、设计师、艺术家、工程师、作家、数学家、教师和发明家。在建筑领域，他为自己的4D楼申请了首个专利，并于1929年创作"节能多功能房"（Dymaxion House）。——译者注

2.1.1　构建城市生活世界（urban life-world）

本节我们将研究林奇的三个城市模型中的三种竞争声音：每一种城市模型的主导演员阶级都对应着一种城市模式和生活世界[①]，这些城市模式和生活世界与其创造者的需求和技术能力相匹配。我们首先聆听来自建筑城市中主导演员的声音。他们认为自上而下的管理、基于神圣灵感的清晰几何秩序非常重要。单一的中央场所也很重要，在这里可以看见所有的被管理者，管理者发布的命令能传播到每一个人。然后我们将倾听电影城市中两个对立派别之间的辩论：一方代表旧式的封闭城市，而另一方则代表新兴的扩展城市。在这个背景中，所有的演员都要投票选择发展传统的中心还是新兴的边缘城市。最后，我们将听到"一首多声部合唱"，讨论传统中心与新兴中心共同构成多中心信息城市的可能性（传统中心与新兴中心没有等级差别）。

诺伯格·舒尔兹在《存在，空间和建筑》（1971 年）中，从现象学角度定义了一个城市演员的"生活世界"（life-world）概念（图 2-2）。每一个生活世界都存在于一个透视结构或框架中，而且每一个生活世界透视图都有自己的中央灭点，镜像出这个观察者或者演员的位置。诺伯格·舒尔兹认为个人知识、社会知识、科学知识的相互作用形成了每个人的生活世界，因此每个人的生活世界是不一样的。这三种知识在其框架内都是"真实"的，但是每一类知识都会受到其他两种类型的证伪和否定。此外，每一种知识类型都对应着一种生活世界；例如，实验室里的科学家或工程师的生活世界就与市场中的商人或者家庭主妇的生活世界大相径庭。但是差别并不意味着没有关联。这三个系统中的任何一个——实验室、市场、家——都存在于其他两个系统之中，如科学家受到市场的影响，家庭主妇受到工程发展的影响等等。因此，诺伯格·舒尔兹认为，每个人的生活世界代表了三种元素两两相连形成的反馈回路或相互作用的知识形成的各种平衡。以塞里奥的三幅图景为例，这个城市居民的生活世界模型就描绘了一个交谈和互动的动态场景。

"个人"知识是在纯个体经验基础上对世界的理解，这种世界观又受到家人、朋友以及相当模糊的现代科学概念的影响。一个很少出门或者只与朋友家人保持联系的人很大程度上只在这样一个私密的或者

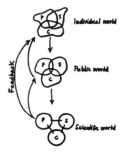

图 2-2　诺伯格·舒尔兹：三种知识的世界，《存在，空间和建筑》，1971 年

[①] 20 世纪德国现象学家胡塞尔（Edmund Husserl）引介了"生活世界"（Life World）这个概念。"生活世界"中本然就蕴含了某些信仰和理念，这些理念形构了人类面对外在自然世界所采取的态度。——译者注

说个人的圈子内活动。早期美国芝加哥学派的社会学家设想人们大都栖居在这样一个小尺度的社会圈子里，很少离开"邻里单位"或地方宇宙。这样，在这个私密的世界（或稳态空间）中就形成了个人的"空间模式"和城市中活动的路径。

城市生活世界中的"社会"知识建立在一些不成文的法律规定和公众舆论基础之上，社会成员在潜在经验法则指引下进行交往。在这种生活世界的圈子里，演员会把个人知识和科学知识当作背景。诺伯格·舒尔兹强调大多数实践知识存在于社会之中，个人在社会实践中获得技艺，并且一代一代口口相传，有文字记录的技艺相对较少。个体可能会沿着特定的兴趣线构建个人知识体系，但这种知识体系只有在与群体分享时才会发展成熟。这种"社会"知识通常存在于民间文化之中，属于现代科学以外的领域。

社会知识中蕴含着丰富的城市地方文化。这些当地的风俗和经验，以不成文的代码和规则的形式，在各行各业和部落中通过父子、母女的传承，形成一个群体的记忆。例如地方建造者可能会根据经验法则在院子中布置住房，以获得良好的通风；在门廊设置大型屋檐以及出挑的屋顶来遮阳。在社会意义上，城市公共空间是与社区活动联系在一起的，同时也是权力机构为了不断维护自身权威而争夺的空间。收音机、电视机、空调以及全球化的出现使得小尺度的村庄和城镇中的地方性社会知识逐渐被强化或溶解。

早期的一些城市世界观也包含一小部分科学思想中的元素；这些元素最终会发展为成熟的科学世界观。伊尔德方斯·塞尔达（Idelfons Cerda）等19世纪晚期的评论家认为，像伯拉孟特[①]或者米开朗琪罗等意大利文艺复兴时期的建筑师和城市设计师的作品，代表了一种更为理性和科学的设计方法（图2-3）（在下一章节将从城市元素的组合及重组的角度来讨论这些范例）。

图2-3 伊尔德方斯·塞尔达：巴塞罗那扩张计划，1859年

按照诺伯格·舒尔兹的说法，科学生活世界包含个人和社会的成分，但是这些成分属于主观材料，不能被科学所证明。这同亨利·柏格森、埃德蒙德·胡塞尔等一些现象学家的观点相一致。他们在19世纪末20世纪初提出，现代城市中所有的知识都被原子化，可以被分割、归类、隔离，从而使得事物之间的关系变得在视觉上不容易被发现。每一个

---

① 伯拉孟特（Donato Bramante，1444~1514年3月11日）是意大利文艺复兴时期著名的画家、建筑师。在建筑方面，与同时期的列奥纳多·达·芬奇各领风骚。他的著名作品有罗马的"坦比哀多"（Tempietto）礼拜堂等，他还曾参与设计圣彼得大教堂。——译者注

碎片本身是完美的，以一个原子或球的形态得到最好的表达。这些原子和球又在精细分隔的网络中彼此连接。现象学家们对"科学方法"的经验检验提出批评。他们认为这些实验只能用一些参数来证明最初的假定。这类知识是非常仔细地构建起来的，是自我指涉的，没有更大范围的关联性。

因此，现代城市规划和建筑学的科学逻辑就是寻求清晰地界定和分离城市中的单一功能区，然后用明确的交通和通信线路把这些功能区连接起来。林奇的机器城市就是在这种潮流中形成的。当今的城市 - 区域模型也是这种思想的产物，城市规划师和建筑师可以在大范围区域内科学理性地（希望是这样）布局各种城市功能。然而科学家的原子论体系中不可避免会曲解或者忽视个人和社会知识或逻辑，也不会考虑含混的、非线性的、不科学的东西。公共空间消隐于通信交通渠道中，只剩下曾经发生社区参与的空壳—现代主义的空旷广场（plaza）和摩天大楼脚下蔓延的停车场。私人拥有的"公共"空间代替了社区空间。城市变成了多中心的布局，城市外围形成了私人控制的边缘城市。

诺伯格·舒尔兹所定义的"科学"知识，包括工业化生产和消费世界。在这个世界中，知识体系的组织依据笛卡儿的机器原则。这种体系把世界理解为线性的连锁反应和二元（如是与非，开与关，上与下，内与外，图与底等等）对立的放大。因为二元对立要求对复杂信息进行简化，减少含混不清的内容，所以个人和社会知识在追求"客观的"世界观过程中受到这些二元论的限制和约束。另外，视觉的机械化（例如照相术和电影的发展）扩展了这个科学领域，于是城市有了一种新的呈现方式——通过机器的"镜头"。被简化的城市意向由胶片捕捉，采用蒙太奇手法剪辑，一幅幅在放映机的快门间移动。放映机的快门按照设定的速率在亮与暗之间形成了景框，画面品质依赖于镜头、胶片、洗印和灯光等工序。这种通过电影所反映出的城市印象是一种技术化的碎片，是按照某种偏好对整个城市进行的编辑，并通过机械化的方式加速视点和路径的转换。高密度、高楼林立的现代城市视觉梦想通过 1920 年代的电影，如弗里茨·朗的电影《大都会》（1927），变成了大众文化的组成部分，即使由于当时汽车的大规模普及已经加速了这种高密度城市的分解。

2.1.2 "科学"城市主义的出现：塞尔达和莫尔

弗朗西斯·科伊（法国著名城市规划理论家）在《规则与模型》（1997年）一书中记述到伊尔德方斯·塞尔达在《城市化理论》（1867 年）中

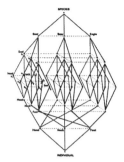

图2-4 列维·斯特劳斯：结构主义图示

创造的"城市主义"（urbanism）和"城市化"（urbanization）两个名词。塞尔达认为，"城市主义"是在不同尺度和时间下的人类聚居科学，包括乡村网络。科伊认为塞尔达是第一个从理论上概括出城市的自觉性、自治性、现代性和科学性的人，尽管他采用了一种高度个人化的、夸夸其谈的风格。塞尔达的城市主义新科学研究了古代和现代城市中稳态与移动的关系。在他看来，蒸汽、电报、电力等新技术正在创造着一种全新的文明，促使19世纪的欧洲城市在尺度和速度上产生巨大跨越（图2-4）。

科伊认为，塞尔达提出了将阿尔伯蒂（1404~1472年）自下而上的矩阵组合模型与莫尔（1478~1535年）的自上而下凝固的乌托邦理想相融合的现代设计专业目标，并采用达尔文的田野调查方法进行检验。虽然阿尔伯蒂和莫尔的紧密城市意象中都包括公共空间，这些公共空间也都附属于地方社区，但是前者设想的模型是建立在地方建造者根据一套组合规则进行选择的基础上；而后者则呈现的是一种理想的、凝固的、永远处于完美状态的紧密城市意象。

科伊将紧密城市的组合论与阿尔伯蒂《建筑十书》（1450年）的出版联系起来。这是阿尔伯蒂继其关于透视的专著《论绘画》（1435年）之后的又一部著作。《建筑十书》强调了一种弹性的组合逻辑，暗示城市本身就像一个巨型建筑，可以在封闭的视觉范围内通过透视作用对各种元素进行适当的组合而形成。阿尔伯蒂在发现透视学的基础上，从欧洲中世纪城市的非正规空间组合矩阵中提炼出一套精确的三维空间组合规则。他宣称这些规则来自罗马人的传承，特别是在公元前1世纪阐述了怎样布局城市和建筑的维特鲁威（图2-5）。

阿尔伯蒂建立起一套可识别的正规模式（pattern）作为地方性稳定城市空间的算法或者递归结构，以平息城市紊乱，理顺城市流。这些模式存在于透视空间矩阵中。这种矩阵可以帮助设计师将局部和元素组织成一个象征性整体。他的逻辑基本上是语言化的（承袭了拉丁语法和句法，其组合和例外根据一套简单的规则），但他的算法也有机械化的一面，比如设定一些固定不可变的关系和比例。例如，阿尔伯蒂在佛罗伦萨设计的鲁奇兰府邸（始建于1453年）建立了一种贵族宫殿的新范式，这种范式以蚀刻古典立面和对粗石表面的精雕细刻为特征。在这种组合体系中，固定不变的元素能够根据不同情况与建筑结构结合，表达不同的关系，从而建立起一种全新的专业语言。这是一个二元体系，既是自上而下的（受到固定的、等级化的组织结构约束），也是自下而上的（通过元素组合来适应变革）。

图 2-5　街道透视

a）米开罗佐：杜布罗夫尼克主要街道扩张计划，1470 年代

b）塞巴斯蒂安·赛里奥：喜剧（Comic）场景，1540 年

c）莱昂·巴蒂斯塔·阿尔伯蒂：带有飞眼象征的个人奖章，大约 1470 年

　　正因为如此，阿尔伯蒂体系是一个过渡性的结构体系，既有古代特征（单中心、等级化），又包含现代特征（开放与组合）。城市公共空间由新的透视科学来控制，每一栋建筑在城市视觉空间等级中的位置都对应着其所有者的社会地位。阿尔伯蒂关于公共空间的思想影响了后来的文艺复兴时期设计师。他们以柏拉图实体（如立方体、球体、圆锥体等）为基本原型，通过空间上的数学和比例关系，将古代与现代的元素组合在一起。科伊将这种文艺复兴时期部分机器部分组合透视空间的二元结构与 20 世纪李维·斯特劳斯和乔姆斯基等人类学家和语言学家的结构主义理论进行了比较。她认为后者也包含"深层"和"浅层"的二元结构，并且隐藏了中央灭点。

　　托马斯·莫尔的《乌托邦》（1516 年）则呈现出另一种完全不同的城市生活世界意象（图 2-6）。他强调对城市形态与空间进行组织是一种社会规则——最终是道德行为——的表达。按照这种观点，公共空间是一种神圣空间，承袭了古希腊和古罗马集会广场的古典理念。虽然这些公共空间在历史上经常是不规则的、逐渐形成并适应环境和地形、反映人类精神和神祇的需求，但是莫尔的城市模式与阿尔伯蒂的城市模式一样有着严格的理性。不过莫尔对现实的批判比阿尔伯蒂更为严厉，他设想的完全是一种纯理性的社会组织。

　　如科伊所述，《乌托邦》描述了理想的城市社会组织方式。莫尔试图通过正式的空间模式永久固化社会关系。他虚构了一个叫做乌托巴

图 2-6　托马斯·莫尔：《乌托邦》，1516 年

斯（字面意思为"无场所"）的乌托邦开国元勋。乌托巴斯颁布法令规定其首都亚马乌罗提（Amaurotum，意为黑暗之城）必须高度秩序化，在各个方向都要对称。最大的神庙或者会场占据主广场的中心位置；小一些的神庙占据着城市四个方向上的次级广场。其中两个次级神庙广场中设有集市。社区领导者的住宅沿着通往神庙的道路排列，外围环绕着联排住宅。乌托邦中所有的住宅都是带有屋顶花园的标准化三层联排住房。每栋房子都有巨大的玻璃窗面向公共的后花园。居民的总数永远不会超过6000人，人们的主要业余活动是园艺工作。固定人口数量在乌托邦思想中被反复强调，这种思想在20世纪末美国新城市主义运动中再次以邻里单位的概念出现。

莫尔的这种稳态的乌托邦暗含着对当时的伦敦——一个正处在全球探险及大西洋贸易拓展时代的充满活力而又无序的公民社会——的一种批判。乌托邦是伦敦这个脱离开大陆，拥有充足的农业腹地（在乌托邦中是公共的）以及小城镇网络的一个小海岛的镜像。乌托邦有序的市民住宅与伦敦的混乱无序以及依然保持的中世纪织理形成强烈对比。莫尔还试图纠正伦敦的诸多社会缺陷。在乌托邦中，没有宗教的党同伐异，没有放荡，没有酗酒，也没有性滥交；在这个世界中男女平等，女人同样允许拥有自己的财产和作为祭司的权利（不过，乌托邦人仍然在城外的医院、公共农场及监狱等地方使用奴隶为他们工作）。

对乌托邦的设计不能做任何改变。后代人只能完善和服从乌托巴斯的设计布局。当一个乌托邦按照设计建造完成，必须在其他地方开始建设另外一个同样模式的殖民地。科伊推断这种极端严格死板的空间设计以及对一成不变的城市形象的依恋，反映了莫尔本人的不安全感，一种对周围不断变化的世界的恐惧。她发现莫尔对发现美国新大陆，建立新殖民地，全球规模的贸易扩张，以及欧洲的宗教战争都有一种焦虑感。

莫尔的目标是要通过对社会公正、宗教自由、社会和谐以及性别平等的设计来优化社会进程，从而为人们提供一种更有规矩、符合道德准则的城市生活。为了达到这些目标，莫尔把城市想象成一个整体，一个神权政体，一个自我平衡的系统。莫尔在20世纪行为心理学出现之前就认为是空间布局塑造了城市演员的社会行为，因此，物理围合以及结构化对城市生活世界十分重要。在乌托邦特别通过一套理性的宗教视觉监控系统来鼓励好的社会行为。"长老会"是主导演员；每个长老都能够透过房子的玻璃窗观察街道上的所有生活。这种鱼缸式的存在强化了好的行为。主教们通过在教堂中的布道说教进一步强化了对社会等级的控制。先前在文艺复兴时期剧场（比如塞里奥的悲剧场景）中起到展现贵族权威作用的透视法和视线检查，在这里成为一种维护清教徒式城市道德的工具。

莫尔试图通过固定的空间关系框架来强制形成一种完美的社会经济关系网络，从而创造出一个透明监管并且永久保持理想形态的城市生活世界。虽然这种想象中的理想城市是"无场所"（no place）的，并非真实存在，但它仍然是那些向往更美好世界的人所追求的目标，而且莫尔本人也希望读者能够认同这种意向魅力和目标价值。曼弗雷多·塔夫里（意大利建筑历史学家）在《建筑乌托邦——设计与资本主义发展》（1976）[1]一书中评论道，这种理想化的完美模式，"消极的乌托邦"，实际上最终会融入工业生产过程。塔夫里将莫尔消极固化的乌托邦与密斯·凡·德罗等 20 世纪初现代主义设计师的作品进行了比较。他发现那些现代主义作品其实不过是设计师在资本主义企业家无休止地追求完美的驱动下，从故纸堆中重新翻拣出乌托邦模型，并对其进行设计和变形（图 2-7）。

米歇尔·福柯[2]认为在这种新兴的乌托邦式客观和科学的公共空间设计方法中，透视及视觉监察起到非常重要的作用。它们能够反映并服务于单极社会中的权力关系。福柯继承了赫伯特·马尔库塞[3]的思想，强调这种新科学人的"一维"性质。他发现，这种新的建筑学和城市实践科学工具可以通过精心设计的空间和形态布局建立起简单的日常行为规范模式。从而形成了一个建立在观察与被观察、

图2-7　密斯·凡·德·罗：西班牙巴塞罗那博览会德国馆，1929 年，（重建，图为 2003 年拍摄）

---

① 1968 年，意大利威尼斯大学的理论家曼弗雷多·塔夫里（Manfredo Tafuri）发表了题为《建筑乌托邦——设计与资本主义发展》的文献。这是建筑理论中第一部以马克思主义理论为出发点，回顾和批判启蒙运动以来尤其是西方现代主义先锋派运动实践的著作，在 1970 年代西方建筑界产生了巨大影响。塔夫里在《建筑乌托邦——设计与资本主义发展》一书中的核心思想是对现代主义先锋派实践价值的重新评估。他第一次用马克思关于资本与劳动分工的理论来分析城市与建筑的发展。他所得出的总的结论是：18 世纪启蒙运动以来西方城市与建筑实践中的各种乌托邦方案，实际代表了资产阶级文化为了超越资本和劳动分工带来的人的异化和精神危机而做出的努力。但是建筑作为商品，建筑实践作为现代资本主义社会生产过程的一个组成部分，是无法超越资本运转的基本逻辑和内在矛盾的。因而这样的实验注定了失败的命运。——译者注

② 米歇尔·福柯（Michel Foucault，1926 年 10 月 15 日 ~1984 年 6 月 25 日），法国哲学家和"思想系统的历史学家"。他对文学评论及其理论、哲学（尤其在法语国家中）、批评理论、历史学、科学史（尤其医学史）、批评教育学和知识社会学有很大的影响。——译者注

③ 赫伯特·马尔库塞（Herbert Marcuse，1898–1979），哲学家、美学家、法兰克福学派左翼主要代表，被西方誉为"新左派哲学家"。——译者注

主观与客观等两极体系基础上的透明生活世界，这是导致社会分裂的根本基础（强烈回应了莫尔的乌托邦）。国家系统可以通过视觉监视和秘密监察等手段强制实施现代性代码（code）。福柯认为杰里米·边沁①设计的圆形监狱②象征着18世纪启蒙运动中对公共空间权力的争夺和通过乌托邦程序来塑造人们行为的观念。边沁设计的圆形监狱是用来改造居民的一种专业化变异性（heterotopia）装置，是一个现代生活世界的微缩模型；在监狱里所有的事物都需要归类，井井有条，反映出建立在隔离、分割、审查、透明及远程通信基础上的生活世界新规则。

福柯对现代生活世界中公共空间的批评延续了法国新柏拉图传统中长期以来对视觉先导的质疑。像莫尔的乌托邦一样，在圆形监狱中，视线监视以及对"好"的公共行为的追求也是无处不在（图2-8）。"权力之眼"——隐藏在圆形监狱中央黑暗之塔中的狱卒，像一个隐身的上帝，取代了凡尔赛的太阳王。这个"眼睛"是整个体系中不可或缺的部分。它位于三维空间矩阵的中心，形成这种新的建筑原型的基础：别人看不见它，它却能够看清楚监狱外围每个采光良好的囚室。边沁煞费苦心地使所有囚犯彼此隔离，并为狱卒提供了多种方法来限制和惩罚不良行为。圆形监狱是一个关于行为与反应、原因与结果、犯罪与惩罚的牛顿式二元宇宙，是一种用于维持社会平衡的封闭机械机制。这种机制所要表达的目的是使囚犯在心理上始终处于被狱卒监视的状态，从而使他们经过改造后能够符合现代社会的行为规范，重新回归社会。圆形监狱构建的中心与边缘、观察者与被观察者之间的权力关系支持了福柯关于现代性中暗含着双极机械关系的分析。

边沁创造的理性主义和功利主义城市生活世界专注于自上而下的

---

① 杰里米·边沁（Jeremy Bentham，1748~1832），英国的法理学家、功利主义哲学家、经济学家和社会改革者。——译者注
② 圆形监狱由英国哲学家杰里米·边沁（Bentham）于1785年提出。这样的设计使得一个监视者就可以监视所有的犯人，而犯人却无法确定他们是否受到监视。边沁自己把圆形监狱描述为"一种新形式的通用力量"。按照边沁的说法和设计：圆形监狱由一个中央塔楼和四周环形的囚室组成；环形监狱的中心，是一个瞭望塔；所有囚室对着中央监视塔；每一个囚室有一前一后两扇窗户，一扇朝着中央塔楼，一扇背对着中央塔楼，作为通光之用。这样的设计使得处在中央塔楼的监视者可以便利地观察到囚室里罪犯的一举一动，对犯人了如指掌。同时，监视塔有百叶窗，囚徒不知自己是否被监视以及何时被监视，因此从心理上感觉到自己始终处在被监视的状态，时时刻刻迫使自己循规蹈矩。这就实现了"自我监禁"——监禁无所不在地潜藏进了他们的内心。在这样结构的监狱中，就是狱卒不在，由于始终感觉有一双监视的眼睛，犯人们也不会任意胡闹，他们会变得相当的守纪律，相当的自觉。——译者注

图 2-8　左图杰里米边沁：圆形监狱剖面图，1787 年
右图想象中的囚犯在监狱院子里运动，1856 年

控制、功能分离、对既有原型的归类、权力集中以及支配全局的视觉和社会秩序。这种生活世界在 19 世纪一系列城市新工业社区的乌托邦式设计中得到反映。这些乌托邦式的设计被认为是对 19 世纪的工业污染、环境肮脏、疾病等城市问题的批判。新工业社区中的公共空间承担了莫尔所描述的自由和控制的乌托邦价值观。这种对公共空间的理性主义的、乌托邦式的、社会主义的批判传统，进一步由法国的罗伯特·欧文和英国的查尔斯·傅立叶等人继承，并通过 19 世纪末学院派一些项目，比如 Tony Garnier's Cite Industrielle（1901~1917 年）等得以延续。现代主义者在新城市中也设计了广阔的开敞空间（例如勒·柯布西耶的《三百万居民的现代城市》，1922 年），继承了这个经过改良的、从紧密城市核心发展出来的公共空间的理念。

　　科伊认为，塞尔达关于城市化即现代化进程的论文奠定了新兴科学城市主义和城市生活世界的理性基础。塞尔达的理论综合了达尔文的进化论、莫尔的城市公共空间和乌托邦原型，以及阿尔伯蒂的组合生成规则。在《物种起源》（1895 年）一书中，达尔文认为，自然"设计"的进化是一个自发的进程，可以一点一点地观察和理解。自然选择是一个不受控制的过程，物种通过检验当地的生态环境使功能与形式相匹配。达尔文将这套田野实地检验系统叫做"适者生存"。达尔文最令人震惊的观点是，中央设计者或总体规划师没有必要存在；设计，作为一种生物过程，是在无序的基因变化和野外个体性能所构成的反馈回路网络中自觉发生的。物种的适应性使得演员与行动、形式与功能、局部与系统获得良好的匹配。

　　达尔文因而能够组合成一个生态系统中完整的"设计"过程及其发生地点的图境。"适者生存"确保只有最成功的解决方案才能传递给后代（图 2-9）（尽管科学家们花了一个世纪的时间才揭开了遗传基因代码在这种传递过程中的秘密作用）。安德烈·科博斯在《寻找美国的城市》中评论到，达尔文的《物种起源》"恰到好处地在资产

图 2-9　查尔斯·达尔文：雀喙的进化，1859年

阶级需要征服这个星球的时机出现"。同样地，塞尔达也试图在现代城市中运用类似的方法学来寻找一种新的形态和原型，以适应新的网络组织和功能。

作为新科学的基础，塞尔达研究了城市的演进过程，并且采用分类学的方法，根据交通和通信系统的变化对这些演进过程进行了归类（林奇后来采用"快"与"慢"两种趋势来识别城市增长）。这种分类体系延续了对建筑与街道之间关系的重视。塞尔达在这里用惰性和流动性之间的游戏来举例说明它们的关系。传统的紧密城市核心生活世界代表惰性，在其中央有为步行者设计的公共空间。塞尔达详细描述了现代化和工业化的进程，特别强调了通信与交通的速度变化。这些新的能量流改变了传统欧洲城市的广场街道网格（grid），创造出沿着现代林荫大道和铁路网络形成的新城市空间尺度和移动几何学。传统的"街道 - 广场"空间组合在新技术的影响下变得碎片化，并溶入新移动速度形成的重复和跳跃的大尺度"亭子式"空间系统中（图 2-10、图 2-11）。

塞尔达认为，方格网道路是现代城市最佳的基础设施形态，比早期偶然形成的环路和放射状的狭窄街道网络体系更具理性。方格网道路是新科学秩序最合适的代表；比如，威廉姆·潘恩为费城规划的方格网道路体系，使费城成为美国最美丽的城市。塞尔达的城市组织模式，如从建成区核心向外围蔓延、由机械化交通组织起来的离散的郊区和半乡村化的村庄，暗示着一种"范式转变"，即对之前紧密城市组合代码的反转[①]。控制城市关系的旧代码创造出了由清晰的流动空间和稳态空间以及设计良好的公共空间交织而成的连续性城市肌理；而新代码将城市看作一个由各种稳定空间和流动空间（比如街道和街区、流动空间和稳态空间）组合而成的没有边界的实体，这些空间彼此隔离，像亭子一样镶嵌在蔓延的大地景观中。考虑到城市体系无限扩展和演进的可能性，塞尔达预测将要出现"乡村化的城市化"现象，在城市的外围扩展出新的边缘城市地区，从而会出现后现代的"前城市"（ex-urban）[②]即林奇所谓的"城市化的农村地区"。

塞尔达认为技术进步——包括现代工业城市中的铁路和工厂——

① 范式转变（paradigm shift）指的是当现有的范式里面出现反常或不一致时，我们不能解决出现的问题，因此对现实的观点就要改变，同时也要改变我们感知、思考和评价世界的方法，这种改变称作范式转变。范式转变要求采用新的假设和预期，改变传统的理论、规则和实践标准。——译者注
② 在后现代城市的郊区农村中，可能发展出新的城市地区。——译者注

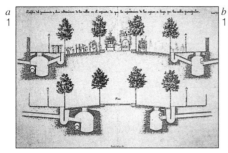
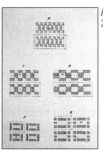
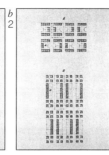
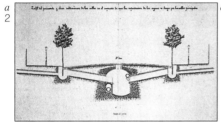

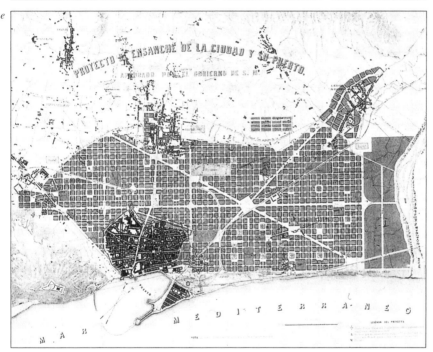

图 2-10 19 世纪城市的理性主义表现
a1,2）伊尔德方斯·塞尔达：街道断面与隔离车道
b1,2）塞尔达：城市到乡村的街区组合体，1855 年
c）约瑟夫·普伊格·卡达法尔奇：巴塞罗那的特拉德斯之家，1905 年
d）巴塞罗那格斯雅大道的公共设施，1910 年
e）伊尔德方斯·塞尔达：巴塞罗那的扩张计划，1859 年

需要城市模型的转变，需要在新与旧城市之间做出二元选择。于是他创建了一套设计代码和类型学，为自己精心编制了一种新的伪科学秩序。运动与静止之间的区别构成了塞尔达城市形态的基础。像林奇一样，塞尔达从这些基本区别出发，设计了街道断面、流动空间和稳态空间的标准原型。在《城市化理论》一书中，他明确反对中世纪城市旧式狭窄的街道及老城中心。他认为这些地区原有的生活已经终结，现在是肮脏不堪和疾病丛生的贫民区。像其同时代的豪斯曼在巴黎的规划

图 2-11 19世纪城市的理性主义表现

f）赫纳德（Eugene Henard）：历史街区案例的研究，1911年

g）巴黎伯特肖蒙公园，1867年

h）巴黎豪思曼大街的咖啡厅，2005年

i）巴黎 Ledru Rollin，Paris，2005年

j）阿尔方：巴黎林荫大道平面图和剖面图，1867–1873年

k）阿尔方：巴黎林荫大道规划，1867–1873年

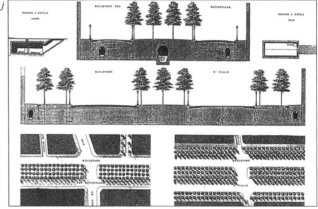

一样（图 2-12），塞尔达在巴塞罗那规划中设计了穿过城市旧区的新道路，以提供穿越城市的便利交通条件。规划围绕巴塞罗那旧城周边建设新的健康邻里。在最初的设计中每一个街区都有一半的面积是能从街道上看见的花园（图 2-12）。

街道流动空间是这个版本的机器城市中最出色的公共空间。19世纪法国各种革命的街垒战斗就是在街道上进行的。欧洲无数的城市沿着林荫大道建设了歌剧院、博物馆等。街道上的咖啡馆和餐厅展示了

富裕资产阶级新的城市生活世界。面向工薪阶层的餐馆、公共浴场以及歌舞剧院也在街道上出现。同样在街道上，也有贫穷的儿童及残疾人沿街乞讨、收集垃圾。

图 2-12　巴黎林荫大道，1900 年

　　铁路和有轨电车为城市中心与坐落在农村地区的半乡村化边缘城市提供了必要的交通联系。拥有特权、自成体系、风景优美的郊区稳态空间通过独立的流动空间与城市连结，形成了新型线性景观。例如伦敦连接摄政公园和 Park Village Estate 的摄政大街（1823），以及芝加哥城外连接了奥姆斯特德（Olmsted）、沃克斯（Vaux）和 Company's Riverside，Illinois 的铁路。塞里奥酒色场景中的田园风光最后演化成为罗伯特·费诗曼教授所谓的"资产阶级乌托邦"。

2.1.3　信息城市："科学"的多中心城市模型

　　第二次世界大战之后，美国郊区化的进程迅猛发展，汽车的普及进一步推动了塞尔达所提出的城市范式转型。事实上，费诗曼也认为伴随着 20 世纪 50 年代大规模的城市郊区化，更进一步的范式转型已经发生了。"城市 – 郊区"模式被运用在一个前所未有的尺度上，城市融入大地景观中，形成了一种新的生活世界：一个城市蔓延的世界。《韦氏词典》（1958 年）对"城市蔓延"的定义是"城市聚落（如住宅和购物中心等）向城市附近未开发地区的扩张"；所以，"城市蔓延"一词甫一出现就与小汽车支持的郊区住宅和购物中心这种特定的城市生活世界联系在一起，它表明一种新的组织模式和布局模式在连绵城市增长带中的扩展。这种新的空间增长位于老城中心和工业区以外的郊区，超出了塞尔达的有轨电车和铁路"通勤带"所能达到的范围。实际上，城市蔓延意味着一种新的"星云状组合城市"（"城市社区的聚集或连续的网络"——《韦氏词典》）形态的出现。

　　《韦氏词典》关于"城市蔓延"的定义参考了 1945 年后美国的郊区化浪潮。当时有 4000 万居民在短短的 15 年内搬到了郊区。到了 1961 年，让·戈特曼已经可以将从波士顿到华盛顿的美国东北部海岸走廊描述为一个包含 3800 万居民的"巨型城市"（megacity）（图 2-13）。大多数人居住在低密度的郊区，形成一种与大地景观融合在一起的"星云状都市连绵区"。美国白人特大郊区化都市的兴起，不仅催生了"城市蔓延"这个概念，而且提出了"什么是城市"（urban）这个问题。新的星云状大都市中拥有多个不同形态的城市中心；霍华德的"环 + 放射"理想城市模型不再能满足新城市形态的需求。那么能不能有，该不该

图2-13 戈特曼：区域
供水地图，《巨型城市》，
1961年

有一种新的城市科学来适应新形势呢？

一些理论家承担了创建或者至少能够翻新旧的城市科学的任务。在第一章中，我们提到林奇在描述1960年代出现的多中心网络城市理论中，引用了瓦尔特·艾萨德（Walter Isard，1956）和杰·弗雷斯特（Jay Forrester，1969）等人的研究。早在1965年，英国地理学家保罗就在他的《哈特福德郡的大都市边缘区》一书中，质疑了传统的中心地理论对于解释新城市形态的适用性。保罗认为，位于伦敦绿带以外"大都市边缘区"的哈特福德郡，土地利用的专业化、私人开发大发展以及社会阶层的隔离，形成了一种新的城市组织模式。20年后，在《资产阶级乌托邦》中，费诗曼描述了一种新的城市生活世界。在这种生活世界中，传统城市的所有功能都能够在一个以郊区住宅为中心20分钟公路车程范围内得到满足，这使得传统城市中心的公共空间不再成为日常生活的必需。这些新的"科技近郊区"（technoburbs）或者说"郊区"（burbs）（费诗曼的术语）是巨型城市的重要组成部分，在规模上可以与中心城相匹敌，只是缺少世界级的文化设施。不过，郊区家庭需要拥有至少一辆小汽车，因为其低密度无法支持公共交通的发展。

从戈特曼的开创性研究《巨型都市》（1961）之后，多中心的区域城市体系又发展了20来年。建筑师和城市规划师都在努力寻找新术语和新技术来表达这些新的模式和流，从而更清晰地描绘这种星云状的大都市。直到20世纪末，对这类新型城市模式的性质达成了广泛共识：巨大的，位于边缘区域的"郊区城市化"（ruralized urbanization）（显然应验了塞尔达在一个世纪前的预言）。下面我将会概括关于美国城市融入大地景观中的"后城市"（posturban）所达成的共识，这些共识在美国是专业化和特权条件下的产物。本章介绍的大量专业性研究都是针对过去十年间新出现的蔓延和网络化的城市发展规律的探索。

在《边缘城市：生活的新边界》（1991年）一书中，乔尔·加罗（Joel Garreau）提出巨型城市网络向外围大地景观中蔓延的思想。他指出在郊区蔓延的背后隐藏着一种市场营销策略和科学的理性，并且强调房地产开发投机是"边缘城市"产生的原动力。他不仅给这种新兴的蔓延城市起了一个时尚的名字，而且赋予了它精确的统计学和市场营销意义上的定义：（边缘城市）诞生于美国大都市圈外围中高速公路走廊周边，在高速公路交汇处形成增长节点。按照加罗的概念，每个"边缘城市"应该拥有500万平方英尺的办公空间以及一个至少60万平方英尺的购物中心（包含若干大型百货公司），就业数量要多于卧室数量。它起到一个引力中心的作用，在居民感知中是一个整体。最后，它是一个"完全不同于 30 年前的城市"。

新城市中的混合建筑（hybrid architecture）也在史蒂芬·基兰盖尔（Stephen Kieran）和詹姆斯·廷伯莱克（James Timberlake）的文章《复乐园》（*Paradise Regained*）（1991 年）中得以描述（图 2-14）。这篇文章在罗伯特·文丘里（Robert Venturi）、丹尼斯·斯科特·布朗（Denise Scott Brown）、史蒂芬·伊泽诺（Steven Izenour）小组的著作《向拉斯维加斯学习》（*Learning from Las Vegas*）（1972 年）的基础上重新建构了速度与城市分散的关系，以适应新边缘城市中的混合建筑及"外围中心"。最终的结果是出现了新兴的大都市蔓延地区。这些地区相互之间结成网络，并同地方、国家和跨国反馈体共同形成全球性经济体系。迪耶·萨迪齐（Deyan Sudjic）在《100 英里的城市》（*The 100 Mile City*）中描绘了大都市区的新场景：机场、集装箱港口、商务中心、文化中心、办公中心以及商业院校统统散布于区域景观中。"传统城市"，他写道，"终于摆脱了 19 世纪的自我"。萨斯基娅·萨森（Saskia Sassen）在《世界城市》（*The Global City*）（1991）中将新兴的大都市区经济体描述成一种集财富与贫穷于一体的矛盾体。萨森详细阐述了稳定的中心区以及中心区与外围地区的专业化分工对区域发展的战略性意义，并强调了劳动力移民和服务业在世界城市中的作用。

在更大规模的全球城市化进程开始之前，"urban"溶解于大地景观中的现象已经引发了许多理论家讨论"景观城市主义"（landscape urbanism）和"后城市状态"（post-urban situation）。不过，科博斯（Corboz）指出欧洲与美国的城市发展存在着巨大的差异。传统的欧洲城市还没有达到美国城市蔓延及扩展的程度（尤其是像洛杉矶那样的程度）。但是，他也补充到，当欧洲人发现他们的一些新城镇或者郊区也像美国一些城市那样充满了移民歧视、种族歧视、贫穷与犯罪猖獗的时候，就没有理由感到优越了。Celeste lalquiaga 采用了另一种方式来描述城市的变化，或者说城市已经发展到了什么阶段。他认为，美国及日本城市中充满了媒体交流，这带给居民空间亲密感，在这样的空间里身体变得非物质化，融化在媒体中。

安东尼·维德勒（Antony Vidler）在其文章《后城市主义》（post-urbanism）中，将"urban"与传统欧洲城市（city）联系起来，特别是

图 2-14　史蒂芬·基兰盖尔（Stephen Kieran）和詹姆斯·延伯莱克（James Timberlake）的文章《复乐园（Paradise Regained）》（1991）

图 2-15　弗朗西斯·耶茨：罗伯特·弗卢德的记忆剧场,《记忆的艺术》, 1966 年

由嵌入城市肌理的纪念物和城市"空隙"[①] 形成的一种弗朗西斯·耶茨（Francis Yates）在《记忆的艺术》（*The Art of Memory*）（1966）中提出的所谓"助记符结构"（mnemonic structure）联系起来（图 2-15）。耶茨用比喻的手法描述了"古典记忆系统"是如何由一系列的空隙或密室构成的。每一个密室都有壁龛和一些建筑元素，例如阳台；这些元素与一些知识相对应。从入口开始，沿着中央轴线的墙壁四周都用壁龛或者匾额标记着一种文脉的存在。学者们会记住这些文脉并将它们分配到概念记忆系统中对应的记忆槽、壁龛或者匾额中，这样，这些文脉就实现了与其他受过同样方法训练的人的共享。耶茨通过当时的一些文献和图画展示了莎士比亚的球形剧场为什么可以理解为"记忆剧场"，从另一概念角度解释了莎士比亚的话："世界是一个大舞台，所有的男人和女人都只是舞台上的演员。"维德勒指出，城市本身可以被当作一个有等级的助记符结构或记忆系统，这些结构或系统被组织起来，给其居民提供一种方向感和舒适感。

但是并非所有的城市"记忆代码"都是令人舒适的。维德勒写道，让·保罗·萨特（Jean-Paul Sartre）曾经为城市中的某些缺失而感到困惑，这种困惑来自于资本主义城市中为营造中产阶级的舒适而产生的排斥感。对于萨特来说，现代城市充满了排斥感。维德勒则认为传统城市的消失在引起关注的同时，也为曾经被排斥的对象，例如鬼魂，提供了得以存在的机会。这种情绪在《SMLXL》（1995）一书中也得到了体现。雷姆·库哈斯同样赞成"城市之死"的说法。这种说法尽管带有他一贯的嬉笑怒骂风格，但是他确实在其中看到了城市主义（urbanism）的新机会。

马里奥·甘德斯纳斯（Mario Gandelsonas）在他的《城外之城：建筑与美国城市》（*X-Urbanism：Architecture and the American city*）（1999）中同样提到了传统城市的消失。他用图示表现了战后美国现代郊区住区由单一功能向多功能的"郊区化城市"的转型。这种转型宣告了传统城市形态的灭亡。新的形态——"X-urban"（"城外之城"）——不仅存在于基于小汽车交通的城市外围，也存在于旧城中心。旧城中心"在多中心大都市群中变成一个更加半自治的城市'村庄'"，也就是说，美国城市中作为"办公-工业"单一功能区的老城中心消失了，取而代之的是由居住、购物、娱乐（也包括商业）等多功能组成的混合区域。中心区周边区域也同样包含这些功能。

---

① 指公共空间——译者注

2000 年以后，美国关于"城市"蔓延的讨论开始多了起来。其中一个就是拉尔斯·莱勒普（Lars Lerup）的《城市之后》（*After the city*）。这本书研究了城市蔓延的激发点或引力点，以及千篇一律的大型服务区等特征。莱勒普在地图中精确地标注了区域多中心引力点体系。它们是一些私人拥有的公共空间，其背景则是服务于各个收入阶层，坐落于大地景观中，掩映在郊区浓密的树林里，以英里计的大规模住区。

经过漫长而痛苦的反复试错，多中心城市科学诞生了。这种科学可以解释小汽车时代的城市生活世界。在战后的美国，多中心体系建立在购物中心（mall）的基础上。这些购物中心起初服务于本地郊区，然后逐渐成长为可与传统城市中心购物区相抗衡的区域性引力中心。从 20 世纪 40 年代中期到 20 世纪 60 年代，美国构建了一整套购物中心体系，形成了分散的城市次中心网络。这是大众房地产市场营销科学的胜利。从 1960 年代起，开发商开始寻求将这种以购物中心带动房地产开发的成功模式应用到后现代城市其他碎片的改造中，例如波士顿重建局对昆西市场的改造。市场调查发现潜在买家；制造商及营销商组织供给并刺激市场的发展。大型机构建造商如东海岸的 Levitt Brothers 也使用类似的模式，在大片郊区"荒地"中建造中产阶级标准化住宅。与欧洲新城开发类似，联邦政府一度通过税收优惠政策和资金补贴等方式支持包括购物中心开发商在内的大型开发企业（如 Rouse Corporation）开发和销售大型住宅工程。其中 Conklin、Whittlesey、Rossant 在 1961 年为纽约开发商 Robert Simon Jr 设计的弗吉尼亚德尔雷斯顿新城中心，无论是选址还是设计都极其成功（图 2-16）。

林奇在《城市印象》（1961 年）中注意到流动与静止在城市中的重要性。他的观点被认为是将步行与机动车交通网络作为两个独立的体系区分开来。在步行系统中，城市演员沿着"路径"（path 或者 armature）穿越或途经稳态空间，同时运用一系列"地标"（markers）（尖塔、高楼等视觉特征显著的建筑物）来定位，逐渐在头脑中建构起概念性的城市地图或者说城市"意象"。林奇发现在汽车和郊区化时代，购物中心开发商已经学会了把步行体验为主导的城市形态设计方法用于构建汽车流主导下的新"城市意象"。区域购物中心及新的城市次中心变成蔓延城市大地景观中的新"地标"；市场营销专家专门开发出高效计算机模型来预测包括经由公路而来的人（司机）和在购物中心内部的购物者（步行者）在内的市民的"路径"。

图 2-16 Conklin, Whittlesey and Rossant：弗吉尼亚州德尔雷斯顿新城中心，1961 年

不论购物中心体系的兴起是不是出于有意识的理论指导，开发商和建筑师都必须要构建一种新的郊区结构来包容新型郊区生活世界的流和机构。这些购物中心（城市次中心）承担着在混沌蔓延的大都市地区中创建具有秩序感的稳态空间的任务。传统城市中的所有设施——行政管理、市场、银行、军队、教堂以及娱乐中心——需要在拉长了的流动空间网络内重新布局，成为流动网络中的稳定空间。

林奇认为美国购物中心设计师如维克多·格伦（Victor Gruen）以及威尔顿·贝克特（Welton Beckett）领导了20世纪50年代城市郊区再中心化的趋势。这种以商业地产开发和精确的商业核算为重点和基础的城市设计的出现并不意外。我们已经知道，林奇认为研究城市设计的最佳场所就是美国的购物中心。在这里，商业节点与郊区网络的关系被以量化方式精确地安排。这些量化布局成功的关键在于房地产开发企业运用的市场营销科学，即新型的"行为知识"（这点林奇在1974年的论文 Britannica 中讨论过）。

在《城市核心》（*The Heart of Our Cities*）（1964年）中，维克多·格伦（Victor Gruen）描述了早期市场调查的一个案例。这个案例通过调查研究确定一个服务约50万人的区域性购物中心必须要满足不超过20~30分钟车程的要求。根据调查研究，人们从停车地点到建筑入口的意愿步行距离（或爬楼梯）不超过100英尺，这样购物中心就必须要在建筑物周边的入口层设置至少40英亩的停车空间（图2-17）。当进入到购物中心内部的购物街（armature）后，需要一些特殊的安排以不断唤醒顾客的注意力，比如设置一些喷泉、旋转木马、小吃摊或者小型的瀑布等，这些建筑小品基本上应该沿着购物中心的流动空间每隔600英尺设置一个。这些小景点的安排可以防止顾客因为长时间游逛购物而产生疲劳和厌倦，从而延长人们的购物时间。这种设计非常重要，因为研究者发现，在百货店或者购物中心游逛20分钟以后，理性的消费者便开始产生"消费冲动"。最开始有明确消费目的的顾客会因为不断移动、疲劳以及释放挫折感的需求而产生非理智的购物决定，这在营销术语中被称为"格伦效应"（Gruen effect）或者"格伦转换"（Gruen transfer）。

格伦使用了各种营销手段来延长顾客在购物中心的停留时间，如花园广场或者带有"市镇钟塔"（以吸引顾客）的多层前庭。格伦还通过错层停车场的设计解决了由地面进入二层购物区的问题。活跃的二层购物区为购物中心提供了更为充裕的资金条件，大大降低了多层建筑由于要增加附属设施及空调系统而带来的资金压力。林奇和格伦在

图2-17 维克多·格伦事务所：罗切斯特的罗切斯特广场内部中庭，1956-1961年

1970 年期望这种完全室内化、拥有自给自足的视觉环境的购物中心能够成为郊区社区的"新主街"①（new Main Street），以减少郊区住区由于文化单一而带来的文化隔离以及对小汽车的依赖。（两位建筑师都没有预计到在 20 世纪 80、90 年代会出现工厂化和全球性的大规模单一文化营销，比如 Gap、Starbucks、Tower Records 以及 Barnes & Noble 等如今在各个购物中心随处可见的连锁品牌。）

购物中心的开发商调整了新城市次中心的规模及规划，以适应区域人口增加所产生的交通流。他们仔细规划购物中心的外部环境以吸引汽车一族进入，然后赋予内部步行环境一定的主题，以"童话叙事般"的图境增强购物中心的景观质量，像巴里·梅特兰（Barry Maitland）在他的《购物中心：规划与设计》（*Shopping Mall：Planning and Design*）中所叙述的那样。这些额外增加的图境叙事所产生的吸引力对于提高购物中心的竞争力具有至关重要的作用。克鲁格曼的多中心计算机模拟（第一章中提到过）表明，并非所有的次中心都可以生存下来；一些次中心是以牺牲其他购物中心为代价得以发展起来的。

接下来出现的新生活世界——多中心网络城市，对于工业时代的读者来说就非常熟悉了。由郊区住宅或者被居民称作"家"的其他场所、高速公路、各种交通工具、购物中心内私有化的公共空间、城市斑块中的工作场所、主题公园或国家公园，构成了网络城市。在网络城市中，当居民想出去走走时，有快餐连锁店提供食物。老城中心仅仅是娱乐选择之一，而且还得同新的娱乐中心来竞争，如带有电影院的多层购物中心、家庭娱乐系统等等。根据林奇的机器城市模型，这类城市是由离散元素（住宅、工业区、商场、办公地点、企业、娱乐中心、食品连锁店、国家公园等等）构成的网络，这些元素散布于大地景观中，通常都有最佳的交通区位（图 2-18）。

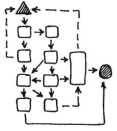

图 2-18　凯文·林奇：机器城市模型图示，《城市形态》，1981 年

2.1.4　后现代生活世界与网络化世界城市的出现

美国作为全球超级大国，以廉价的石油和强大的美元购买力为基础，确保了美国城市能够实现蔓延式扩散。在 20 世纪很少有其他国家能够具备这么多的财力和石油来支撑依靠小汽车驱动的城市增长模式（美国不仅是世界第一大石油进口及消费国，同时也是第三大产油国）。美国的廉价能源政策直接促成了这种新城市形态的形成，并深深影响到美国与中东、西非、墨西哥及委内瑞拉的外交关系。

──────────

① 美国很多城市的主要商业街都以主街命名。——译者注

美国 2000 年人口普查显示了小汽车驱动下的人口分布情况：在 2000 年，大多数美国居民居住在传统城市以外的地区；这些地区从统计意义上没有被认为是核心建成区，而是被列为大都市扩展区。大多数居民的出行已经需要依赖小汽车。"边缘城市"在 20 世纪后半叶得到了巨大发展：53 个拥有 10 万以上人口，在传统城市中心区发展起来的郊区城市，自从首次被统计归类为"城市"（urban）之后，每 10 年人口规模增长 10%，人口增速大大超过其所在的大都市中心地区。梅萨（Mesa，亚利桑那州凤凰城的郊区）的人口在 1950 年 ~2000 年间，从 16790 人增长到了 396375 人；凤凰城的另一个郊区城市斯科茨代尔（Scottsdale）的人口从 1960 年的 10000 人发展到 2000 年的 202705 人。在 20 世纪 90 年代，凤凰城——如果把郊区包括在内——是美国人口增长最快的城市，相当于在沙漠中建了一个小型的洛杉矶都市区。在《后现代大都市》（Postmetropolis）（2000 年）中，爱德华·索迦（Edward Soja）定义了美国的七大城市群，这 7 个城市群包含了美国大部分人口。到 1990 年代，按照联合国标准，全世界共有 13 个这样的大城市群。

林奇的机器城市模型适应了这种由拉长了的线性流动空间连接各类稳态空间构成的巨型网络蔓延都市，因而在很多国家被当作研究城市区域的可靠模型，只是带有地方性的差别。从戈特曼 1961 年的研究开始，其他学者，包括彼得·霍尔（Peter Hall），艾希·伊斯穆拉（Eichi Isomura）以及科莫斯（IBF Kormoss）等人也开始将这种大都市模型应用到世界其他巨型城市地区的研究中。这些巨型城市地区包括一些城市走廊和群落，如英国的伦敦 – 利物浦，日本的东京 – 大阪，欧洲的布鲁塞尔 – 阿姆斯特丹及鲁尔地区，洛杉矶 – 旧金山，里约热内卢 – 圣保罗，中国香港及上海地区。每个大都市区都有自己的特征，如东京大多是低层住宅，既是出于抗震的考虑，也是为了节约土地而进行的严格控制（例如，极少出现花园式的城市规划布局）。世界上最大的城市墨西哥城，估计大约有 2500 万人口，绝大多数人生活在自建住房形成的贫民窟中。这里的人们讨论的是后殖民地时代的教育、贫穷、公共健康、卫生，以及供水、供电、供气基础设施短缺等问题。早在约 140 年前，塞尔达就指出现代城市远离疾病恐惧的关键就在于解决这些公共服务和基础设施的问题。

网络化巨型都市的形态通常都呈现出比较明显的地方性特征，因为其他国家没有美国那样的廉价能源或者充足的土地。例如，在日本，1968 年东京第二次总体规划中明确鼓励采用更紧凑的城市形态及多中心体系（图 2-19）。"城邦"（Polis）的经典概念依旧在全球范围内流行，许多城市地区还存在自给自足或接近自给自足（永远不能接受能源进口）的幻想。正如科斯托夫（Kostof）在《城市的形成》（The city shaped）（1991）中所强调的，城市永远需要依靠其农业腹地来获得支持、劳动力和食物。也如我所强调的那样，城市是在流网络（一个生态系统）中资源过剩与再分配的点上产生的一种耗散结构。这种后现代经济生态已经在全球范围内出现，不过每一处都建立在本地城市演员的不同动机基础上。

图 2-19　城市规划部门：1968 年东京第二次总体规划

网络城市模型主导了 20 世纪欧洲的城市规划，并依赖于国家从社会和经济方面对"公共利益"——城市效率与健康——的支持。城市规划师试图将这种网络城市理念应用到巴黎、莫斯科、斯德哥尔摩、哥本哈根等城市的规划。从荷兰、比利时、德国、英国、意大利、瑞士的大学研究以及沙维尔德（Xavier de Geyter）的建筑师手册《蔓延之后》（After Sprawl）（2002 年）中可以识别各种欧洲城市的扩展模式。例如，威尼斯（Venice）和威尼托（Veneto）地区主要基于古罗马时代农业地区的道路网络模式发展，只新增了少量道路和铁路，几乎没有新建公路；比利时则到处都是公路，而且每个小镇出口都有明显的标志——这是19 世纪市政改革规定小城镇在其镇域范围内拥有阻止开发权的结果；伦敦的扩展跳过了绿环；荷兰的"环形城市带"环绕着绿心；瑞士的城市扩展则因为其位于阿尔卑斯山谷狭窄地段的特殊区位呈现出独特的形态（图 2-20）。

直到今天，欧洲国家依然对城市地区和中心城市的复苏以及各种类型新城建设采取支持政策。例如法国的"巨型项目"（Grand Projects）政策，英国对地方放权以及彩票基金政策支持等；西班牙将区域管理权下放给巴斯克（Basques）和加泰罗尼亚（Catalans）地区，以促进巴塞罗那（Barcelona）和毕尔巴鄂（Bilbao）区域的城市复苏（图 2-21）；欧盟通过"欧洲文化之都"项目建立小城市发展扶持机制，通过这种机制，每年为一个城市的文化项目提供为期一年的资金支持，安特卫普、哥本哈根、格拉斯哥、里斯本和鹿特丹等城市都曾通过这个项目获益。

索迦（Soja）在其先锋著作《后现代地理学》（Postmodern Geographies）（1989）中提出洛杉矶是后福特主义时期美国巨型都市 - 区域的原型，最近又出现了"全球化城市 - 区域 - 国家"的倾向（postmetropolis，2000）。索迦引用了 Riccardo Petrella 的术语"城市国家"（citistates）来描述这些星云状大都市区，认为其出现是与"去中心化、再中心化、邦联主义和割据化，以及区域化和地区主义的复活"联系

图 2-20　网状城市

a)不同的网状城市模式，伦敦（左列）

荷兰的环形城市带（中间一列）和比利时的组合城市（右列）

第一排，建成形态；第二排，基础设施分布；第三排，在这些空间模式中留下空隙；第四排，河流，地形，森林；第五排，开放空间与水系《蔓延之后》，2002 年

b）弗兰兹·奥斯瓦德和皮特·巴奇尼：网格城市区域内分层分析，《网络城市：设计都市》，2003 年

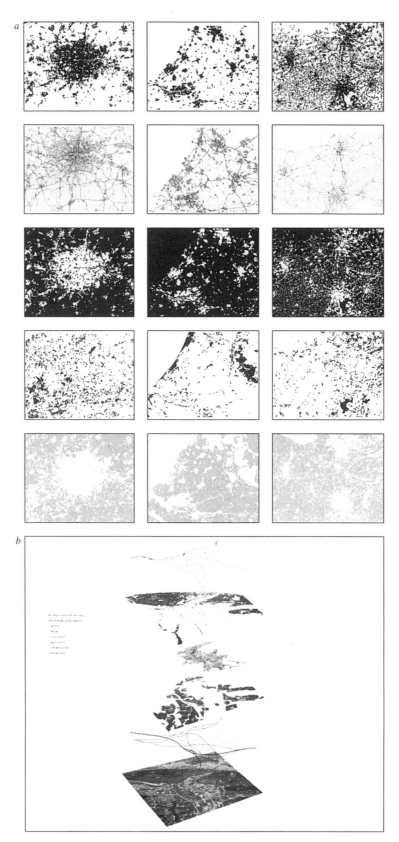

在一起的。

欧洲城市的各种发展趋势及项目催生了"城市 – 区域"集群中的网络城市，形成了网络中的网络。在"城市 – 区域"网络中，最主要的稳态空间都要通过专业的城市设计手段营造视觉秩序，以代表国家和政府形象，或者激发地方居民的自豪感（图 2-22）。尽管欧洲继承了科学"城市主义"的遗产，但是这些专业化城市稳态空间的理性基础是美国式的营销科学而不是国家性战略规划，这种理性更倾向于由生活方式的选择和经济竞争来主导。这些城市不得不作为全球知名品牌来吸引游客，并在全球市场进行合作，像最近出版的一些书，如《旅游城市》（*The tourist city*）（1999）、《虚幻城市》（*The fantasy city*）（1998 年）以及《城市品牌营销：意象构建与构建意象》（*City branding：image building and building images*）（2002）中所描述的那样。

图 2-21　毕尔巴鄂的古根海姆博物馆全景图，2003 年

图 2-22　Arup 建筑事务所：欧洲里尔的 TGV 车站内部，2000 年

2.1.5　城市主义（urbanisms）

我们已经谈及了三种不同的城市生活世界或者说城市主义。对每种城市生活世界的讨论都集中在各类公共空间中发生的活动。在信仰城市或建筑城市中，公共活动主要发生在具有特别尊贵意义的中央广场上，这是宇宙的中心，是整个秩序等级体系的中央控制点。在电影城市中，旧的建筑城市中心被流动空间网络所包围，给旧城中心带来新的流，并在另一端建立起与旧城中心相抗衡、具有独特优势的新公共空间（比较典型的是贫富对立的空间系统）。原来作为唯一公共空间的城市中心广场被城市一端的富人区林荫大道和另一端穷人区的商业街市所取代。城市化与机动化相互交织，导致城市在多中心的信息城市阶段进一步蔓延扩散，形成公共所有与私人所有的空间相互融合的新城市格局。

即使简化成这样的城市多样性理论也没有在城市理论家中轻易达成一致，来回摇摆的术语揭示了理论学家们在过去与现在之间的挣扎。在城市理论家及设计师的语言中，从"city design"到"urban design"，以及从"Urbanism"到"New Urbanism"的转变尤其重要。"Urbanism"代表了一门科学，至少在塞尔达 1867 年提出这个术语的时候是这样。"New Urbanism"则表明一种"新"的城市科学的出现，一种适用于后现代城市的科学。虽然新城市主义者（New Urbanists）被泛城市主义者（Generic Urbanist）阵营所反对（由雷姆·库哈斯和青年荷兰组如 MVRDV 等领衔），但二者的理论都基于房地产市场营销和商业核算逻辑（图 2-23），二者都在寻找流和市场之间的科学秩序；它们都

图 2-23　荷兰大都会建筑事务所（OMA）和雷姆·库哈斯：欧洲里尔草图，大约 1987 年

建立在一种高度计算机化、涉及大尺度规划的新型房地产投机科学的基础上，为林奇的"城市效能"设计方法提供了一种新的参考。两大阵营都承认在大尺度规划中存在"尺度跳跃"（scale-jump），只不过新城市主义者用传统形态来表达尺度跳跃，而泛城市主义者则大肆宣扬现代主义巨型建筑。这种大尺度的规划在欧洲和美国都很少见，除非是由政府、大型企业或者大地主主导的建设。部分原因是土地所有权和房地产公司规模扩大了（以 Duany Plater-Zyberk & Company 为例，1982 年开发佛罗里达的 Seaside 时仅为 80 英亩，到 1989 年开发 Avolon Park 时已经达到 9400 英亩）。这引发了美国设计师们关于什么是"urban"的争论。

实际上，"新城市主义者"和"泛城市主义者"并非站在对立面上，它们或多或少同种同源，因为二者都是基于营销科学和国家支持的大型企业的美国式空间实践。两个学派都承认在全球城市网络中庞大的资本流动和移民过程中保持视觉秩序和社会相对稳定的重要性。心理学和市场营销介入到大量具有高度视觉秩序的新稳态空间的营造中，形成全球网络中的引力点。在这种流动的状态下，两方阵营的城市设计师通过在新城市生活世界中创造碎片的方式来提供一种秩序感和控制感。市场营销者十分明白维德勒在"后城市主义"及耶茨在《记忆的艺术》中提出的助记符结构的价值。美国的房地产开发公司最先促成了这种城市碎化片政策的形成。现在这种政策已经制度化，使美国经济（现在是全球经济）与城市增长永远紧密联系在一起。城市设计于是与经济发展连为一体，例如，新的住房建设标志着国家和国际经济的健康发展。

到这里我们需要再次思考本章的首要问题：什么是城市设计（urban design）？我们已经仔细研究了"urban"和"urbanism"两个词的含义。我们已经明确，urbanism 是一种研究网络流中跳跃性紧凑节点地区城市化现象的现代科学。从这种观点看，传统的向心型城市被碎片化了，"城市中的事物变得破碎，已无法继续容纳在旧中心中"。我们知道，围绕美国郊区购物中心发展这些节点地区已经成为房地产科学的组成部分。我们在第一章中还看到后现代主义城市理论如何利用具有复杂历史的"景观城市主义"，即坐落于大地景观中的大量多中心、多层级的碎片，来处理城市碎片化。接下来，我们需要问一个类似于"什么是城市设计"的问题：什么是设计？我们将讨论西欧古典、现代、后现代城市设计技术的出现，并以此为基础去理解 20 世纪后期借助拼贴技术再次出现的城市设计（图 2-24）。

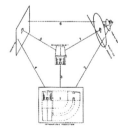

图 2-24 罗宾·伊凡斯：《投射之范》中建筑设计过程图示，1995 年

2.2　什么是设计？

> 设计是一种娱乐性的创造，也是对某事物可能的形态进行严格评估，包括它是如何被创造出来的。这里所说的某种事物不一定必须是某种物体，也不一定是单纯通过图纸表达出来的东西。尽管很多人试图将设计简化为直接明了的研究体系和合成系统，但它仍是一门艺术，是一种理性与非理性的奇特混合。设计与质量、复杂的联系以及模糊有关。
>
> ——凯文·林奇《城市形态》

本节我们将回顾城市演员在各个时期如何利用设计来创造城市空间秩序。对人、物体、建筑、城市以及自然的关系的设计有不同的意义，并且已经创造出许多正式的表达手段。在上一章我们已经注意到罗宾·伊凡斯在《投射之范》一书中所阐明的设计过程的复杂性。他谈到设计一栋建筑时涉及的一系列相互关联的要素：设计师及他（她）的想象、建筑"客观"的正投影（比如设计蓝图），由艺术家制作或者相机记录的图片或透视图（这是与雇主交流及媒体最常用的手段）。单纯设计一栋建筑已经十分复杂；更不要说扩大到整个城市的尺度上，涉及多元的演员、多元的观察系统以及对稳态空间和流动空间的组合。伊凡斯的图表是一个很好的工具，可以用来观察演员及其代理人在设计城市、创造一种城市生活世界、平衡流动与稳定的过程中所起的作用。

对于林奇来说，演员是整个设计过程中最核心的要素。他们是一种触媒，在自己的目标和雄心驱使下运动；他们创造出各种关系模式，寻找有秩序的关系和重复的模式，从而增加了系统的结构化信息。《韦氏词典》对动词"design"的解释追溯到了拉丁语的"designare"，意为"标记或指定"。在设计中，演员"标记"出与他们的活动、关系、意图、愿望或者财产有关的区域、空间或场所，就等于在一个概念空间的周围画出一圈非物质性的边界，确定了一套关系、一套行为系统和模式。演员从而通过设计在一个确定的区域内"指定"（designate）一系列关系以及能够突显某些特定信息的模式，并将那些不需要的信息排除在外。"设计"在一定范围内创造了秩序，减少了稳态空间中的紊乱，而在缺乏稳定的空间中则进一步打乱了其原有的秩序。

词典中关于"设计"的定义更多强调了设计自上而下的特征，也就是说设计即规划。比如，韦氏词典中对"设计"一词最现代的定义是"根据规划创造、改变、执行或者构建"。"规划"（plan）（从拉丁文"planus"而来，意为平面），是指一种"在飞机上画出来的一个物体的顶视图，或者一小片区域的大尺度地图"。因此，规划基本上就是记录演员和设计师意图的手段，标记出稳态空间或者流动空间，为演员希望塑造的关系和活动设定一些专门的空间。这种空间需要一种微缩的代码，一种能够记住概念性安排的语言。规划也被解释为"对总体或目标的局部（parts）进行有秩序的安排"。这种解释强调了"局部"的重要性，表明了规划假设的分析性和科学性。

《牛津词典》对"设计"的定义是一个动词，"为某人设定某物，意图，形成（一幅画面的）意向性草图，绘制规划方案（为一栋建筑等，由其他人执行）"。这里，强调为其他人画设计方案说明了设计者并非为自己建造房屋，而是与其他人形成合同关系。双方共享一个由正式或非正式的文件描述的概念模型。这种设计者与建造者的分离是现代社会最基本的分工；这种关系一旦建立，专业设计师开始进行自上而下的设计，监督建造，并在业主与建造商之间起到中间人的作用。

我们在第一章中已经看到在意大利文艺复兴时期，塞里奥为三个城市演员阶层的三种不同的生活世界创建了三个对应的舞台场景。用诺伯格·舒尔兹的话来说，每个演员都会根据个人、社会或者科学知识体系的不同组合来构建自己的知识基础，并在不同的文脉环境中运用这些知识。塞里奥的三个舞台场景是一种反映其主导者围绕着象征他们与其他演员关系的固定物组织活动的空间规划。这些固定物包括贵族宫殿、城邦权力纪念物、商业港口和店铺、住宅，以及农民的小酒馆和乡村小屋（半溶入农田景观中，形成一种混杂的地理形态）。这些设施和构筑物促进了塞里奥想象中演员的各种活动，保证他们的社会和经济地位，并为他们创造出一种明确的场所感。我们可以想象这些不同的演员（不管是按照赛里奥的分类，还是按照别人的分类），在他们的实践中对设计会有不同的理解，并采用不同的设计技术。下面，我将简要回顾这些设计方法及其对城市的影响。

2.2.1　设计的前现代概念

前现代的设计就是在一片荒芜中标识出一块地方。这块地方中的岩石、洞穴，河道、河岸以及平原代表着友好或敌对的精神。在某种程度上，设计就是为了抵挡当地的气候以及风暴、雷击、台风、霜冻、暗林或者洪水等"恶灵邪恶之眼"。这种模式下的设计是对超自然以及军事威胁的一种防御策略，是一种对受保护和安全区域的标记。

占卜是这类设计系统中最重要的部分，直到今天很多文化中仍然存在这种活动（图 2-25）。比如在香港，诺曼·福斯特设计的高层现代建筑汇丰银行就请风水大师进行勘察，并根据风水师的建议确定大堂自动扶梯的位置。尽管东京有围绕传统寺庙和现代火车站发展的独特模式，但是杰出的日本建筑师会告诉你他们国家并没有"城市设计"这回事。日本建筑里面一个很重要的概念——建筑之间的"灰空间"，在理性主义者来看是一种难以接受的带有半玄幻色彩的概念。

图 2-25 《易经》中城市风水和山势似一把扶手椅

建筑城市生活世界中的演员充当了营造组织场所感的催化剂作用，他们放大了地形、气候及文化的差异和优势，从而产生地方识别感。他们的设计过程涉及许多个人经验，但大部分成型于不成文的共享公共知识。城市很小，当地的泉水和井水就能够提供饮用水及污水的排放（如果后者不用于灌溉的话）。古代中国和罗马，其首都人口都达到了 100 万人，除了建设大型基础设施外，仍然依靠地方的乡村规则来运行（例如中国的运河系统及罗马的输水道）。根据 M.R.G.Conzens 的记载，从希腊殖民地城市的土地平均细分到中世纪英国城镇沿主要大街铺面的不均等划分，地方主导代码或多或少是不平等的。中国的城镇遵循一个精确的公式，即用街坊的尺度来表示一个家庭的社会阶层地位，直至代表地球神明的皇帝的居所（图 2-26）。

图 2-26 斯皮罗·科斯托夫：《城市的形成》—印度瓦腊纳西恒河的洗礼，2002 年

等级组织图式在建筑城市中比比皆是。像北京的紫禁城那样，稳态空间中嵌套稳态空间的现象十分普遍（图 2-27）。在林奇的信仰城市中，除了通过隔离墙和卫兵警戒进行平面分区外，还通过控制性规则从空中划分等级。比如，罗马神庙和公共建筑主导着罗马城的天际线，高于其他的私人建筑。中世纪欧洲的哥特式大教堂也以同样的方式控制着其周边的环境。在中世纪的伊斯兰城市，堡垒和清真寺的尖塔控制着城市的天际线。这些高度特权在现代城市的一些场所中仍然存在：在华盛顿，新建建筑不允许遮掩国会大厦的圆顶；在巴黎，市中心禁止建设高层建筑，所有新建的高层建筑都集在城市西部的拉德芳斯——巴黎的"微缩曼哈顿"；在伦敦，大伦敦议会要求白金汉宫周边的建筑要控制高度，确保从周边山上望向圣保罗大教堂的视线通廊受到保护，在查尔斯王子的要求下，毗邻大教堂的其他建筑尖塔都被拆除掉，以便从北部能够清楚地分辨出圣保罗大教堂；在东京，市中心皇宫周边的建筑仍控制着较低的高度；在费城，开发商们一直有一条不成文的规定：新建建筑的高度不能超过市政厅顶部威廉·佩恩雕像的帽子。

图 2-27 北京紫禁城的鸟瞰图，2004 年

更多有关建筑城市中设计的本质的研究可以从弗朗索瓦丝·科伊（Francoise Choay）关于"历时性"（diachronic）和"语段"（syntagmatic）的分类中找到。在《城市主义及符号学》（1969）中，她将城市中存在时间较长的大尺度公共建筑称为"历时性建筑"，即属于当时的时间框架之外（因此它们通常也是变异性的）。中世纪欧洲或伊斯兰城市中基于邻里关系原则自建的本土普通建筑叫做"语段"。在这里，设计由当地的规则、习俗、谈判和案例制约，并像当地传统习俗文化那样一代代流传下来。地方材料和地方气候对城市中基于个人日常经验的交往活动有很重要的影响。这些规则和社区建筑所代表的自下而上的力量与武士、牧师和法令通过攫取资源建造的纪念性建筑所代表的自上而下的传统形成抗衡。看看城市中现存的证据就可以知道，历时性的纪念碑和古堡等古迹的建造者在历史上大部分时间里一直主导着社会，而历史上幸存的语段性城市碎片则反映了中世纪阿拉伯国家和欧洲在环地中海地区，或者中国和印度在丝绸之路上贸易竞争的紧张和压迫感。即使我们居住在不同的城市，这些流及其精心设计的场所代码在今天依然能与我们进行生动的对话。现代人都想在摩洛哥的非斯城堡度假，访问中世纪西班牙城镇，或者在信仰城市历史中心区旁边的现代旅馆中放松。"前现代模式"的设计概念是怀旧的，当代城市生活世界和城市空间的范式转变使得过去的年代变得更具有吸引力（如果忽略以前的封建制度、战争、奴隶制、公共酷刑、独裁迫害、公开处决、饥荒及瘟疫的话）。塞里奥在16世纪40年代的喜剧场景图片已经是对过去的怀念，因为阿尔伯蒂在城市新区建设中制定了规则和比例系统，将当时混乱的中世纪城市建筑语段（syntagmatic）系统变得更为理性，比如文艺复兴时期的费拉拉（Ferrara）。

后来，两个英国改革家奥古斯塔斯·普金（Augustus Pugin）和约翰·拉斯金（John Ruskin），面对19世纪30、40年代第一次工业革命所带来的混乱局面，希望通过重现中世纪城市和哥特式教堂的形象来作为社区、常识和社会关怀的标志。同样的思想冲动鼓舞了20世纪40年代晚期的英国"城镇景观"设计师重新创造中世纪意大利哥特式山地城镇及英国村庄，以抗衡英国新城千篇一律和枯燥无味的生活世界。在《美国大城市的死与生》（*The Death and Life of Great American Cities*，1961）一书中，简·雅各布斯也呼吁采取类似的村庄自组织模式来保证纽约街道的安全。在《模式语言》（1977年）一书中，克里斯托弗·亚历山大和他的同事则构想了一个类似的更加简单的时代——在这个时代里，地方发展由自组织的社会体系主导，通过常识就可以解决复杂的问题,而不需要复杂机器和外部机构的介入(图 2-28)。

图 2-28 斯特凡诺·比安卡（Stephano Bianca）:伊斯兰城市元素及组合《伊斯兰世界的城市形态》,2000 年

2.2.2 机器城市时代的设计

机器城市的设计需要简洁清晰的概念,它能够干净利落地梳理每一个问题,并用简洁到不可分割和不能精简的术语表达其特质。设计的目的是用最少的能源和资源投入获得最大的效率。新技术和新材料的出现使得这个目标至少部分得以实现;科学研究也毋庸置疑地提高了人类生活的很多方面,很多人可以更容易享受到富余的产品。按照这种论调,现代设计师有责任抓住工业革命（生活世界的机械化）提供的新机遇,追随边沁的功利主义哲学观点（这种观点也启发了他设计“圆形监狱”）,谋求为广大人类造福（图 2-29 ）。

图 2-29 奥古斯塔斯·普金:哥特式城市与工业城市的比较

我们已经讨论过,塞尔达坚信只要设计师能够认识到机器时代的逻辑内涵,机器力量就能够改变大多数城市居民的生活世界。对于塞尔达来说,这个逻辑就是将达尔文的进化论应用到城市流的组织。开阔的街道便利贸易和商业,又将每个街区分割成一个稳态的孤岛,每个街区有一半的空间是花园和自然环境。我们前面提到过,塞尔达崇尚格网道路布局,认为它是机器城市最理性的设计基础。林奇在他的机器城市图示中准确地描述了这个模型的拓扑结构:一系列离散的矩形细胞,全部由流动空间中的系统流(包括媒体)连接在一起(图 2-30)。

电影城市的设计主要关注对流的秩序化（sequencing）和分类（sorting）,以使人们能够找到目的地,并将货物分配到合适的稳态空间储藏或加工。电影城市的设计师希望能够建造逻辑一致的组织,在特定时间段内处理流并精确地分类容纳人和物,如同“圆形监狱”那样（只是不用圆形的布局）。19 世纪芝加哥城市的格网道路规划堪称是机器城市的典范。芝加哥的快速发展（包括摩天大楼的发明,可以看作是 19 世纪 90 年代平面网格沿着钢结构在垂直方向上的延伸）看起来验证了塞尔达的观点,当时的设计师试图通过理性的网格系统来改革大量的

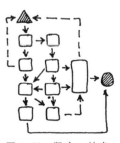

图 2-30 凯文·林奇,机器城市模式图示,《城市形态》,1981 年

贫民窟和穷人悲惨的生活环境。

在《自然的都市：芝加哥和伟大的西部》（1991 年）中，威廉·克罗农（William Cronon）曾经描述过，即便经历了 1880 年后期摧毁中心商业区的大火，芝加哥的城市人口仍然从 1860 年的 25000 人增长到 1890 年的 100 万人之多。城市一年内就增加了 30000 居民，这在过去要花 30 年时间才能实现。可观的增速就是在这样一个沼泽地上发生的；19 世纪 80 年代期间，大规模的城市建设使整个城市抬高了 10 英尺。这一工程上的创举所带来的优点是城市排水可以流进芝加哥河中（河水也做了倒流处理以避免污染来自密歇根湖的饮用水）。穿越大平原的铁路交会使得城市贸易委员会从 1900 年开始控制全世界小麦的价格，同时按商品目录零售农产品，芝加哥从而成为巨大的商品和服务分配枢纽。

铁路将远至德克萨斯州的牲畜运送到屠宰场进行肉制品加工，然后再分装到冷冻货车箱或者加工成罐头送到食品商店。随着城市向郊区快速扩展，出现了由奥姆斯特德设计的公园系统、庞大的学校系统，还有富裕的郊区如橡树公园（弗兰克·劳埃德·赖特曾舒适地居住过一段时间），芝加哥因此成为美国现代化工业城市的缩影。阴郁的烟囱和大型贫民窟与代表秩序化的网格布局以及从贫民窟向上流社会晋级的梦想形成了鲜明的对比。这种典型的社会经济生态从 20 世纪 20 年代开始就受到先锋的城市社会学家帕克（Park）和伯盖斯（Burgess）的关注。

芝加哥的快速建设还催生了机器城市的另一个特性：标准化建筑原型被无休止复制，以快速而廉价地满足人们的住房需求（图 2-31）。住房销售使用英语和德语做广告，建筑形态既有独立的别墅和公寓建筑，也包括不断复制的工人住宅。20 世纪 30 年代的一位现代主义历史学家西格弗莱德·吉迪翁（Siegfried Giedion）在他的《机械化的力量》一书中描述了大量产品如何在芝加哥的储藏车间里衍生出来。牲畜屠宰被设计成一个线性的操作步骤，牲畜的尸体被吊天花板下的轨道挂钩上，随着向前滑行慢慢被宰杀。亨利·福特 1910 年左右在底特律将同样的原则运用到了新兴的汽车制造流水线和标准化生产中。这一应用引发了第二波关于时间和运动生产力现代化的研究。福特的汽车赋予演员们不受铁路公司及公车时间表限制的个性化和个体移动能力，从而改变了城市生活世界。勒·柯布西耶就是福特标准化的极大崇拜者。在《走向新建筑》（*Towards a New Architecture*）（1927）中，他表示现代设计已经达到了一个新的标准化和效率化高峰，完全可以与希腊雅

图 2-31　1870 年代一栋栋建筑堆积的芝加哥

典卫城的完美建筑典范相媲美。

诺伯格·舒尔兹（Norberg-Schulz）描述了由抽象的、不同于个人知识或既定常识的模式所主导的科学生活世界。现代世界的设计需要从书本上学习专业知识，而不是来自实践经验。现代设计师接受的训练是将问题分解为缜密并孤立的局部元素（part element），局部元素的性质是可以被分类和解读的。每个局部又是一个独特的几何整体，与其他的"邻居"之间可以清晰地分离。布勒（Boullée）设计的牛顿纪念碑（1784 年）就是理性设计方法的一个早期案例，它是一个悬挂在球体中心的宇宙模型，游客从下面进入。这个纪念碑的巨大尺度以及球体形态象征了科学理性的胜利：牛顿发现了重力，揭示了宇宙设计的规则。

一些设计师因此相信牛顿已经发现了自然的基本几何规律，并提供了科学设计的基本法则，从而取代了设计中的神学主义和神秘主义。按照这种观点，稳态空间应该具有简单的几何形态，并由直线状流动空间构成的网络连接在一起，按照重力线分布。最后在一系列交叉口形成节点，构建起网络，好似一张原子结构分析图。很多设计师将这种牛顿式假说用于新城镇的几何规划（克劳德·尼古拉斯·勒杜为塞南设计但最终未建成的圆形盐场建筑就是一个例子，其中心位置是地方长官办公室）。19 世纪 50 年代和 60 年代豪斯曼（Haussmann）将这种几何模型用于巴黎规划，建设了穿越巴黎旧城的林荫大道。

这些设计师采用了"科学的"分析方法，将元素分成一个个清晰的单位，并通过广阔的流动空间相联系。他们极其严谨地限制问题的焦点和范围，以便获得清晰精确的结论。用设计的术语来解释，这意味着所有不合群的功能和活动会被排除在考虑之外，或者说被放置于特殊的角落（即福柯所说的变异空间）。一旦被孤立，特例及其不确定性就被忽视了。比如在纽约，1916 年出现的美国第一个《区划法》定义了三种不同的土地使用类型：居住、商业、制造。但是该法规将华尔街一带作为一个特别的例外，鼓励摩天楼的发展，从而产生了第一个特殊区。

功能主义的设计策略（来自代数学，用一个函数表示已知元素或变量之间的关系）从清晰性和效率方面都严重地限制了现代主义设计师认识城市的能力。正如第一章所提到的，1933 年由 CIAM（国际现代建筑大会）起草的现代主义《雅典宪章》肯定了城市的四种用途，即居住、工作、游憩和交通，每个分类都意味着一个独立的城市形态以及在特定建筑原型内展开的一套标准活动。第五个类别，"其他种种

（混杂）"，则包含所有无法分类的用途，例如土地混合使用区或功能混合使用的建筑，老城区也包括在内。意大利和其他一些国家的代表对这一表决进行了抗议，他们意识到自己国家的绝大多数历史城市无法按照这种分类进行规划建设，但是他们的抗议最终没有得到重视。

在《第一机器时代的理论及设计》（*Theory and Design in the First Machine Age*）（1960 年）中，雷纳·班纳姆（Reyner Banham）强调了达尔文的有机论给现代主义设计师带来的美好前景。他描绘了一种新的自由世界：由巨型的开敞空间和廉价灵活的建造系统构成轻型结构，能容纳大量人群，同时其奢华程度又不亚于过去的皇室贵族宫廷。现代主义者在 20 世纪 20、30 年代的 CIAM 会议上希望破除 19 世纪以来工业城市的混乱肮脏以及贫与富、工作与游憩等等城市二元现象。他们极力宣扬一种充满清新美学规范的新型普世空间。这种新空间美学提倡使用底层架空柱廊将建筑抬离地面，采用平屋顶和屋顶花园，使用能够纳入更多自然光的条状窗户，采用"自由"平面和"自由"的白色立面等设计手法，突出地面的开放和"自由"。

尽管现代主义者一再强调自由和普世性，他们实际上还是在自上而下地宣扬一种由各种局部元素按固定套路搭建起来的乌托邦图景。班纳姆将现代主义者的美好愿景与 1960 年代糟糕的设计现实以及现代主义大师们（例如哈佛大学包豪斯学院的沃尔特·格罗皮乌斯，以及勒·柯布西耶、密斯·凡·德罗）固定的、自上而下的美学标准进行了对比。到 1960 年代，现代主义的"开放"愿景已经变成了标准化设计的陈词滥调，城市中心区充斥着不计其数的功利性内城更新项目，中央商务区充满了空洞无趣的奢华板楼和塔楼。在班纳姆看来，这一时期正规装置的固定规范、大宗物品生产方式的标准化、学院派的对称，都暴露出现代主义设计师僵化固定的本质和乌托邦式的设计手法。他认为跟现代主义相比，未来主义者 1911 年的《宣言》更接近"有机"的功能主义。这种"有机"可以结合环境转型和变化，像一个自组织的系统，可以反映城市流的动态、流的复杂构成，以及流的噪音、气味和交互空间。

在真正的生态系统中，形态与功能的自我规范平衡、构成形态和功能的元素以及原型和系谱等要素，成为现代"有机"设计方法的基石之一。正如我们所见，弗兰克·劳埃德·赖特对这种"透明的"设计方法很感兴趣，其学生凯文·林奇的"生态城市模型"更是被奉为圭臬。"有机"的设计方法，即形态追随功能，功能反馈形态，同时也是达希·汤姆森（D'Arcy Thompson）的现代主义设计经典《增长和形态》

（*On Growth and Form*）（1917 年）的核心观点（图 2-32）。设计师们发现当牛顿宇宙的固定原型和机械效率最大化时，达尔文主义设计哲学所要求的形态与功能之间的透明性可以轻易实现；但是一旦试图在设计中融入阿尔伯特·爱因斯坦的相对论时，就如同希格弗莱德·吉迪恩在《空间、时间和建筑》（*Space，Time，and Architecture*）（1941）中所提到的，形态与功能就变得难以匹配。虽然爱因斯坦认为牛顿系统和笛卡尔系统在地球速度和尺度下运行良好，但是现代设计师对爱因斯坦预言的接近光速或在其他极端条件下所产生的特效更着迷。

图 2-32　黄金螺旋法，参照达希·汤姆森的《增长和形态》（1917 年）

　　不管有多少缺陷，现代主义城市作为机器设计模型的快速成功和巨大力量是毋庸置疑的。在一百年时间里，它将碎片化的世界工业文明转型为依托早期欧洲重商主义或殖民系统的全球化体系（不过设计师们现在才认识到这种转型的人文、心理和生态方面的代价）。机器城市的设计系统导致了欧洲紧凑城市设计传统的流失，并出现了功能独立的商业中心、生产中心和娱乐中心。这一分散趋势的源头来自于埃比尼泽·霍华德（Ebenezer Howard）1904 年提出的放射状花园城市构想，这一构想推动了城市与郊区景观的融合。这种思想后来衍变成了塞德里克·普莱斯（Cedric Price）的"煎蛋"（fried egg）模型，城市以老城为核心呈指状向外发展，形成星型模式。机器城市在汽车时代进一步扩张，形成多中心网络城市，并需要创造新的副中心。正如塞尔达的预测和林奇关于"城市设计"（city design）的术语解释的那样，设计开始逐渐包含广阔的大地景观环境和"城市化的乡村"。如前所述，林奇还指出网络城市中新发展出来的副中心是以房地产为基础的城市设计新科学的最好代表。

　　尽管有评论家批评机器城市的非人性和浪费——像林奇在《城市形态》中指出的那样——机器城市依旧是设计师的一个强烈梦想。20 世纪 60 年代城市与建筑的发展证明了班纳姆和阿基格莱姆小组（Archigram）关于城市机器原型将从超大结构转型为几乎可以植入到任何区块的微型装置的预测是正确的。麦克·韦伯（Mike Webb）的"suitaloon"项目（1967 年）——一个可以通过后侧背包内的机械装置充气并变成房子的全身连衣裤，将城市流浪者的概念推向一种理性和诗意的极端。大卫·格林（David Green）的《岩石插头》（Rock Plug）项目（1969）则为城市流浪者提供了一个隐藏在假山石和树桩内的辅助设施系统。由此城市在理论和事实上变得去物质化，融入大地景观之中，大地景观也转型成为由有线和无线网络支持的高度复杂的巨型机器。机器城市中个体的自由变得绝对化。所有个人自发响应网络信

图 2-33　丹尼斯·克朗普顿的《电脑城市》，1964 年

息而产生的偶然性公共集会活动，都变成了乡村中的临时性城市事件（比如 1960 年代的流行节日）。

电子信息革命极大地加速了任意两点间的信息传递，促使全球范围内的城市溶解于郊区。阿基格莱姆小组在丹尼斯·克朗普顿（Dennis Crompton）的"电脑城市"（Computer City）（1964 年）等项目中预示过这种变化（图 2-33）。在之前的章节，我们探讨过城市规划"系统革命"的出现是受到了将城市类比成计算机以及 1970 年代最早将计算机用于分析交通网络等实践的影响。建筑设计的电子计算机化在 1980 年代进展比较缓慢，但是到了 1990 年代随着个人电脑变得廉价和功能更加强大，这一进程大大加速。城市概念模型可以通过数字化方式在虚拟空间中生成。这种虚拟的三维空间矩阵和文艺复兴时期建筑师在乌比诺（Urbino）"透视实验室"建造的透视网格非常相似。

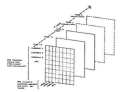

图 2-34　大约 1970 年供规划师使用的 CAD 图层

此外，曾经笨拙的计算机辅助设计（CAD）程序变得更流畅，可以叠加多重信息层，使得分散在世界各地的设计团队可以同时制图（图 2-34）；渲染图程序使得曾经需要花几天时间才能完成的透视图在几分钟内就看到效果；动画程序使得设计师可以在虚拟建筑模型中行走；生产程序使得设计师可以看到自己项目中的各种元素被如何制作出来。看起来机器城市通过计算机模型找到了合适的表达模式，这种设计模式在 1990 年代因为电脑游戏"模拟城市"（Sim City）的大获成功而广受欢迎。

2.2.3　设计的后现代概念

备受争议的后现代主义的诞生并不意味着现代主义的终结。前缀"post"（拉丁语中意为"之后"）不但不意味着现代主义已死，相反实际上可能是意味着现代主义（或各种现代主义）以各种伪装的形式继续存在。很多学者都指出了这种延续性；比如，诺伯格·舒尔兹在《存在、空间和建筑》（*Existence, Space and Architecture*）一书的图表里将现代主义的科学生活世界与个体知识、常识叠加在一起，构成一种三位一体的新生活世界，诠释了当代不同人群之间交往差异的新体验。由此一个武士、牧师，一个从来没出过门的人和一个工程师、科学家可能会在同一个城镇中居住。这个城镇可能同时呈现出三种城市形态（Cittàs），这三种形态不仅是在历史中慢慢形成和遗存下来的，还有可能是同时新建的。如之前的讨论，林奇的《城市意象》也证实了一个城市中存在两种世界的激烈对抗。但他还是梦想着"快速"和"慢速"发展廊道能够在他的"场所乌托邦"（place utopia）中和平共存（《城市形态》）。

后现代设计曾经被认为是继承了现代主义启蒙时期致力于通过设计改善大众生存条件的构想。大卫·哈维（David Harvey）在《后现代性状态》（The Condition of Postmodernity）（1989）中认为现代主义并没有终结或是垮掉，而是在二战后加速了进程，伴随着金融市场、制造业、信息系统、交通系统、旅游业以及其他领域的全球化趋势，以一种新的形式存在。在现代主义持续时期不断加速的交通和通信方式缩小了地球的尺度。这种加速引发了碎片化、即时快递系统、更具灵活性的生产方式和政治团体的系统化营销。记号学家安伯托·艾柯（Umberto Eco）在《超现实游记》（Travel in Hyperreality）（1986 年）中展示了一个因为现代主义或超现代主义快速发展而形成的充满标识和符号的世界。阿基格莱姆小组、文丘里团队及班纳姆也对 20 世纪 60、70 年代的广告和流行艺术进行了探索（图 2-35）。现代主义传统还很明显地在詹克斯（Jencks）称之为"新现代主义运动"中延续，典型代表是英国的诺曼·福斯特（Norman Foster）、理查德·罗杰斯（Richard Rogers）及未来系统（Future Systems）事务所设计的作品（例如英国伯明翰新建的塞尔福里奇百货商店，2003）。

图 2-35　萎缩中的全球广告，2001 年

现代化的加速过程在 20 世纪 80 年代和 90 年代一直在持续进行，而且出现了建筑和城市设计的计算机化、城市规划中 CAD 的应用，以及能够将信息与场所精确地联系起来（通过三向地理格网坐标再现）的地理信息系统（GIS）与全球定位系统（GPS）软件。文艺复兴时期发展起来的三维透视空间矩阵结构，以及 19 世纪诞生的描述性几何技术，现在都统一在横跨全球的卫星网络中。新旧项目、传统城市或未来城市都可以很容易地借助数码图像拼贴技术得以再现。

所以预言现代主义终结似乎是愚蠢的，如同约翰·萨卡拉（John Thackara）在一部论文选集中的题为《现代主义之后的设计：超越目标》（Design After Modernism：Beyond the Object）（1988）文章所表达的那样。现代主义发生的主要变化体现在萨卡拉的副标题中：现代主义的设计目标已经转移到周围的支撑性网络。再版于同一文集中的克里斯多夫·亚历山大（Christopher Alexander）的颇具开创性的《城市并非树形》也表达了类似的观点。这篇文章强调了在不同的城市布局和图表背后存在着既定理论、组织性网络或概念模型。在这个背景下，肯尼斯·弗兰姆普敦（Kenneth Frampton）在文章《场所 – 形态与文化识别》[①] 中扩展了其本人早期提出的"批判性区域主义"的思想。他提出对待全球

---

① 收录于 1983 年哈尔·福斯特（Hal Foster）的选集《反美学：关于后现代文化的随笔》（The Anti-aesthetic：Essays on Postmodernism）。

化有必要进行批判性地抵制，而辨识地方和区域的文化力量是进行这种批判性抵制的基础。现代主义对于全球化认识的转变和新抵制形式的出现标志着城市由现代主义二元系统转向后现代主义的多中心系统和信息城市（与第一章克鲁格曼的多中心模型相关）。

弗兰姆普敦参考了同样被选入福斯特选集中德国哲学家尤尔根·哈贝马斯（Jurgen Habermas）的文章《现代性——一个未完成的项目》。哈贝马斯是文化批评主义法兰克福学派的代表，他认为现代主义运动尚未完成，尽管面临二战、原子弹、集中营等新的恐怖危机，但是不应该被遗弃。民主的项目依旧重要，同样重要的还有关于新兴网络城市中的公共空间由什么构成的问题。根据弗兰姆普敦的自述，这篇文章是受到了保罗·波多盖希（Paolo Portoghesi）在威尼斯建筑双年展的主题和目录《1980年的建筑，历史的存在感：禁令的终结》的启发而产生的。

在威尼斯军火库①，波多盖希、阿尔多·罗西（Aldo Rossi）和约翰·海杜克（John Hedjuk）等几位建筑师设计了一个叫做"主街"（Strada Novissima）的项目，其中的主要部分是由罗马的电影城市电影工作室建造的一条街道（armature）（图2-36）。这条流动空间两侧排列着很多精品店。精品店的设计再现了许多后现代建筑师隐喻历史的作品，如文丘里－斯考特·布朗团队、O.M.翁格斯（O.M.Ungers）、克里尔兄弟（Krier Brothers）、迈克尔·格雷夫斯（Michael Graves）、罗伯特·斯特恩（Robert Stern）等等。查尔斯·詹克斯（Charles Jencks）则建造了一个由一根倾斜巨笔支撑的边亭，倾斜的巨笔校正了街道的透视，将"主街"转变为塞里奥三个街道场景之一的升级版，如同阿基格莱姆小组的丹尼斯·克朗普顿（Dennis Crompton）所绘制的图。"主街"项目像一个嘉年华或市集般在全球巡回展出，到过巴黎和旧金山，一路上增加了更多的展厅，还形成了一个终点广场。

图2-36　丹尼斯·克朗普顿，主街，威尼斯双年展，1980年

但是包括萨卡拉在内的很多人认为现代设计与其说是未完成的事业，还不如说是已经瓦解了。查尔斯·詹克斯等一些学者描述了现代主义城市规划和建筑设计的瓦解。詹克斯在他的博士论文《现代建筑运动》（*Modern Movements in Architecture*）（1973）中提出现代运动是一种多线条网络关系组群，并在《后现代建筑语言》（*The Language of Postmodern Architecture*）（1977年）中进一步延续了这一主题思想。在《后现代主义：艺术和建筑的新古典主义》（*Postmodernism：The New*

---

① 第一届威尼斯建筑双年展的主展馆，利用了废旧的军火库。——译者注

Classicism in Art and Architecture）（1987）中，他用 1972 年报纸上刊登的布鲁特 – 伊戈（Puitt-Igoe）廉租板楼被炸毁的照片作为现代主义终结的标志。大卫·哈维（David Harvey）在《后现代性状态》（1990 年）中，对现代主义规划的终结进行了严肃而厚重的马克思主义式的解读。哈维研究了美国城市巴尔的摩：在这个城市中，一个新的购物广场取代了昔日的工业港口，购物广场由改造波士顿昆西市场（Quincy Market）的开发商劳斯（Rouse）建设。哈维从广义的文化角度出发，对这种范式转型背后的经济、社会和文化等因素进行了评论。

在《后现代城市主义》（*Postmodern Urbanism*）（1996）中，南·艾琳（Nan Ellin）同样描述了现代主义建筑和规划的瓦解以及为应对 20 世纪 70、80 年代危机而出现的城市设计碎片化；这段时期对设计师来说是一个极其不稳定的阶段。艾琳将这个时期的设计行业描述为周期性"钟摆"，很多小幅度的震荡叠加在更大强度的摇摆之上，暗示着设计范式即将出现更大的转型。这些变化在那几十年里并不是什么新奇现象，如果詹克斯的观察是对的话。一种新的演员 – 设计师活动群体——包括 1959 年比利时奥特路出现的 X 团队，其成员包括史密森斯（Smithsons）、路易·康（Louis Kahn）和奥尔多·凡·艾克（Aldo van Eyck）；还有 1963 年伦敦出现的阿基格莱姆小组——在过去 50 年里每 3~4 年就会涌现出一批。在战后的郊区扩张和全球化背景下，至少出现了 17 个这样个性突出的演员 – 设计师活动群体，这表明了设计行业极大的创造性。具有里程碑意义的记录性手册——《1943–1968 年间的建筑文化：纪实选集》（*Architecture Culture 1943-1968：A Documentary Anthology*）[1] 和《1968 年以来的建筑理论》（*Architecture Theory Since 1968*）[2]，详细地回顾了在设计、建筑和规划领域发生的震荡、碎片化、再中心化和瓦解的过程。

最值得一提的是，现代主义设计师关于宇宙空间网格化概念的瓦解导致了设计行业的危机。很多之前被排斥的声音又被吸纳进来，形成多声调的对话，包括那些来自少数民族、女权主义、男同性恋和女同性恋支持者的声音，还有追求和平正义信念的活动家的声音，以及种族主义者、国家主义者和集权主义者的声音。二战之后，这些话题纷纷摆脱羞辱，回归社会。设计成为与选择、象征主义、差异化有关，以及专门化演员在高媒体化城市交流系统中表达需求的工具。其中一个例子是相对论。相对论的出现使建筑师和城市规划师在面对后现代

---

① 1993 年，琼·奥克曼（Joan Ockman）编辑。

② 2000 年，金·迈克尔·海斯（K. Michael Hays）编辑。

城市演员的多样性和利益特殊性时能够从普世的设计论退回到专门化设计。进一步，伴随着新的多声调对话出现了一种潜在的对心理感受和身体需求的关注。这就是作为一门批判现代科学失职的哲学而复出的现象学，如我们之前提到过的（例如诺伯格·舒尔茨的《存在、空间和建筑》，1971）。另一个能够体现后现代更加开放设计语汇的例子是城市被纳入符号学研究的范畴。在符号学中，城市被认为是带有自身的标识、符号和组合规则的交流系统，如科伊（Choay）在《城市主义和符号学》（*Urbanism and Semiology*）（1969）中的研究。

在后古典和后机械的世界中，设计不再假定笛卡尔坐标系的中立性。速度和重力可以扭曲时空；时间在宇宙中也不再是均质的。只有在真空中光速是不变的（也就是不管观察者处于什么位置和什么运动状态，总是有相同的评判价值观）。此外，不确定原则和概率论在 20 世纪二三十年代通过量子力学（在微观尺度上）和波动论（在宏观尺度上）引入到物理关系中。现代主义时期原型系统的标准化单一性和均匀性由此被拉伸和流体化。时间和空间都可能相对于观察者被扭曲；时间可以减慢、加速甚至倒退（对一些事件发生的次序而言）；空间可以被弯曲、延伸或压缩。地方环境变得十分重要。演员，用新物理学的行话来说，即"观察者"，对任何既定状态的评估都变得挑剔起来。

地方环境和观察者在爱因斯坦理论中是重要的考量因素。他指出空间并非到处都一样，也不是统一和中性的媒介——空间的统一性和中性是牛顿物理学的基本法则。欧洲传统理性主义者通过笛卡尔格网坐标表达的那种普遍和"绝对的"空间并不存在（尽管在很多情况下从地方性角度来说，这种普遍和绝对大约是正确的）。爱因斯坦意识到物质在接近光速的时候可以相对于观察者被压缩。或者反过来，如果观察者以光速移动，整个宇宙会呈现相对压缩状。这两种效应都是真实的。另外，在爱因斯坦宇宙学说的极端情况下，一点透视已不再奏效（一点透视即便在日常情况下也只是约略正确）；在接近光速的情况下，物质的前部和侧部会不可见，但相对另一些观者则是可见的。

简·雅各布斯（Jane Jacob）的《美国大城市的死与生》（*Death and Life of Great American Cities*，1961 年）标志着现代主义者和科学观察者孤立视角的崩溃，以及作为后现代设计重要因素的地方生态学或地方网络的兴起。雅各布斯是一位极其坚定的城市演员——设计师，一位投身于旧城保护和发展事业的活动家、记者和斗士。她的著作开启了对城市中心的拥挤、土地混合使用、种族混合，以及复杂性价值积极

评价的大门。这本书表达了她所倡导的基于"街道眼"的自下而上的
公共安全设计策略。雅各布斯写道：

　　　　"旧城看上去似乎缺少秩序，但只要旧城运行良好，它就有惊
　　人的秩序来维护街道安全和城市自由。这是一种复杂的秩序。它
　　的核心是人行道的复杂用途以及随之产生的连续不断的视线监督。
　　这种秩序由运动和变化组成，尽管这种秩序是生活的而非艺术的，
　　但是我们可以把它想象成是一种城市的艺术形态，或者比喻为一
　　出舞蹈——不是那种简单而精确的整齐划一、统一旋转或是集体
　　谢礼的舞蹈，而是那种复杂的芭蕾舞蹈，其中每个独立的舞者和
　　集体都有独具一格的角色，神奇地突出每个个体，且又组成有序
　　的整体。城市人行道上的每一处芭蕾都不会重复舞步，每个地点
　　都充满即兴的元素。"

　　进一步延伸雅各布斯所描述的画面——城市居民积极参与到街道
芭蕾中，可以把街道生活看作是更大范围城市系统中的"有组织复杂
体"。这种复杂体由邻里之间复杂的联系和"反馈"维持着不稳定的平
衡状态。雅各布斯反对城市发展过程中"对多样性的破坏"，并以社会
活动记者的身份积极参与到保护纽约的格林威治村和苏荷区的抗争中。
　　哥伦比亚大学规划学教授保罗·达维多夫（Paul Davidoff）的文
章《规划的倡导性和多元性》（Advocacy and Pluralism in Planning）
（1965）也标志着现代主义传统的自上而下和总体规划的终止。达维
多夫在他的倡导式规划理论中高度赞赏雅各布斯的积极参与式演员 –
设计师的例子。他认为城市规划过程中应包容来自街道生活和社区群
体的多种声音。当然，倡导式规划很容易演变成对抗式规划。因为美
国法律规定社区群体有权向法院起诉以保证社区的"声音"得到有效
回应。审判案例在自下而上的倡导式规划和设计中变得日益重要。我
们后面讨论城市设计在纽约出现时会提到案例的作用（图 2-37）。
　　雅各布斯的影响不只局限于达维多夫这样的知识分子。以格林威
治村为基地开展呼吁活动使她在纽约产生了巨大的影响力。1969 年纽
约城市议会（New York City Council）投票否决了城市规划委员会（City
Planning Commission）拟定的包含修建高速公路和超大型建筑物等内容
的总体规划，很大程度上是由于雅各布斯主张社区参与决策过程造成
的。作为一个积极的社会活动记者，雅各布斯严厉地抨击了摩西制定
的"天马行空"的总体规划。这个规划规避了公众评论，破坏了很多

图 2-37 左图为科普兰、麦克拉林、迪亚斯（Kaplan, Mclaughlin Diaz）（美国建筑事务所）：比弗利山第二罗德欧大道，1990 年
右图为拉尔斯·莱勒普：巨型形态，《城市之后》2000 年

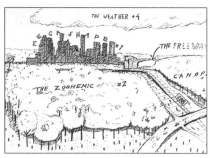

街区 ①②。当时有很多活跃的抗议群体反对这类总体规划草案，比如像 1960 年代的"东哈莱姆年轻领主运动"等多种族联盟以及 1970 年代和 1980 年代布鲁克林的垃圾 – 焚化炉抗议活动（图 2-38）。伯纳德·鲁道夫斯基（Bernard Rudofsky）的《人民的街道》（Streets for People）（1969）分享了达维多夫和雅各布斯对于街道生活的热情，也主张一种本土化的集体建筑决策过程，从而进一步减少规划师或建筑师在其中所起的作用。这种观点在林奇的《城市形态》中关于"局部控制"的主张中也有所反映。

地方（local）和个人政治的出现并成为影响设计的重要因素并不奇怪。这主要是由于计算机技术的巨大进步并越来越多为设计师使用，以及 1970 年代出现的，彼得·霍尔（Peter Hall）所强调的"系统革命"（systems revolution）。在这样的发展背景下，尺度成了一个重要的问题。如同分形理论所描述的那样，设计师从关注设计细节转移到在全球尺度上寻找反复出现的模式似乎更符合逻辑。分形理论认为，隐藏在设计背后的网格坐标系统可以保证同一种设计模式在任何尺度下都适用。计算机似乎消解了相对论所发挥的作用，恢复了绝对性（1 和 0 二进制，笛卡尔的网格坐标系统）的中心主导位置。但也略有不同，因为现在

图 2-38 左图年青领主街头游行 1968 年（由迈克尔·艾布拉姆森拍摄）
右图科芬园演讲，1969–1970 年（由彼得·贝尔斯托拍摄）

① 包括纽约的南布朗克斯，马歇尔·伯曼（Marshall Berman）在《一切坚固化为乌有》（All That is Solid Melts Into Air）（1983）中对此有所记录。
② 据马修·甘迪（Matthew Gandy）在《混凝土和泥土》（Concrete and Clay）（2003）中的描述。

所有这些都是为了实现一个灵活性的整体愿景。这种愿景与相对论出现之前截然不同。地方条件和变量由于能够反映出所在地域环境的大系统逻辑，因而变得极其重要。

CAD 模拟再现系统自发明之日起就让设计师不断获得更大的灵活性。设计师可以更自由地实验定制化和个性化的设计手法，包括对种族差别和个人叙事的响应。不过在实践中，大尺度系统装置中的分形模式，如城市高速公路基础设施和大规模公共机构等，很难与个人叙事轻易匹配。地方的情况需要仔细观察，必须要将自下而上和自上而下的设计结合起来；很多年来 CAD 都无法将反馈的过程纳入正式操作。但是到了 20 世纪末，设计师已经可以将各种城市演员的选择做成"幻灯片"或图层，在 CAD 中模拟它们在城市中的交互作用。这些复杂的交互模型与毕加索和布拉克在 1910 年代发明的拼贴技术类似。但是现在有了 CAD、Adobe Photoshop（1990 年发布的一个图像处理软件）和 Form Z（1991 年发布的一个三维建筑模型软件）等计算机辅助设计程序来剪裁和重组图片。

2.2.4　三种城市中的设计：总结

在前现代的信仰城市中，演员们把他们假想的宇宙神圣法则镜像到现实中来创造城市秩序。每个城市场地中都有为神建造的仪式性和象征性场所。这些场所遵循正式的、自我参照和历时性的几何规则，并且是被认为是超越时间和空间的。在机器城市中，演员试图创造由简单规则控制的理性城市，其组成部分与各自功能相匹配。现代化城市中的标准化大机器生产可以安全高效地用最少的成本为最多的群体创造出最好的新空间环境。在有机或生态城市中，演员寻求的是个人能够更多地控制设计和定制设计，通过创造更具响应性和弹性的设计系统来容纳自下而上的反馈。机器城市中的设计本质上是现代主义工程；有机或生态城市中则是后现代工程。但是后现代主义与时过境迁的现代主义世界观到底是干净地了断，还是与之有未尽的传承，依旧是个存在争议的话题。

2.3　城市设计的出现

2.3.1　城市规划的瓦解和纽约特别区的出现

乔纳森·巴奈特作为一个执业设计师，在《城市设计介绍》一书中描述了 1960 年代末出现在纽约的第一个被称作"城市设计师"的职业组织。他详细描述了1966年市长乔·林赛建立的市长城市设计特别工作小组。这是一个咨询组织，成员由菲利普·约翰逊、I·M·贝（他正在为波士顿中心区城市设计规划工作）、杰奎林·罗伯森以及罗伯特·斯特恩等著名建筑师组成。特别工作小组建议市长林赛在城市规划部内成立一个名为"城市设计小组"（Urban Design Group）的新专业设计部门，该组织的部分运行经费可以由房地产行业来提供。这个组织广受关注始于1968年。当时纽约议会准备否决城市规划部提出的建设巨型结构的总体规划方案（图2-39）。因为规划部门没有得到议会授权进行总体协调，所以修改方案工作面临失控的危险。这种情况下，设计小组获得了代替规划部进行地区协调和控制的机会。他们针对一些特殊的小型街区制定了特别区规划（special district plan），并宣称这些特别区符合纽约1916年《区划法》的规定（《区划法》是规划部门活动的法律依据，具有绝对权威性）。1969年纽约议会正式否决了总体规划，从而催生出小规模规划和更具弹性的新规则。但是这种新规划没有像塞尔达想象那样，完全依赖普适性理性科学。纽约时报记者保罗·戈德伯格把这种特别区系统提案叫作"迷你规划"，强调这些规划是针对每个社区的量体裁衣。

图2-39 保罗·鲁道夫：跨越下曼哈顿快速路的巨型结构规划，1970年

乔纳森·巴奈特在他的文章《作为公共政策的城市设计》（1974）中冷静地描述了纽约重新出现的特别区区划系统，并认为这标志着自上而下的规划向城市设计的重大转型。特别区的城市设计政策为城市议会和市长提供了一种灵活手段来应对社区压力团体以及社区开发商和银行家们的新房地产"科学"。1916年立法成立的"特别用途区"（Special Use Sections），本来是为了给华尔街地区在无差别的法律体系中设定一个例外，但是现在纽约变成了由各种特别用途区稳态空间构成的拼贴（图2-40）。

城市设计小组负责重建这些地区，这就是后来人们熟知的特别区。这些特别区是城市内部精确划定的稳态空间（比如中心城的金融区），

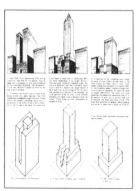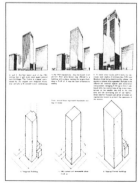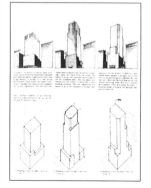

图2-40 1916年，1961年和1970年代纽约区划的演变

常规的规范不适用于这些特别区。城市设计小组的成员包括巴奈特、库珀（他后来设计了炮台公园市）、杰奎琳·罗伯特森、李·温斯坦、迈尔斯·维特等人。他们划定了一系列特别区覆盖既有的区划，区内使用特殊的代码，目的是处理本区的特定问题。根据 1976 年的法律，所有这些规划必须要经过几个月时间的回顾（review），即统一土地使用回顾程序（由美国国家建筑师协会最早提出。这一程序由林奇的学生戴维·李维斯最早在辛辛那提设计中使用）。项目回顾过程涉及社会团体、社区委员会、地方自治区主席、市长、市议会与城市规划委员会等等。

　　巴奈特认为，城市设计是一个"迭代过程"，是塑造建筑体量的模式和代码，而不是设计单体建筑。按照这种观点，地方（local）因素可以避免纽约的各个稳态空间形成完全一样的重复。由于社区和开发商是引导形成每个特别区地方代码的主要力量，为了保证多样性和地方性，城市设计小组将各特别区的组织机构也加入到与社区和开发商沟通的反馈机制中。随着时间的推移，这些演员们成为纽约人熟悉的"利益相关者"，这意味着利益团体被纳入反馈环节中。巴奈特指出，这种反馈机制是受到霍华德·奥德姆的《环境、电力、社会》一书中图示的启发。

　　特别区代码旨在强化邻里发展的特定目标，但是往往会产生意想不到的后果和漏洞。比如说，对社区较为宽泛的定义使得开发商能够获得特殊开发权，如在纽约剧院区保护中出现的空中开发权转移的案例。剧院区是纽约 1968 年划定的第一个特别区，当时的目的是为了能够让百老汇剧院的业主使用空中开发权建设摩天大楼。为了保护剧院，业主被允许将他们的开发权转移到同街区内相邻的建筑物。罗伯特·摩设计的林肯中心地区是 1968 年划定的第二个特别区，旨在控制新文化综合体周边的开发。在这个街区的规划中，来自同性恋团体和其他社会团体，以及活跃的历史保护运动的压力，导致了在新艺术区以北出现了美国最早的历史保护街区（林肯广场街区，1969 年）（图 2-41）。

　　随着城市设计小组不断完善特别区规划系统逻辑性，特别区逐渐变得更小、更集中、更加强调保护特殊利益群体。比如后来对剧院区（1969 年）中心区的改造，或唐人街社区组织煽动抵制开发等等。

　　由此，城市设计小组放弃了现代主义的总体计划，而改用一套碎片化系统。新的系统允许对稳态空间进行自下而上的定制化设计。更多的创新集中在摩天大楼开发的问题上。正如巴奈特解释的那样，纽约《区划法》的变革始于 1916 年，当时纽约是美国第一个因为中心区狭窄街道两侧建设摩天大楼的问题而制定区划条例的城市。1916 年最

图 2-41　从港口看纽约的天际线，1927 年

图 2-42　曼哈顿下城的
区划，1916 年

图 2-43　城 市 设 计 小
组：曼哈顿下城特殊区
的街道走廊，1970 年

初的区划条例中包含了特殊用途区（special use sections），以便允许华尔街周围的街区建造摩天楼（图 2-42）。特殊用途区内为了避免高层建筑在街道上形成厚重的阴影，规定了从街道中央望向天空的视线角度，以使阳光能够照射到街道上。这些学院派艺术代码来自于巴黎的原型。街道越宽能建造的建筑越高；超过一定高度的建筑必须后退，以便让路上的行人能见到阳光。1961 年现代主义者对区划进行修订后，规定高层建筑塔楼可以坐落在广场中央，沿街高层建筑也不再要求后退。其结果是灾难性的，在中区的街道上以西格拉姆大厦（1958 年）为首建造了一系列坐落在小气候环境恶劣的广场上的漆黑塔楼。

在 20 世纪 70 年代早期，针对这些塔楼，城市设计小组提出向历史城市"街道走廊"的传统形态回归。为了维持"街道墙"的连续性，城市设计小组建立了建筑楼面面积奖励系统（1971 年）（图 2-43）。这套系统覆盖了中城所有的高密度街区和下城较小的商业区。这些规则在本质上又回归到了 1916 年以街道为核心的建筑后退系统，但是又能够适应城市规划师在 1961 年采用的容积率（现代主义的理性方法）的计算方法。容积率的概念和容积率奖励规则受到房地产商的欢迎，因为这样可以扩大建筑的体量（楼面面积）。容积率奖励被用于特别区，以便适应各种特殊情况。下曼哈顿划定了一些特别区，以保护望向港口的"视线通廊"。1972 年海港南街和拿骚街这两个离华尔街很近的小规模历史地区被设立为特别区。在海港南街，制定了更细微尺度的城市设计保护导则，用来控制这个内城"节日购物市场"（劳斯集团（Rouse Organization）在 1983 年继成功开发芬威走廊之后对此进行了开发）的立面修复设计。

到此为止，只是库珀（城市设计小组前成员）和他的搭档斯坦·埃克斯塔特将下曼哈顿一些街道延伸至河畔计划的一小步。在城市设计导则的约束下，他们 1979 年获得竞赛优胜的"街道走廊"设计方案，尊重并保护了已经建立起来的从城市核心望向港口的视线通廊。港务局已经在河畔填出了陆地（使用建设世界贸易中心的土方），之后又将其转交给濒临破产的炮台公园市局。作为一种法律策略，州立法机关判决将该土地移交给纽约州城市发展公司，使其可以豁免于所有的城市法规，然后这块土地又被回租给了炮台公园市局。结果就是，炮台公园市局能够在它所管辖的特别区内制定自己的规则。它也得到了城市发展公司债券的资金支持，该公司的债券以前只能专门用于哈莱姆区的住房修复。库珀和艾克斯特的导则要求街道宽度自动遵守城市规定的街道走廊和广场的尺度（如瑞克特街）。他们还制定了建筑设计导则，详细规定了街道墙立面的材质、开窗尺寸、街道层拱廊的设置，甚至要求公寓街区的门要相对布置，以"街道眼"的方式提高安全性（依照简·雅各布斯的理论）。

炮台公园市的案例标志着一个重要的范式转型，即城市开始远离现代主义概念及其生活世界，重新接受街道作为线性控制框架和大型公共广场作为社区象征的传统（图 2-44）。在巴奈特的《城市设计介绍》当中，他描述了 20 世纪 80 年代伴随着这种转型出现的标准城市设计方法。演员 - 设计者，即土地所有者和社区组织机构或州立部门，寻找职业城市设计师来帮助他们规划或者保护一个城市碎片。城市设计师首先要进行勘察场地、收集信息、咨询利益相关演员、调查地方模式和先例。他可能需要在地图上对信息进行分层，以便协调有关自然特征、地形、土地所有权、基础设施（给水和排水管道、电力线、电话电缆等）、铁路、地铁、高速公路、管辖边界等等。通过这些信息矩阵，城市设计师构建起区域、街区以及地方文脉约束的地图，同时又采纳地方演员建议和借鉴国内先例，研究规划的程序性元素和原型。

图 2-44　库珀和埃克斯塔特：炮台公园市的总体规划，1979 年

然后城市设计师开始布局街区的街道和广场网格，必要时将街区划分成更小的区块，如同炮台公园街区一样（划分成南北住宅区、中心商业区、购物中心等）。接着是制定"城市设计导则"阶段。城市设计师通过导则创造碎片的内部组织结构并构建其形象意向。设计师采用导则的方式，构建起激励或限制系统，来维持特定的组织、逻辑、文化、活动，或是外观等模式。导则主要是控制诸如街道廊道、建筑立面、墙体、建筑后退以及对齐等要素。导则关注的重点可以有所侧重，如可能是对建筑高度的限制，对特定视线通廊的保护，也可能是保护指定的建筑群等。导则中可能会要求特定的开窗间隔和前门位置、建筑材料、颜色调配、檐口线以及建筑后退。

为了适应市场的变化，城市设计师可以对街区（稳态空间）导则中有关建筑立面、人行道和树木的要求进行修改，像在炮台公园街区所做的那样（现在该街区拥有"绿色"的设计导则和北部公园超大街坊，周边分布着高密度的建筑群）。"城市设计导则"建立了一套视觉意向，可以用于房地产市场营销或者平息社区保护组织的怨气。城市设计师试图在每个稳态空间内建立起一套自我强化、自我组织的秩序，由设计控制系统实现内部监管。对历史或者现代代码进行重组标志着"博物馆城市"的回归——有选择地对纽约传统街道意向进行保护，让人想起阿尔伯蒂式的开放透视空间组合。

同时，对类似"公寓门口关系"等细节问题的控制，则标志着向固定空间关系以方便监控、确保公共安全和控制社会活动的乌托邦理想的回归。城市设计师对监控重要性的认识和监控技术的学习，一部分来自于购物中心设计师，另一部分来自于简·雅各布斯的"街道眼"理论。雅各布斯认为，在繁忙的街道上可以通过街道社区的自我组织实现街道的安全性。不管是在中心区的街道还是在郊区购物中心，演员 – 设计师都能够利用线性透视意向图来进行市场媒体宣传。这种街道线性框架系统以及对街道剖面和立面的控制，很大可能是源自彼得森和李滕伯格（Peterson/Littenberg）夫妇在"蒙特利尔的维多利亚广场入口"设计竞赛上表达清晰而逻辑严谨的获奖作品（1990 年），尽管这个设计最后没有付诸实施。类似的设计逻辑在 solidere 公司为内战后贝鲁特的重建规划中也能看到。

街道流动空间在现代主义普遍空间理想破灭之后成为城市设计师特别重要的空间组织工具。街道这种结构使得地方空间得以定制并具备内部逻辑，创造出一种自我指涉的封闭空间环境。街道的回归意味着透视法和透视布景的回归。这样，城市设计小组重新发明了《街道墙控制》《剖面后退条例》《视线通廊规定》，以及《建筑导则》，来达到创建特定的城市意向、保护中心城特定地区街景的目的。

巴奈特讲述了库珀 – 埃克斯塔特（Cooper-Eckstut）团队如何在炮台公园市之后沿第 42 街和时代广场设计的一个新娱乐专门区。他们为 42 街区设计的《"街道走廊"城市设计导则》中强制要求大型标牌必须安置在建筑物和塔楼的底部，以强化沿街道布置的娱乐业的特殊视觉效果。为了促进街区的发展，纽约城市开发公司指定 42 街为特别区，使其可以免受《纽约市区划条例》的控制，并允许额外建造一栋超过 100 万平方英尺办公空间的塔楼。该公司拥有周期性采购订单和政府授权发行债券许可作为担保，同时还得到当时美国最大的保险公司保德保险公司的支持。激励政策允许建造比周围地区更大的塔楼，为房地产业创造了价值数百万美元的机会。

纽约后来又陆续出现了一些特别区，其中有一些受到来自格林威治村、上东区、上西区、哈莱姆区的社区团体和历史保护团体的资助，最后在曼哈顿划定了超过 100 个特别区。有些商业团体申请设立了特殊商业促进区（BID）。BID 提供了一种自我管理的手段，包括摆脱民主控制的税收权力。特殊商业促进区主要关注街道环境、治安情况、卫生设施、广告宣传，有时街区的提案也会涉及增强资本的巨额预算（例如中央车站）。1990 年代，纽约市长鲁道夫·朱利安尼在与中心区特别

区的领导人（这个领导人的工资是市长的几倍）的较量中获胜，成功地剥夺了特别区的税收权力。（图 2-45，图 2-46）

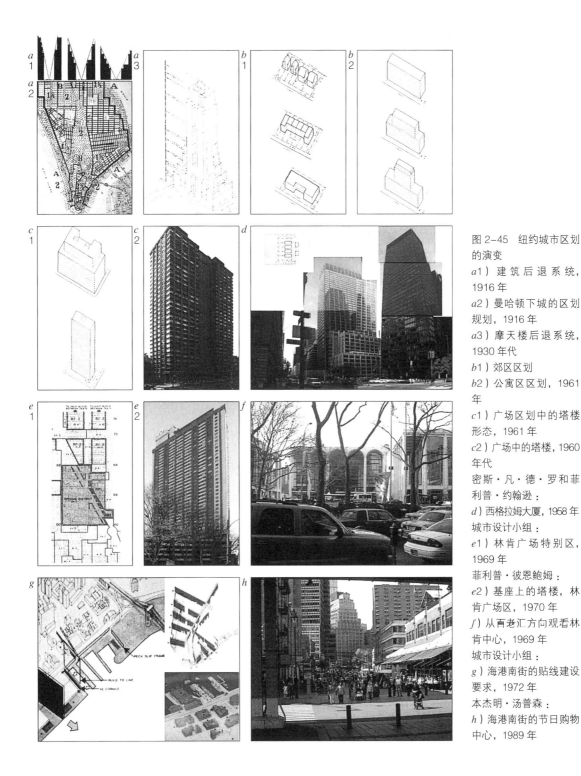

图 2-45　纽约城市区划的演变

*a*1）建筑后退系统，1916 年

*a*2）曼哈顿下城的区划规划，1916 年

*a*3）摩天楼后退系统，1930 年代

*b*1）郊区区划

*b*2）公寓区区划，1961 年

*c*1）广场区划中的塔楼形态，1961 年

*c*2）广场中的塔楼，1960 年代

密斯·凡·德·罗和菲利普·约翰逊：

d）西格拉姆大厦，1958 年

城市设计小组：

*e*1）林肯广场特别区，1969 年

菲利普·彼恩鲍姆：

*e*2）基座上的塔楼，林肯广场区，1970 年

f）从百老汇方向观看林肯中心，1969 年

城市设计小组：

g）海港南街的贴线建设要求，1972 年

本杰明·汤普森：

h）海港南街的节日购物中心，1989 年

115

图 2-46 纽约区划的演变

O M·翁格斯：

i）罗斯福岛竞赛方案，1976 年

*j*1）炮台公园市的总体规划，1979 年

*j*2）炮台公园市的滨海大道，1979 年

*j*3）炮台公园市的建筑外立面控制，1979 年

西萨佩里：

*k*1）世界金融中心轴测图，1987 年

*k*2）世界金融中心的冬季花园，1987 年

库珀和埃克斯塔特：

*k*3）炮台公园市教区规划，1979 年

l）炮台公园市教区的外立面控制，1979 年

m）从街道看教区，2005 年

库珀·罗伯逊（Cooper Robertson）：

*n*1）第四十二街特别区的外立面控制，1989 年

罗伯特·斯特恩：

*n*2）现在的第四十二街！，1992 方案

*n*3）第四十二街夜景，2002 年

库珀·罗伯逊：

*n*4）第四十二街研究，新维多利剧院

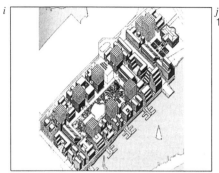

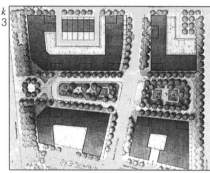
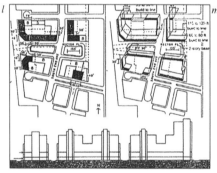

2.3.2 罗和科特：拼贴城市

科林·罗（Colin Rowe）和弗雷德·科特（Fred Koetter）在《拼贴城市》（1978）中指出了纽约或者伦敦这种当代全球城市中城市设计的碎片化状态和复杂性（图 2-47）。他们的结论来自于罗和斯拉茨基（Slutsky）

在《文字和现象透明性》（*Literal and Phenomenal Transparency*）（1971）
一书中关于分层拼贴问题的讨论，并将其应用在城市中。他们批评荷
兰现代主义风格派运动将立体主义简化到一层层透明的"文字"，只是
为了更容易地把它们转译成为在空间中以理想距离分布的平板建筑和
高层工厂塔楼。他们谈到了 1972 年象征现代主义消亡的布鲁特·伊戈
综合住宅的拆除，并提供了令人印象深刻的巨型板式住宅被炸药摧毁
的照片。他们以勒·柯布西耶设计的孤立的马赛公寓（修建于基柱上
的长板式住宅）为例，说明现代主义运动在稳态空间中造成的功能"亭
子化"（指功能分离）。他们将这种细长的"条状"建筑与传统欧洲街
道细长的虚空所形成的流动空间进行对比，证明现代主义建筑中采用
了虚实代码的反转。为了表达这一观点，他们将马赛公寓插入到乔治·瓦
萨里设计的乌菲兹美术馆中央的线性虚空间中（传统的街道线性框架），
呼应柯布西耶将一艘远洋轮船插入巴黎皇家路（Rue Royale）街道上的
做法。他们进一步强调了立体主义和纯粹主义对柯布西耶使用拼贴和
拼凑设计手法的影响，比如他在欧珍方工作室的设计中插入一个舰桥
（1922），在波尔多佩萨克住宅设计中楼梯使用的豹纹墙纸（1925 年）等。
为了支持这种观点，他们还援引法国结构主义人类学家克劳德·列维·斯
特劳斯使用现成元素进行拼凑的例子（有悖于工程师总体设计的系统
方法）。

图 2-47　柯林·罗和弗
雷德·科特：乌菲兹集合
住宅与马赛住宅的对比，
《拼贴城市》，1978 年

　　"记忆"在罗和科特的理论中尤其重要。他们试图把他们的记忆理
论建立在卡尔·波普尔（Karl Popper）和托马斯·库恩（Thomas Kuhn）
关于科学假说的现实试验（其目的是产生序列性和渐进式的发现）的
观点，以及波普尔的"开放社会"概念（与教条主义的社会构想相反，
类似斯大林主义、纳粹或者其他思想）基础之上。城市形态由此成为
集体无意识的产物，过去的经验和思想检验的痕迹与碎片层层叠加，
构成了现实社会的拼贴组织方式。

　　为了在城市肌理中界定这些碎片，罗和科特采用了 1960 年代和
1970 年代早期共事过的康奈尔语境学者的系统战略。语境学派为设
计专业提供了一个详尽的系统工具集，用于分析作为"象征性中间体
（Symbolic intermediary）"的城市规划。因为城市规划即便不能代表居民，
至少还代表了设计者的活动和意愿。对语境主义者来说，根据卡米洛·西
特（《按照艺术原则规划城市》，1889）（图 2-48）的观点，历史上每
一种城市模式都是一个大规模的象征性中间体。不同的模式意味着演
员之间不同的关系和城市生活世界中不同的自组织系统。每一种生活
世界都会在城市的规划中留下不同模式印记。西特采用高对比度黑白

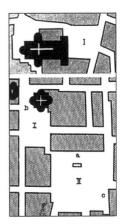

图 2-48　卡米洛·西特：
文艺复兴时期卢卡的广
场分析，1898 年

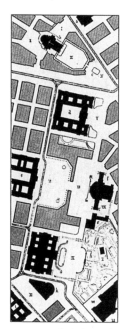

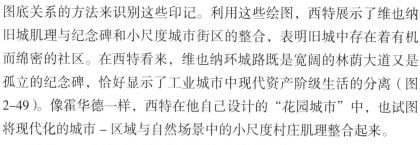

图 2-49　卡米洛·西特：维也纳环城大道的整合设计，1889 年

图底关系的方法来识别这些印记。利用这些绘图，西特展示了维也纳旧城肌理与纪念碑和小尺度城市街区的整合，表明旧城中存在着有机而绵密的社区。在西特看来，维也纳环城路既是宽阔的林荫大道又是孤立的纪念碑，恰好显示了工业城市中现代资产阶级生活的分离（图 2-49）。像霍华德一样，西特在他自己设计的"花园城市"中，也试图将现代化的城市–区域与自然场景中的小尺度村庄肌理整合起来。

罗是 1960 年代中后期康奈尔城市设计工作室的负责人。他继西特之后，利用格式塔心理学派的图像读取技术来识别城市规划图中的各种模式。这些模式识别技术使得设计者能够识别前工业时代、工业化时代和现代的城市肌理，每个时代的模式肌理都有独特的记号和相应的意象。在这个分析系统中，一个区域中不断重复的街区模式形成有边界和明确特征的"领域"（fields）（与林奇提出的"区域"（districts）概念类似）。每一个"领域"都有一个由纪念性建筑或建筑群（如教堂、法庭、邮局等）构成的正式核心。语境主义设计的特点在于尝试将这种正式的核心符号所代表的含义与周围的环境连接起来。在《拼贴城市》中，罗和科特将领域（field）图解为一种带有古罗马拱形市场屋顶，等同于君士坦丁堡的有屋顶的集市或者伊斯兰市集的自组织模式。某个"领域"，如果是由历史上特定的演员一次性建造而成，也可看作是城市历史的一个图层，它反映和象征着那些"小规模稳态空间"或者叫"袖珍乌托邦"中演员的意志。也就是说，这种微缩乌托邦中的极权主义设计并不寻求影响到整个城市或城邦。乌托邦稳态空间记录了建造者的理想和抱负，随着时间的日积月累，它们就形成了对城市渐进性阅读的文本。在这个意义上，伦敦的大型地产商在城市边缘的农业区通过重复的联排住宅和广场布局形成独特的组织单元也构成了一种领域。

在使用形态生成模式识别领域并定位了正式的象征性核心之后，语境主义者开始通过去掉或者打开"间隙"来研究这些区域的关系。这种"间隙"是领域之间的空间，通常用于线性公园或公路廊道。他们在设计中保留了勒·柯布西耶现代主义的光辉之城（Ville Radieuse）（使用在大地景观中蜿蜒的高楼和平板建筑街区来限定大型公园和居住区街道）中的大规模超级街区，并对之进行了修正（图 2-50）。

图 2-50　康奈尔大学城市设计工作室：布法罗项目，1978 年

康奈尔语境主义者更像林奇在《城市印象》（1961）中所做的，通过"边缘"、"节点"和具有独特性的"标志"（正式特征和关键建筑）来界定"领域"。罗和科特把每一个实验性的碎片区域都定义为"领域"，每一个领域都代表着总体拼贴城市中的一个单独的时间段和时间层。

此外，作为鲁道夫·维特科威尔（Rudolf Wittkower）（其著作《人文时代的建筑学原则》（1949 年）为罗早期论著提供了概念框架和方法学的指导，启发了罗对数学、比例、几何和类型等的关注）的学生，罗认为每一个领域都拥有一个象征性中心，代表了其建造者主要的理智追求。罗和科特把城市看作是一个由碎片化的稳态空间和小型乌托邦组成的系统，每一个碎片都有一套自组织秩序系统（图 2-51）。

图 2-51　柯林·罗：帕拉第奥和勒·柯布西耶的网格对比，1947 年

这种对城市片段的解读深深地扎根于理性主义者和阿尔多·罗西以及其后的理性主义者的科学方法论中。我们已经看到，欧洲对现代主义高层塔楼和平板建筑的强烈反对促使欧洲回归到传统的城市形态，成为具有社区感和独特地方文化的象征性中间体。当 1960 年代罗西强调"类比城市"中那些在已经消亡的秩序内部产生的令人吃惊的自由并列体的时候，德国理性主义者如马蒂亚斯·昂格尔斯（Mattias Ungers）以及罗伯特·克里尔和莱昂·克里尔兄弟（Robert 和 Leon Krier），在 1970 年代则把城市设计（city design）当作继承塞尔达、斯图本、阿尔方德、奥斯曼等人传统的理性科学。对欧洲理性主义者来说，博物馆、城堡、大教堂、市政厅、市场、工厂和火车站都是与众不同的、高度分化的大尺度城市元素，这些元素赋予城市个性——形成了城市的天际线等等。这些建筑物充当了不同城市演员之间的象征性中间体，同时也是通往认知演员 - 设计师和城市集体记忆之门的钥匙，即它们表达了特定的场所和历史文化感（图 2-52）。

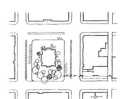

图 2-52　约翰·赫迪尤克和柯林·罗：美国法院广场分析，1957 年

罗曾经为罗伯特·克里尔的《城市空间》（1979 年）英译本作序。克里尔基于结构主义语言学提供了一个系统性的模型将作为象征性中间体的城市元素进行组合，用于城市演员之间的对话。他借鉴李维·斯特劳斯（Levi-Strauss）的结构主义网络图（Totemic operator，在因纽特语中有"构建"的含义）构建了一个由城市术语组成的框图来描绘城市。在这个框图里，三角形、方形和圆形等基本的几何形态处于网络结构的最上层，通过一系列转换形成其他所有形态（图 2-53）。城市广场可以开放或封闭、规则或不规则、满铺或零散、突出或凹入。对建筑部分仅描绘其象征性的表面——临公共街道和广场的立面。一个网格图里集中了各种建筑立面，其中可能包含语义学上的元素，比如帕拉第奥式的窗户或者哥特式拱门。城市语言及其图像成为作为构建者的演员 - 设计师使用象征符号来控制的一个三维构造体。克里尔认为可以使用这个系统来解释所有可能的城市结构。他开玩笑说，也许有一天会有一个"科学狂人"把这个系统所有可能的变化进行分类，从而使得这个系统从显而易见的开放性和组合性特征变得封闭。

图 2-53　莱昂·克里尔：现代与传统的城市对比，1970 年代

对罗和科特来说，每一个稳态空间或者"领域"的正式核心都是一个象征性中间体，是城市演员彼此交流的媒介。稳态空间中植入了所有者、设计者的思想，有时也包括居住者的思想。在城市中活动便意味着在这些稳态空间内活动。这种城市游行的复合现象学体验，就像在勒·柯布西耶的"游行建筑"（promenade architectural）中漫步，按照罗和科特的说法，就是在模糊和变化的模式中整合各种元素，形成多面性、序列性的拼贴。跟毕加索的肖像画一样，这种拼贴代表了一种对形态的新理解：尽管城市片段在外表看起来有差异，但是其作为精神现实和文化认同的载体，其实存在着内在的紧密联系（图 2-54）。

罗和科特摒弃了早期现代主义者乌托邦式的总体设计理念。他们认为，这些理念只能局限在袖珍乌托邦里，不具有普遍适用性。地方的多变性、个体化和时间流对设计的影响作用更突出。空间不可能从城市总体角度去控制，但是一定会被地方的力量扭曲和破碎，从而形成根植于城市之中的高度专业化的公共领域（public realm）。罗和科特在 1840 年代和 1850 年代和列奥·冯·克兰茨（Leo Von Klenze）在设计中实验了拼贴的设计方法。冯·克兰茨的设计项目位于慕尼黑中央历史街区旁边。这是个哥特式的街区，带有教堂广场。克兰茨增加了一条街道（armature），从新建的新古典主义象征性大门开始，到城市中心附近复制的佛罗伦萨哥特式佣兵凉廊结束。街道两侧是现代自由

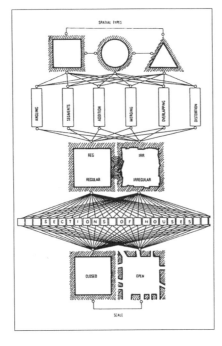

图 2-54　左图为莱昂·克里尔：空间类型的变革，《Stadtraum in the Theories und Praxis》，1975 年
右图为克里尔：建筑立面演变，《Stadtraum in Theories und Praxis》，1975 年

国家的机构——官员府邸、外事机构、意大利风格的大学和一座尖顶高耸入云的哥特式教堂。街道北边是方格网街道形成的城市新区，其中包括一个新古典主义国立艺术博物馆及其广场。皇家宫殿主立面复制了伯鲁乃列斯基设计的皮蒂宫，工业部建筑模仿伦敦的水晶宫建造。后来在这片新区的基础上又跨过河流，从皇宫到一系列山丘花园之间建设了另一片新区和基础设施。这条街道在二战中遭受了轰炸，在重建中严格遵循了同样的折中主义风格——不过新增了地铁和各种地下管线（图 2-55~ 图 2-57）。

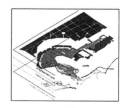

图 2-55　罗德里戈·加拉 迪（Rodrigo Gardia Dall'Orso）的慕尼黑分层图

城市景观的多样性创造了一种碎片式和渐进性的、象征过去时光的"博物馆城市"印象。在这里，结合文艺复兴时期透视图像传统，一位自由的王子建造了百科全书式的、象征性的、囊括全部欧洲历史的文化景观拼贴。

图 2-56　慕尼黑路德维希街

在《拼贴城市》的结尾，罗和科特详细列出了五项基本的城市拼贴元素。每一个元素都有其内在组织逻辑。第一个元素是纪念性的街道（memorable street），以纽约中央公园旁第五大道的航拍图像为典型代表。它形成了一个有力的线性组织元素，我称之为"流动空间"。

第二个元素是稳定源（Stabilizer），一个聚焦于单中心的自组织模式，它可以形成一个稳态空间（图 2-58）。一个稳定源应该是一个结构性的模式，比如巴黎的孚日广场，是一个街区内部以自我为中心的一处空间装置。从航拍照片可以看出，这块依据皇家法令建造的皇家广场，以玛黑区小尺度的联排住宅和宫殿为背景，勾勒出一个巨大的虚空。皇家广场以其大尺度的几何形态（作为图底和中心），通过清晰有序的模式，成为周边小尺度住区日常运行的"稳定源"。

图 2-57　柯林·罗和弗雷德·科特：城市元素 1，纪念性的街道

第三个元素是潜在无尽的段落（potentially indeterminable set piece）（图 2-59）。任何这类相似的小尺度设计元素（建筑类型、连续立面或者是风格细节等等）一旦重复出现，就会形成高度结构化的区域。演员 – 设计师在城市中识别这些重复性模式，并将其作为区域视觉秩序和标准。当这种设计元素沿线性轴线布局时，就形成了一种线性框架。设计元素的重复也可以形成一个稳态空间，这时候元素不一定要围绕中心布局，但是必须要有清晰的边界来界定一个领域范围。

图 2-58　罗和科特：城市元素 2，稳定源

第四个元素是壮观的公共高地（splendid public terrace）——一个较高的地方，在其上可以俯瞰并能够整体感受城市（图 2-60）。演员 – 设计师在这个点上能够把他们最熟悉的碎片放在更大范围的模式中鸟瞰。这给了城市一种整体组织感。城市中各种碎片化的局部可以通过记忆组织进印象地图。在山丘、高塔和摩天大楼上的观景平台以及热

图 2-59　罗和科特：城市元素 3，潜在无尽的段落

图 2-60 罗和科特：城市元素 4，壮丽的公共高地

气球和直升机等上面进行全景鸟瞰，是构建整体记忆的绝佳时机。在受到启发或沉思时，演员－设计师就能够重新整合所有的碎片形成"拼贴城市"的印象。

第五个元素是模糊多价的建筑（ambiguous or multivalent building）（图 2-61）。这个元素有时会起到变异空间的作用。这类建筑坐落在几个城市领域交叠处，同时在几个尺度上起作用；其模糊性溶解了领域之间重叠和竞争导致的冲突。根据格式塔心理学家的解读，相同的形状有时候会被观察者在头脑中组合成为两个不同的模式或整体（如著名的"两张脸与一个烛台"图）。这种模糊性是由于对图形存在着两种重叠或者交替的解读，而这两种解读都是正确的。罗和科特将这种模糊性转换成城市规划术语，即同时在两种层级和"内部－边缘"空间网络关系中发挥作用的能力。

罗和科特采用图底分析的方法展示了慕尼黑皇宫的变异性、模糊性，或者叫建筑的多价性。这个建筑的前庭院和广场采用小尺度，与旧城连接，内庭院作为内部组织装置；建筑的后庭院则与冯·克兰茨设计的较大尺度的弗雷德里克大街融为一体。另外一个大型的庭院向广阔的英格兰园敞开，河边布局着一些庙宇和洞窟。"模糊的建筑"，像立体主义拼贴画的重叠空间，是多价的，同时在几个尺度和层级上起作用。演员－设计师在这里能够解读城市规划和城市肌理中的内在复杂性和模糊性，在不同的层面感受生活世界的丰富。

罗和科特探讨的另一个元素是怀旧之源（nostalgia-producing instruments）能够将观察者带入另外一个时空的复杂建筑（创造一种对过去或未来的渴求而又遥不可及的环境）——以及意大利风格的花园。他们在最后的评注中研究了艺术家通过绘画对城市元素进行想象中组合，以及在已有的城市环境中植入想象建筑形成的戏剧性冲突。例如，

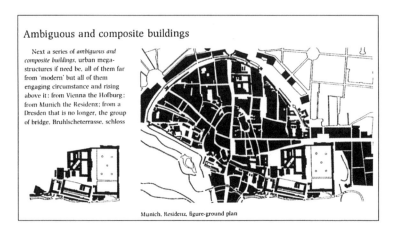

图 2-61 罗和科特：城市元素 5，模糊多价的建筑

在卡纳莱托（Canaletto）的画作"大运河，虚构的里亚托桥及其他建筑"
（1740 年）中用虚构的帕拉第奥式建筑取代了哥特式的里亚托桥，周边
建筑也更换为新古典主义的城市景观。

2.3.3 拼贴城市——论述和应用

《拼贴城市》(*Collage City*) 开创了研究后现代主义城市中元素和
片段之间逻辑关系的先河，尽管书中并没有提供解决问题的完美方案。
《拼贴城市》关于城市概念的优点在于这种理念可以容纳发源于不同系
统的片段，采用多种方式对这些片段进行组织，同时又充分尊重这些
片段的内在组织和生态。《拼贴城市》提供了一种工作方法，采用渐进
式增长系统（由独特的、竞争性的、以自我为中心的稳态空间构成）
的视角来处理碎片化和多中心的城市模型。每一处稳态空间都记录下
了城市增长过程中某个局部的渐进式图层。这种再现系统在后来可以
很容易地进行计算机模拟。

《拼贴城市》方法的不足之处在于对稳态空间之间的联系研究不
够细。慕尼黑多元模型中王子的最终总体决断控制模式在充满多元演
员 – 设计师（如简·雅各布斯提倡的）以及公共机构、开发商和社区
团体之间斗争的时代没那么受欢迎。《拼贴城市》中暧昧的拼贴式交
互对话愿景容易屈服于单一启蒙权威的象征性折衷选择。这一缺点在
迈克尔·格雷夫斯（Michael Grave）基于罗和科特的拼贴理论组织的
罗马建筑设计展（1978）中一览无遗。《建筑设计》1979 年的合刊专
辑用 12 幅当时后现代建筑师设计的新绘画替代了原先詹巴蒂斯塔·诺
利（Giambattista Nolli）1748 年绘制的罗马规划图。诺利的规划因为用
白色表示公共开放空间和半开放的庭院和入口，用黑色表示建筑体量，
以表达城市的连续性而广为城市设计师熟知。罗在康奈尔研究如何在
密集的城市肌理中表现公共空间时发展出来的城市设计"图 – 底"规
划分析技术也受到诺利的启发。诺利地图中起初明显的整体系统格式
塔在罗马建筑设计展中消失了，取而代之的是单个明星设计师作品的
集合。像诺利一样，罗将街区涂黑、街道留白，通过黑白对比显示城
市模式。罗领导着一支设计小组，他本人为他自己设计的部分编织了
大部分跨越数个世纪的虚构历史；其余的绘图由罗西、斯特林、克里
尔兄弟、保罗·波多盖希、文丘里、劳赫、格雷夫斯、皮埃洛·萨特戈、
罗纳尔多·朱尔格拉和康斯坦蒂诺·达蒂完成。每一位设计者的建筑
与相邻的设计毫不相关。每一个设计都是其作者天分的个性展示，通
过边框与他人作品分隔开来（图 2-62）。

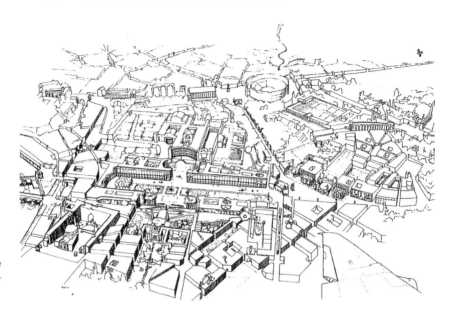

图 2-62　罗等人(Rowe et alia)：罗马建筑设计展，1978 年

　　这种混乱的状况暴露出了拼贴城市方法最大的问题：如何确保不同演员根据格式塔在城市总体组合中进行合作，即便这个格式塔是破裂的。全世界所有理智的设计师在市场力量的支配下进行散乱的努力，很明显会创造出一团糟的个体片段（如同赛里奥的喜剧场景）。于是问题就变成了如何将各种片段协调起来并顾及个体表达，但是还不能幻想有开明的王子或公主会魔法般地把一切都整理得井井有条（如上文中所述的罗和科特最中意的慕尼黑案例研究）。

　　拼贴城市的确提供了一种成功创造城市片段的工作方法，如同炮台公园规划所展示的。我写到了纽约区划中特别区的变革，以及一系列康奈尔学派的城市设计方案（与罗和科特合作）等拼贴城市方法的样本。科特和苏西·金搭档，与斯基德莫尔（Skidmore）、欧文斯（Owings）、梅里尔（Merrill）等人一起为伦敦金丝雀码头（Canary Wharf）制定了设计导则。这是在伦敦废弃的道克兰码头上建造的大型办公楼项目，将整个城市的发展方向引向东部。此外，科特与金还为伦敦其他废弃码头的渐进式再开发提供了一系列片段式的方案，促使大伦敦政府提出泰晤士河口区（Thames Gateway）计划。科特在任职于耶鲁建筑学院院长期间曾与康奈尔大学教授迈克尔·丹尼斯（后期任教于 MIT）合伙。丹尼斯曾经尝试将拼贴城市的原则用于校园设计实践，例如他在卡内基梅仑大学的校园规划。进而，与罗在罗马建筑展中共事过的康奈尔毕业生史蒂文·彼得森和芭芭拉·李滕伯格在巴黎中央市场（Les Halles）和蒙特利尔高密集中心区的城市设计竞赛中获胜（后者并未建成）。2004 年 9 月 11 日后他们又使用混合功能

的高层塔楼取代了拼贴城市分层的剖面逻辑（下文中将会详细阐述）
（图 2-63，图 2-64）。

虽然存在这些缺点，但是独立片段的拼贴城市模型已经在事实上
成为后现代城市的操作系统。它能确保个体设计师与其他设计师在设

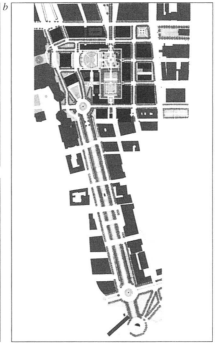

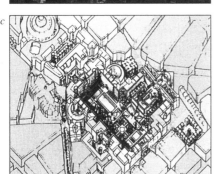

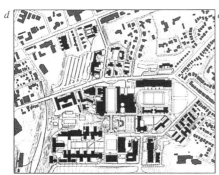

图 2-63　继拼贴城市后的康奈尔大学一些作品
彼得森 / 李滕伯格夫妇：
a）世界贸易中心创新设计竞赛模型，2002-2003 年
b）WTC 设计竞赛的平面图，2002-2003 年
c）Les Halles 设计竞赛的轴侧图，1978-1979 年
迈克尔·丹尼斯建筑事务所：
d）卡内基梅隆大学总体规划竞赛，1987 年
e）模型
f）卡内基梅仑校园的鸟瞰图
g）卡内基梅仑新校区的四方院

图 2-64 继拼贴城市后
的康奈尔大学一些作品
h）科特和金：伦敦西
区和伦敦东部港区以及
整个城市的总体视图，
1997 年
科特和金：金丝雀码头，
1988–1989 年
i）滨水建筑立面
j）滨水建筑轴测图
k）城市设计导则，
1988–1989 年

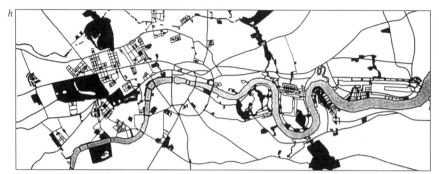

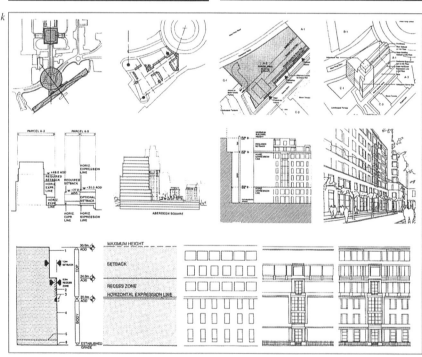

计片段时进行最小限度的协调，紧密映射大尺度分区中自由市场活动
（比如新城市主义的案例）。拼贴成为设计和规划的标准模式，各类演
员和机构都能从中找到自己想要的东西。它是一个平台，可以集合各
种不同的程序。罗和科特关于拼贴的研究主要源于后现代的混杂性，

而且，他们对城市片段历史的关注又开启了"博物馆城市"作为市场营销模拟物的可能性。慕尼黑的例子证明博物馆城市是一把双刃剑。查尔斯王子对英国历史混杂设计和捷德购物中心的支持产生了不可预见的后果。后来的新城市主义者借鉴了拼贴美学和碎片系统，以及拼贴主义者的历史引用。"广谱城市"（Generic City）的倡导者如雷姆·库哈斯则拒绝拼贴主义的历史相对论，但是赞同拼贴系统中的乌托邦、现代性、碎片化的一面，即拼贴城市的"袖珍乌托邦"。但是又在政府和地产商的强力支持下，将它们的规模扩大到巨型建筑的尺度（比如在欧洲里尔）。

2.4　后现代设计的七个"-ages"

出版于 1978 年的《拼贴城市》标志着设计逐渐远离现代主义的趋势。约翰·萨卡拉（John Thackara）在《现代主义之后的设计》中描写了"脱离现代主义"的争议。他强调这种脱离在很大程度上是一种幻觉，因为存在于现代主义及其批评家之间的对话反馈过程仍然存在着。与此同时，他还表示 20 世纪后半叶开始出现的设计师反馈有了质的差别。这是当设计师意识到不可能有一个演员或设计者掌控所有事物，所有事件和活动遵循同一时间表，而只可能存在带有全球联系的地方演员以及连接地方和全球流的片段拼接之后产生的不可避免的后果。这个系统里面没有总体逻辑，从而导致各种碎片中出现令人吃惊的超现实动态并列体。下面我将分析后现代状态下演员和碎片（patches）之间七种不同的关系。

2.4.1　定义七个"-ages"

在《现代建筑运动》（*Modern Movements in Architecture*）（1973）中，查尔斯·詹克斯（Charles Jencks）总结了他写作时期的各种庞杂和折衷的"-isms（主义）"（例如文脉主义和解构主义）（图 2-65）。类似的，我想突出阐释在 20 世纪最后 30 年左右出现，最终演化为设计方法的众多"-ages"。第一个是阿尔多·罗西在 1976 年提出的把城市当作考古学分层和片段的"类似性城市"（Analogical City）概念，我将其定义为"剪贴"（decoupage）；接着是（拼贴城市中的）"拼贴"（collage）概念；"拼凑"（bricolage）来源于法国人类学家李维·斯特劳斯的结构主义作品；"照片合成"（photomontage）和"剪辑"（montage）来源于电影（1980 年）；"组装"（assemblage），由广普城市主义和解构主义的支持者发展而来（1990

图 2-65　查尔斯·詹克斯：系谱图，《现代建筑运动》，1973 年

年）；最后是"块茎组装"（rhizomic assemblage），来源于法国哲学家德鲁兹和加塔里的著作，并衍生为 21 世纪初叶网络城市的一种设计策略（图 2-66）。

后现代主义的七个"-ages"

图 2-66　城市分层与剖面解构

a）蒂沃莉的哈德良别墅，公元前 2 世纪初

b）霍斯利、罗海杜克、斯拉斯基等：拼贴城市游戏，1956 年

c）盖伊德波：《裸露的城市》，1956 年

d）勒·柯布西耶：哈佛大学卡朋特视觉艺术中心，1963 年

e）斯特林和高文：英国莱斯特工程实验室，1959-1963 年

f）戴维·格雷厄姆·肖恩：伦敦科芬园分析图，1972 年

g）汉斯·科尔霍夫：《拼贴城市》，1978 年

h）罗等人：罗马建筑展，1978 年

i）MVRDV 建筑设计事务所：混合城市，伊利亚海岸规划，2003 年

j）MVRDV 建筑设计事务所：混合城市，伊利亚海岸规划，2003 年

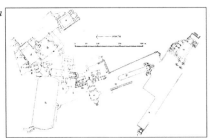
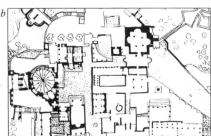

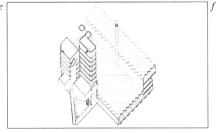
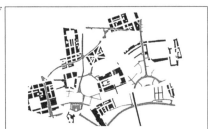
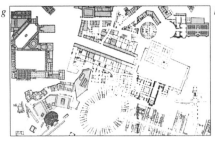
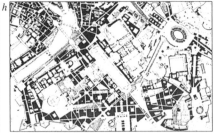
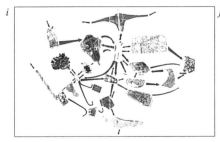

1. 剪贴（罗西和"类似性城市"设计）
2. 拼贴（再加上文脉主义和理性主义）
3. 拼凑
4. 照片合成
5. 剪辑
6. 组装
7. 块茎组装

我们将对七个"-ages"进行简短回顾，以便建立起一种框架，来理解长期被现代主义所掩盖的回归传统城市场所设计的思潮。尽管这种回归的支持者对它抱有无限希望（例如新城市主义），但是在现代主义全球蔓延的趋势下注定无法彻底成功。正如"后现代主义"这个术语本身所表达出来的含义，这种回归的基础是现代主义。因此传统社区那些诱人的外部象征(乡土的街道和前廊)经常与室内技术主义改进、未来主义媒体空间、空调和高级交流系统结合在一起（例如佛罗里达州的欢庆城）。

我的回顾会比较快而且肯定是比较浅显的，只是为接下来的研究提供一个导读。在前一部分我们已经讨论过拼贴城市，在最后一章我们将回到组装和块茎组装。在这里我将用简短的几段来介绍每个"-age"或设计方法，然后回到开放系统中研究（如全球经济和信息系统）演员和片段之间的记忆和反馈问题。

1）剪贴：罗西和"类似性城市"设计。严格来说，阿尔多·罗西的《类似性城市》（1976）是一种集合，但因为有强烈的记忆感，所以在这里将其归入了另外一个类别。这种记忆不是指向拼贴中隐藏的整体性格式塔，而是根植于片段中。由于这种残留记忆的存在，规划设计图纸就失去了假定中立和预制的"拼凑"作用（像前卫法国艺术家马塞尔·杜尚的作品）。为了引出我的几个"ages"，我武断地借用一个电影术语（来自"经典剪贴"），将罗西的图叫做"剪贴"，意为建立在片段基础上进行叙述。在罗西的例子中，叙述就是使用"中性的"科学方法来描述欧洲城市（城市规划、剖面、立面和轴测图）的各种元素，从而实现对一个混乱状态的描述。我也可以用让-吕克·戈达尔的术语"舞台布景"来辨别他使用的当代蒙太奇形式（来自早期电影导演谢尔盖·爱森斯坦在电影中运用的多媒体技术）。

我们不太习惯倾听作为旁观者-科学家主观的"声音"，也不希望从他们那里得到一个非线性"童话"叙事结构；不过从广义上看，写作和叙述不完全属于科学范畴，因而肯定会包含"声音"之间的跳跃。

在这种情况下如果遵循典型的线性逻辑标准则完全无法理解其中的含义。这种叙述的结果就像童话故事之于一个在超脱"客观"传统中培养出来的坚定的现代主义者。不过一个领域（field）扩展有其独有的逻辑，类似电影的剪辑，在空间扩展中，一种类似于采用跳格剪接、特写、回放等手法来揭示我们对后现代城市－区域潜在的基本心理认知。

后现代建筑师和设计师通过各种形式叙述这种多中心城市的"跳格剪接"逻辑。各种叙述中最突出的因素是它们的非线性性质，而故事的逻辑也明显都以非理性的推论演进。意大利20世纪60、70年代的理性主义建筑师和画家阿尔多·罗西将这种非线性方法描述为"类似性（analogy）"工作方式（图2-67）。类似性是指"两个事物在特定方面的相似之处，局部相似的事物"。罗西的"类似性城市（Analogical City）"初看上去是一个矗立在中心集聚的乌托邦式文艺复兴城市废墟之上的建成形态的简单拼贴。类似性城市表达了非功能和明显非逻辑思想的可能性。在画面中，一个中心集聚的乌托邦式文艺复兴城市形象起到象征性的组织作用，但是城市形象是破碎化的。于是，城市的正式中心——类比于边沁的圆形监狱中心或者霍华德花园城市的中心——就不能再起到控制的作用。在这里没有中央狱卒，没有中央观察者，没有单一叙述，没有特权逻辑或者中央智能。福柯的中央"权力之眼"被掩埋在废墟之中。

图2-67　阿尔多·罗西：摩德纳公墓竞赛模型草图，1971年

站在现代主义者的视角看，这种类似性城市似乎是一个令人惊讶和无语的组装。不过通过局部的相似性仍然能够让人识别出一些通用的模式，即使用于比较的是两个不完全一样的事物（例如罗马的万神庙和圆形监狱）。这种类似性的模式识别过程意味着相关的演员－设计师能够根据相似性积极地创造形式关联和图形呼应。这种关联就狭隘的理性主义者看来可能是随意的，但却蕴含着一种自身的类似形式逻辑。类似性城市本身并不遵循简单的功能分离代码，而是将历史的、现代的实例和原型混杂在一起，打破现代主义流的逻辑。类似性城市是将局部相似的元素组合起来，突出它们共有的城市性以放大城市的复杂性。它是对欧洲从传统街道上发展起来的拥挤而紧凑的城市形态的回归。它保留了传统欧洲城市的街道，公共纪念物以及旧区的肌理，并采用没有明显的（线性）逻辑的方式将各种元素与之混搭在一起。

对于罗西来说，城市居民在历史的长河中创造了城市，类似性这种看起来武断的逻辑是城市作为客观存在最好的诗意表达。城市肌理是每一个市民集体努力形成的，但是城市的诗意则蕴含在冲破时间束缚的历史建筑中。罗西将城市看成是由时间和事件流穿越特定场所形成的持续性聚居结构；城市里面实际上没有整体（线性）的逻辑来控制片段和程序的逐渐沉淀。不过城市文化作为自发的、具有类似性特征的城市居民生活副产品不受时间的束缚。突发事件、个性、文化传统和技术创新都在类似性城市的诗意叙述中扮演着它们的角色。

罗西的"类似性城市"设计逻辑由城市中演员－设计师之间诗意和象征性的关系决定，而不是由功能关系网络决定。他的城市诗意感继承自 1920 年代德国魏玛时期的沃尔特·本杰明（Walter Benjamin）。本杰明将城市描述为一系列的灾难过程，一个摞着一个，废墟摞着废墟，直接反驳了主流资本主义关于城市的科学进程观。在这些废墟之中，本杰明理出了令人吃惊的并列体：对于历史上宏伟建筑奇怪的适应性再利用。例如，他喜欢衰败到即将被拆除的巴黎玻璃拱廊那种"微弱的灯光"（和超现实主义者安德烈·布雷东（Andre Breton）一样）（图 2-68）。

图 2-68　巴黎全景廊街，1800–1834 年

这种废弃的城市装置碎片在本杰明和罗西看来是对现代城市中时尚的转瞬即逝性的提醒。罗西把他对宏伟历史的诗意感引申到对高贵比例和几何形式的欣赏，像勒·柯布西耶一样，认为它们是永恒真理的象征。在罗西看来，城市永恒真理性最好的表达形式是坟墓（追随阿道夫·路斯的格言：坟墓是最好的建筑）。因此，最能够清晰表达罗西诗意城市理念的就是摩德纳墓地（1971 年）这个逝者的微缩城市。

2）拼贴城市（加上文脉主义和理性主义）。从 1950 年代末和 1960 年代早期开始，拼贴和拼凑成为当时设计师处理复杂且片段化的模糊情形时所使用的重要技术。受到相对论的影响，设计师们不再认为他们是在宇宙透视衰退的均衡"深度空间"中工作。他们对浅空间、地方层次、模式杂交、多维度重叠和模糊透明变得越来越感兴趣（这从柯林·罗和鲍勃·斯拉斯基的文章《文字和现象的透明性》可以明显看出。文章写于 1955 年，在 1963 年和 1971 年分两部分发表）。罗和斯拉斯基同时探索了建筑平面和立面层，以及在这两个层次中的运动，创造出"游行建筑学（promenade architecturale）"（一种建筑序列）。他们用这种理论对勒·柯布西耶的国际联盟竞赛项目（1927 年）和位于法国加尔舍的斯坦恩别墅（1927 年）进行了分析和解读（图 2-69）。

本章之前提到，罗和科特的《拼贴城市》（1978 年）将这些旋律揉进设计师的选择操作系统里，从而使设计师能够在多元演员、移动系统和各种城市片段条件下进行工作。罗和科特融合了美国文脉主义早期工作（1960 年）和欧洲的理性主义（1970 年）。无论是起初与斯拉斯基还是后来与科特合作，罗的作品中体现出来的显著特征都反映出

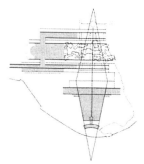

图 2-69　罗和斯拉斯基：勒·柯布西耶的国际联盟竞赛设计分析（《Literal and Phenomenal Transparency》，1955）

131

对记忆的重视和对整体格式塔的残余感。根据罗的理论，不管是在帕拉第奥别墅还是柯布西耶的斯坦恩别墅中，记忆和几何体都扮演着重新整合的反馈角色，将片段植入整体概念模型中（如林奇在《城市意象》中对被采访者心目中城市模型的解读）。和罗西一样，罗和他的合作伙伴试图在紧密城市和连续肌理的体验中寻找历史的持续性。二人都认为存在着一个比任何个体局部都大的格式塔或模式，如达利沃尔·维斯利（Dalibor Vesely）在《建筑和片段的模糊性》（1996 年）中所描述的那样。这种状态不仅被诗人和画家发现和描绘，也被所有市民无意识地吸收。在《分离表述时代的建筑：生产阴影下的创意问题》（2004 年）中，维斯利对"片段能够启发集体记忆"的观点进行了扩展，指出即便是破裂整体的一个片段也具有对整体的救赎作用。

3）拼凑。如本章前文所述，罗和科特基于模式形成（pattern-making），将克劳德·李维·斯特劳斯关于"拼凑"的概念作为格式塔思想的一个例子结合到他们的理论中。在格式塔思想中，一个模式或整体由局部集合形成。整体大于局部并与局部有显著差异，突出强调了其整体性和二阶认知层。很多人对这个层面无意识，但是却从中获得满足。格式塔思想的应用可以从一个花园棚架的临时组装到自觉地对不同物体进行艺术组装创作，这些并列体能够唤醒一种对整体过程的记忆（比如将失去的家园或废弃的船舶照片与真实的物体并置拼贴在一起的业余手法）。李维·斯特劳斯将拼凑的整体性思想与工程师的原子研究思想进行了对比。工程师的工作从局部到整体，并且能够通过对局部的认识精确地把握整体。法语术语"bricolage"有时候与DIY 设计相关，当一个非专业人士使用一些东西来创造自己的环境时，他遵循的是自己的规则而不是科学或普遍的规范。

4）照片合成。拼贴和拼凑维持着一种整体感，强调整体大于局部，给人一种包围感和控制感。摄影，和它之前的绘画一样，既可以增强这种封闭和完成感，也可以故意打破它。正如卡纳莱托在他的"大运河，及想象中的里亚托桥及其他建筑"画作和画作中理想化的帕拉第奥式建筑群；亦或是罗西在"类似性城市"中所做的工作。早在 20 世纪，摄影师就意识到他们有强大的能力将知名的影像移植到令人吃惊的新环境中。在这个过程中，他们创造了一个由可以识别的元素组成的虚构空间，突然间著名的建筑或地标一个个叠加在一起，如保罗·西迪沃恩（Paul Citroen）1921 年创作的蒙太奇照片"大都市"。

如道恩·艾德司（Dawn Ades）在《蒙太奇照片》（1976）中所说，超现实主义者抓住了照片合成这个工具来表现集合无意识的非理性负面力量。这种由弗洛伊德揭示出的负面力量在资本主义工业社会里摆脱了束缚，得到了全面释放。在超现实主义者手里，照片合成成为激活被压抑的情绪和记忆的有力工具，也成为现代广告无价的技术财富，被包豪斯和俄国革命领导人物当作工业营销的关键手段。整个 20 世纪，照片合成技术一直占据着广告宣传业的主要位置，随着互联网和像 Photoshop 这样的软件的出现又获得了二次生机。来自全球各地的图片都能迅速且随意地并置或是在计算机控制的多维空间里进行相互重组。MVRDV 设计的"伊比利亚海岸"就是一个运用了这种方法的案例（Costa Iberica）。

5）剪辑。拼贴、拼凑和照片合成主要是利用静止的图片，剪辑则是一个电影术语，指演员或导演可以运用真实空间的连续镜头来构建想象空间中的运动。即，简短的序列或真实场所的多个镜头被重组或并置，形成一种虚构空间中的运动感。这种虚构空间是一个新的情感空间。在某种意义上，它可能是一个潜藏在原始位置（或多个位置）背后的真实，因为剪辑而得以表现出来。爱森斯坦的《波坦金号战舰》（1925）中一个著名的剪辑，一系列的镜头跟随一个摇篮车滚下圣彼得堡的一组台阶，同时交叉母亲的镜头，从而营造出一种紧张、紧凑的空间，物理上不可能在一起的人和事件由此也被纳入这个空间中。爱森斯坦将此效果叫做"吸引力蒙太奇"（montage of attractions）。

我用"剪辑"这个词来指代在运动系统中的个体沿着城市中某个特定叙事路径上移动所建立起来的空间体验。广义的剪辑可以追溯到英国风景花园里出于美学目的而设计的控制游人移动路径的系统，如同克里斯多夫·赫西（Christopher Hussey）在《美景：从一个视角展开的研究》（1927）和约翰·迪克森·亨特（John Dixon Hunt）在《欧洲的美景花园》（2002）中所描述的那样，下一章会对此作进一步讨论。剪辑在勒·柯布西耶的现代主义"游行建筑学"的概念中有所体现，在 1950 年代以戈登·库伦（Gordon Cullen）为首的英国"城镇景观"设计小组的设计过程中起到重要作用（图 2-70），沃尔特·迪斯尼在设计加利福尼亚的迪斯尼乐园（1954）时也使用了这个方法。在库伦和迪斯尼的作品中，城市成为一个现代电影导演（比如爱森斯坦、希区柯克）使用的故事板，他们将世界当成是一系列预设好的分镜头，用视觉来讲述一个故事。这种极其高效的技术后来进一步被库伦发展。林奇在《城市意象》中提出的"视觉路径"概念——穿越城市的叙事性序列，也受到这种技术的影响[1]。

---

[1] 源自戴维·高斯林（David Goslin）的《美国城市设计的变革》，2003。

图 2-70　戈登·库伦："城镇景观"，1960 年

　　如建筑师尼杰尔·寇茨（Negel Coates）在文章《街道标识》（收录在著作《现代主义之后的设计》）中所述，叙事性空间的回归已经成为后现代设计的一个特点。寇茨在文章中介绍了 NATO（Narrative Architects Today），它成立于 1983 年，致力于设计中的"局部陈述"。"局部陈述"意味着创造一种电影式的建筑,故意制造一些明显的虚空，暴露出支撑结构（例如寇茨在他的一个位于东京的 Bongo 咖啡厅项目中永久保留了建造过程中使用的脚手架）。这种设计姿态揭示了城市作为生活舞台道具和舞美布景的价值。寇茨在《销魂城市》（Ecstacity）（2003 年）中进一步深化了这一主题。

　　叙事和剪辑的传统一直在流浪艺术家的项目中持续，例如克日什托夫的"无家可归者的推车"（1988 年）项目。这是一次政治性介入活动，目的是在市长选举前提出无家可归者的问题。克日什托夫发展了迈克·韦伯（Mike Webb）为街上无家可归者设计的"充气外衣"（Suitaloon）项目，对超市手推车进行重新构造，设计了一个小型的移动庇护体。它可以接入城市的基础设施以获取必要的服务（这两个项目参见第一章）。这种碎片式的设计试图打破老套的主流文化，将设计作为一个自下而上的过程带回到街道上，服务于那些被社会遗忘的人。

6）组装。 组装与拼贴和拼凑不同。这种设计过程并不关注另两种设计系统所重视的记忆救赎作用和完整格式塔（即使是破碎的）的价值。组装设计方法的实践者更愿意让每一个片段在一个基于相邻关系的句法体系中自说自话。这很像科伊对中世纪欧洲和伊斯兰城市生活世界的描述。这里没有中央或整体的命令或反馈系统，没有一个俯瞰整体、在透视中囊括一切的视点。组装设计是一种无法预知的自组织系统，严格遵循地方规则。不过这些地方规则可能会产生可预见的大尺度模式，如齐夫定律或克鲁格曼提出的隔离模式（见第一章）。

在组装设计系统中，现成的或随手找到的物件被随机组装，没有任何要创造整体美的意图，只是单纯对"组装"这个游戏和过程感兴趣。制造者的手不但没有被藏起来，而且还因为制造混乱而受到赞扬（如俄国革命中出现的结构主义）。用于组装的元素甚至可以是垃圾，像克特·施威特（Kert Schwitter）创作的巨大抽象雕塑装置 Merzbau（1923年）。塔夫里在《建筑和乌托邦》中写道，他在这个项目中能看到德国魏玛政权时期的混乱和痛苦。杜尚的作品中也突出了组装的诗意和智慧，还有对现成物品的利用。美国波普艺术家如罗伯特·罗森伯格（Robert Rauschenberg）和安迪·沃霍尔等人也走了类似的道路。他们将现成的元素、商业符号或超写实、大宗产品引入自己的作品中，模糊了艺术和媚俗之间的传统界限。文丘里和斯科特·布朗（Scott Brown）团队在他们的作品中也故意模糊了同样的界限。以美国橄榄球名人堂（1967年）为例（图 2-71）。这是为新泽西新不伦瑞克的罗格斯大学设计的方案，被建造在高速路旁边一个巨大的广告牌后面。詹姆士·斯特林（James Stirling ）和詹姆士·高文（James Gowan）的标志性后现代建筑莱斯特工程实验室（1959~1963 年）将一群不相关的建筑元素（剧院、实验室、塔楼、坡道等等）堆积在一个楼梯和电梯核心筒的周围，更充分体现了组装设计技术，而通风扇的设计则参考了勒·柯布西耶对远洋轮船的狂热迷恋。

7）块茎组装。 块茎组装和组装的不同之处在于它将叙事性路径（narrative path）作为重要元素重新引入设计过程中。但是仍然没有强调单中心或命令点，也没有实行整体控制的场所。块茎组装突出的是穿梭于城市中的多重叙事。叙事线索可以根据具体情况穿插和迂回。

图 2-71　文丘里，斯科特·布朗和伊泽诺：新泽西新不伦瑞克的美国橄榄球名人堂，1967 年

图 2-72 约翰·海杜克：
"柏林面具"，1983 年

美国建筑师约翰·海杜克（John Hedjuk）在他的"柏林面具"项目（1983年）中展示了这个方法的诗意潜质（图 2-72）。海杜克想象了一个城市，这个城市中每个演员都建造一个象征性的"面具"或建筑结构，然后他们在城市中移动，与其他演员会面和互动。面具的特征都是象征性的，故意做成世俗老套的类型——如牧师、补鞋匠等等，但是他们之间的互动和渗透是奇幻的表演。城市的地平面是一个有边界的开放区域，人们在这里互动时产生的图形印记被合成和锁定，留下雕塑般的记录和总是可以重新组合的面具。

块茎在后现代设计师的概念中是一种网络形态，它在空间中支撑物体或者充当一种背景能量场，使物体发挥功能并彼此关联。这个术语因为吉尔·德勒兹（Gilles Deleuze）和菲利克斯·瓜塔里（Felix Guatari）在《一千个停滞期：资本主义和精神分裂症》（1987年）中的使用而变得非常流行。真实的块茎是一种植物，它可以在特定的情况下根据需要呈现多种形态。它在地下是一块隆起，储存从巨大的根茎网络里收集的能量；地上部分则是一个有茎有叶的植物，能够进行光合作用，通过花进行授粉。德勒兹和瓜塔里使用植物学意义上的块茎这个词来隐喻在去中心化的应激性网络中各种复杂的交互系统。

块茎组装将个体叙事性路径概念和群体网络或共享信息混合在一起，形成一种来自集体体验的群体意识，而这种集体体验则是通过个体交流形成的。设计师还将德勒兹和瓜塔里的另一个概念"层"（layer），融入 CAD 绘图系统中，充当信息图层的文字等价物。当然"图层"（layer）在 CAD 中的用法是两位哲学家没有预料到的，当时他们只是想通过本土知识（local knowledge）来测试各种假设，借助他们能够理解的信息系统来抵抗全球化的进程。这种创造性的误解产生了一些令人激动的对于城市"分层"的研究，随之而来的则是对地平面充当唯一人行空间的质疑。突然间，在 1980 年代的解构主义设计中，空中或地下平台也变成有效的人行平面，例如扎哈·哈达迪的山顶竞赛（1981年）先锋设计或是伯纳德·屈米（Bernard Tschumi）设计的巴黎拉维莱特公园（包含三个层级，1982年）（两个项目都会在后面进一步探讨）。

个体路径和个体叙事在多层空间中移动，在各种节点中会聚和混合，使得块茎组装成为设计师面对多中心城市时可以使用的一个强有力的隐喻工具。对于那些反对拼贴城市图境式布景和历史价值观的设计师而言，这种隐喻为他们提供了一种摆脱拼贴城市通过记忆感知隐藏在城市片段背后的整体格式塔的新方法。一个理想的块茎组装在理论上是自下而上产生的（即使可以通过自上而下的技术性装置进行监控）。这里面没有单一的主导声音，就像达尔文认为没有单一设计师掌控进化。但是中央声音的缺失在带来自由的同时也产生许多问题。于是罗和科特从人文主义传统出发，在其中安插了王子或其等价物来填充这一空白（在虚拟城市游戏和纽约市填补这一空白的是市长和城市议会）。从改进组装的视角看，个体演员主要关心的是自己的所在的区域。例如在虚拟城市 1 中，只有市长负责监督各个片段之间的关系。

2.4.2　块茎组装与城市剖面的解构

　　解构主义建筑师的出现同样基于拼贴城市的片段逻辑。但是他们并不关心从"壮观的公共高地"看下去形成的整体统一感，而是增加了对图境式组装和网络的关注。埃尔文·博雅斯基（Alvin Boyarsky）的文章"地图上的芝加哥"（1970 年）被证明很有预见性。他不仅通过基础设施分层的方法研究了芝加哥的城市形态，而且还表达了对高强度开发的混合功能摩天大楼节点和临时货摊和报亭等微观城市化的兴趣（图 2-73、图 2-74）。这种通过图层和片段对城市以及运动进行分层的方法成为 1970 年代伦敦建筑联盟学院（AA）教学方法的一部分，集聚了很多受到博雅斯基的"地图上的芝加哥"演讲（1970 年）影响的解构主义实践者。雷姆·库哈斯（AA 的学生和老师）在他的《癫狂纽约》（1978 年）中提供了这一方法的超现实主义版本；该书第一版的封面就华丽地暴露了纽约的空间层级。当纽约的两大标志性建筑——克莱斯勒大厦和帝国大厦——映照在洛克菲勒中心的探照灯光下的时候，在城市街道网络之下则隐藏着一个由半地下管道、服务网络、隧道和地铁等城市支撑体系构成的巨型地下世界。

图 2-73　埃尔文·博雅斯基：地图上的芝加哥，1970 年

图 2-74　博雅斯基：马里纳城，1970 年

　　解构主义建筑师利用拼贴城市的图境化（scenographic）和图片化（Picturesque）的方法，将穿越各种城市层的活动和运动组织成一个完整的系统。在我们之前提到的莱斯特实验大楼项目（1959~1963 年）中，詹姆斯·斯特林和詹姆斯·高文已经展示了这种方法的巨大潜力（不过这个设计却使很多现代主义者惊骇不已，例如尼克拉斯·佩夫斯纳）。在这个设计中，人流被入口坡道引向一个小型三角形平台（下层裙楼的屋顶），从这里另一个楼梯又向上延伸到大礼堂和塔楼。塔楼下面，两个悬挑的大礼堂覆盖着红色面砖（参考了俄国结构主义的革命工人俱乐部设计）。在建筑中运动意味着在上下塔楼和两个大礼堂及裙楼平台之间形成了连续景观。斯特林后期设计的斯图加特新美术馆（1977~1983 年）则通过在不同层级间构建步行序列提供图境式路径的

水平等价物。人们在这个建筑中可以走上抬高的平台，经过高台之上的建筑立面，穿过中央圆形的空鼓，最后到达外面附近的山坡上。

斯特林对中央圆形庭院（一直以来都会让人想起莱昂纳多·达·芬奇象征性人体的中心对称性）中心地位的削弱，意味着一种转移——从人文主义拼贴转向剪辑和拼贴的系统（促进了块茎组装的发展）。这是一个万物平等的系统，没有特权中心，建立在流和节点形成的网络基础上。空洞的鼓状结构起到一种记忆提示的作用，让人联想起新古典主义博物馆及其中心穹顶，比如卡尔·申克尔（Karl Schinkel）设计的柏林古老博物馆（Altes Museum）。但是在斯图加特新美术馆中，行人可以从室外漫步而上穿过这个鼓，而博物馆内的参观者则可以从鼓的外边向内看到这些行人，从而颠倒了通常的内外位置关系。斯特林在博物馆中重组和倒置了惯常的元素布置关系，即使是在中央位置设计了一个圆柱状的虚空间。但最终在概念上实现了去中心化。

由此，在城市剖面上进行层的叠加、去中心化、去等级化以及对主导代码进行反转，成为一些解构主义者继承拼贴城市思想的主要标志。多重图境和图片式路径在穿越固定组装体的各个"层"时，最主要的成分被保留下来。彼得·艾森曼（Peter Eisenman）的城市项目表现了城市分层方法的发展。城市分层的思想最早在博雅斯基"地图上的芝加哥"中曾经出现过（图 2-75，图 2-76）。但是艾森曼的城市项目把分层作为一种设计方法来创造新的公共空间片段。艾森曼为威尼斯（红色的方盒子，1978 年）和柏林（剖面研究，1980 年）所做的设计开始只是在形式上分层并旋转格网，但是当艾森曼反转主导代码将街道网格虚空间变成实体的时候，设计开始变得复杂了（类似《拼贴城市》中乌菲兹集合住宅的代码反转造成的冲突）。这些跨越大地景观、薄薄的线性条状建筑实体形成一个系统。这是一个线性的流动空间系统，艾森曼很快又学会了将其倾斜并进行各种摆布以实现景观效果。

另一个类似的例子是扎哈·哈迪德获奖但未建成的项目——香港山顶项目（1981 年）。这个项目发展了剖面公共空间的思想，创造出一个漂浮在城市山顶之上的立体公共空间，鸟瞰山下的摩天大楼。哈迪德的项目将普通酒店的功能一层层剥离开，并反转其垂直等级关系。于是公共空间变成从建筑中部掏空形成，道路可以从中间穿过。酒店的各种功能沿坡道展开，形成一种全景式的舞台布景组装。

由扎哈·哈迪德、蓝天组或丹尼尔斯·里伯斯金等人推动的解构主义城市先锋实践，既动摇了理性主义的单一特权中心思想，也打击

图 2-75　埃尔文·博雅斯基：分层的芝加哥，1970 年

图 2-76　博雅斯基：芝加哥河，1970 年

了文脉主义对静态平面而非动态剖面的依赖。里伯斯金在一个住宅街区项目（1986 年）中设计了一个呈斜线式悬挑于柏林墙之上的空间，继哈迪德在山顶项目之后开始探索新城市公共空间的形式，并在世贸大厦重建竞赛方案（2002 年）中延续了这个主题。蓝天组未建成的Melun-Senart（法国新城）设计方案（1987 年）进一步推动了扎哈开创的沿着一个虚空中心"剥离"元素的方法。他在设计中构想城镇的公共空间应由漂浮的城市元素形成，这些元素互相叠加，由垂直的交通系统连接。同时期迈克尔·索金在（Michael Sorkin）一个美国新城虚拟设计（1987 年）中用一个由条状建筑相互穿插和叠加起来形成的水平状 CBD——就像安东尼·卡洛（Anthony Caro）的雕塑——取代了传统城市中心的摩天大楼。布莱恩·麦克格拉斯（Brian McGrath）的《透明城市：用户指南》（1994 年）将三维公共空间的概念用于城市分层的研究。他用一系列画在有机玻璃板上的透明图层对比了罗马和纽约，并对这些图层进行重组，轻松地实现了向 CAD 绘图图层的转换。

2.4.3　块茎组装和景观城市主义：网络城市

不同于理性主义和现代主义聚焦单中心的特权等级体系，解构主义设计师更愿意寻找边缘状态并反转主导代码。他们喜欢智力中心广泛分布，开放并具有多重意义的系统，通常将中央虚空作为一种扩展的领域（field），来强调其作为某些特定活动空间的"亭子"特性。正因为这样，法国哲学家雅克·德里达（Jacques Derrida）才说伯纳德·屈米的拉维莱特公园（1982 年，现在是巴黎最大的公园）需要持续的"维护"——不仅是指常规的物质维护，还需要有内容和活动来保持公园的活力（图 2-77）。在德里达看来，拉维莱特公园是网络城市的一个迷你模型。屈米把他设计的公园叫做"事件城市"，一个为城市演员在未来去中心化城市中过程性和流动性活动准备的空地(呼应了阿基格莱姆小组的"游牧城市")。屈米对编舞和现代舞蹈的记号法有着长久的兴趣，这种方法被他用在"仪式"项目中（1978 年）。通过跟踪一个人在住宅中移动的轨迹，围绕这个过程中发生的事件和变化生成住宅的形态。

与巴黎其他带有"请勿踩踏"等标识的公园不同，在拉维莱特公园中演员可以像在英国的公地（社区拥有和共享的露天公共空间）或开放荒野中那样探索多种路径和兴趣。这个空间对多种节目开放。这些节目有时候一个接着一个，有时候几个同时发生。公园没有中心控制办公室，最初的计划是在未来 20 年里不断增加亭子，每个亭子都能够激发潜在的可能性。巴黎官方曾对这种开放规划形式持怀疑态度。

图 2-77　伯纳德·屈米：拉维莱特公园设计竞赛中的元素，巴黎，1982 年

开放式规划最早来自于塞德里克·普赖斯（Cedric Price）和阿基格莱姆小组关于城市共享公共空间的灵活性和使用时间分配等早期思想。受这些思想的影响，在 21 世纪景观城市主义运动中出现了"公地"上的"绩效城市主义（performative urbanism）"等概念。

弗兰兹·奥斯瓦德（Franz Oswald）和彼得·巴思妮（Peter Baccini）在《网络城市：设计都市》（2003）中从形态学角度研究了这类绩效平台。他们识别出演员及其支持网络，根据网络中各类节点的影响范围（领域）、结构和边界类型（水体、森林、农田、住区、基础设施、废弃地等）等归纳节点的特征或模式，并对这些节点进行分类定级。拥有独特建筑形态和原型的地方性节点成为一种天然的城市拼贴元素，被嵌套到更大范围的节点区域中。

2.5 结论

现代主义总体规划的崩溃导致了理论的震荡和混乱，在这个时期诞生了城市设计这种创新性实践活动。这是一种为城市中精心勾画出来的特殊稳态空间引入秩序的方法。秩序使得这些特殊空间变得稳定而且通代码组装的方式具有一定的灵活性。城市设计师为每个稳态空间内部创造出一个封闭的系统以抵御外部的混乱。城市郊区的门禁式社区或业主委员会等就是体现外部世界秩序混乱的例子。1970 年代的城市设计方法，如纽约的城市特别区技术、拼贴城市，或者 1980 年代郊区新城市主义稳态空间等，都被证明能够灵活处理后现代多中心城市的次中心碎片系统（图 2-78）。

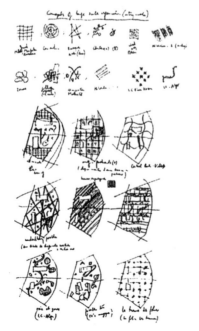

图 2-78　伯纳德·屈米：拉维莱特公园设计竞赛中的"层"，巴黎，1982 年

在下一章我们将考察后现代城市设计的七个"ages"——剪贴，拼贴，拼凑，剪辑，照片组合，组装和块茎组装——怎样共享和重组各类城市元素群，尽管这七种方法都有各自的特点。我们将开始对这些元素群——流动空间、稳态空间、变异空间——以及相关的城市装置进行分类，并进一步将林奇的三个"标准"城市模型与城市系统的转型和组合联系起来（图 2-79，图 2-80）。

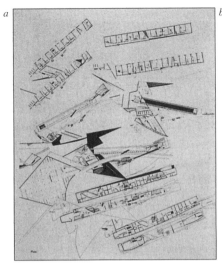

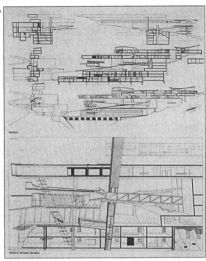

图 2-79 解构主义的分层城市

扎哈·哈迪德，山顶项目

a）平面图，1981 年

b）剖面图，1981 年

c）入口序列，1981 年

d）香港轴测图

哈迪德，卡迪夫歌剧院，1994-1996 年

e，f）模型

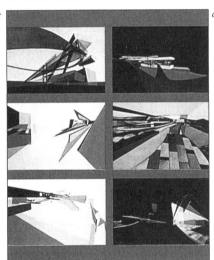

图 2-80　解构主义的分
层城市
彼得·艾森曼，IBA 住宅
g）分层花园平面图，
1978 年
伯纳德·屈米，
h）拉维莱特公园分层
轴测图，1982 年

g

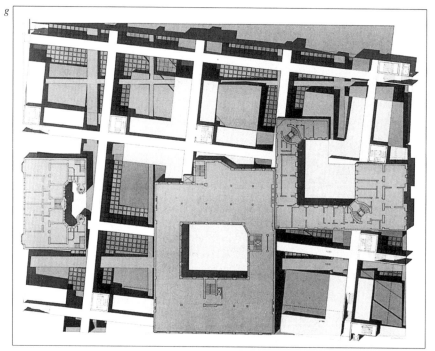

h

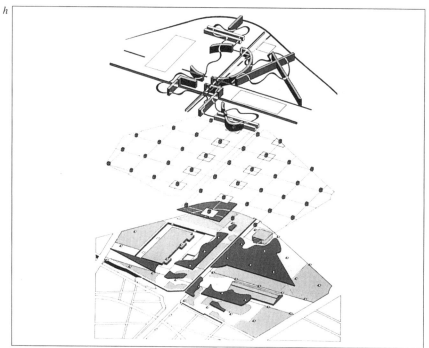

第 3 章

三个城市元素

3.1 城市设计和城市理论中的"元素"概念

> "元素"（element）是指按照一定的规则参与构成整体的组成
> 部分；但是这个术语同时也指一种规则，一种学科的理论基础。
>
> ——埃内斯托·罗格斯（Ernesto Rogers）

赛里奥的三个阶段是本书反复出现的主题。现在我再次回到这个理论来阐释"城市元素"这个与城市原型和城市形态有密切联系的概念（图3-1）。

赛里奥的每一个模型都描述了一种城市形态，这些城市形态很容易从科斯托夫所列的城市原型中识别出来（第一章）。现实中的城市是由演员的日常生活"组装（assemblage）"起来的，同时也是城市原型语言中的一种符号和现实生活世界的舞台装置。塞里奥的悲剧场景相当于城邦城市（state city）——管理中心和向公众展示权力的装置。塞里奥的悲剧场景透视图毫无疑问表达的是城市物质空间的专制性。假如我们将华盛顿特区插入塞里奥的悲剧场景透视图中以表达现代国家的民主性，则这种象征国家的中间体（指华盛顿特区）就与罗马帝国的毁灭形成鲜明的对比，表达出现代民主国家稳定、永久甚至是永恒的印象。在塞里奥的场景里，象征性中间体主要是城门外的罗马墓碑，街道中间的罗马神庙（相比那些新建的、粗糙而庞大的文艺复兴家族的方形宫殿显得渺小得多）和作为流动空间的街道。

最后一个元素很重要，因为其他所有可能在未来的组合体中被组合或重组的建筑元素都会出现在这个流动空间中。他们也可以按照要求被安排在城镇广场这样的均质空间周围，像《西印度法》（1573年皇家法令）规定的西班牙帝国所有殖民地城镇的规划布局一样。《西印度法》规定：教堂（寺庙）、政府宫殿（带有监狱）和商人的宫殿都要围绕一个包含露天市场、喷泉、公共品供应处和绞刑架（用于当众执行

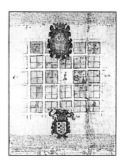

图3-1 基础规划，门多萨，阿根廷，1561年 RL·卡根，西班牙城市意象，1493~1793年

图3-2 道格·苏斯曼：西班牙及其他同时代城市的标志性天际线，LA Boulebards，1989年

判决）的中心广场来布置。

通过省略和替换某些元素，赛里奥把悲剧场景中的街道框架转变成村庄和商业城市。他对后者——喜剧场景——的印象是风景如画，建筑物沿街道呈不规则排列，街道的尽端是部分毁坏的教堂。小型的古典宫殿与本土建筑（包括一个醒目的妓院）混杂在一起，但是在街道中途用一个哥特式商铺或住宅主导整个画面。通过对具有象征意义的元素进行仔细的选择和组合，赛里奥凭空想象出一个根植于12、13世纪地中海流域贸易网络的城市（图3-2）。

赛里奥的酒色（Satyric）场景是一条两旁种满树并排列着小屋的街道，尽端有一个小酒馆，表达了另一类由象征性中间体搭建起来的亲近土地的农村社会。这些富有农村特色的大地景观元素重组在很多时代都非常有吸引力，比如费舍曼典型的郊区和远郊"资产阶级乌托邦"。

塞里奥延续了阿尔伯蒂的三维空间组合矩阵（模型）的做法，像画家使用调色板一样，用科学的透视法处理不相关的城市元素。他用街道的意向来展示如何构造透视图，并且表明他是延续了其老师佩鲁奇教给他的传统。佩鲁奇也在文艺复兴时代受到拉斐尔在乌尔比诺的"透视实验室"的训练。19世纪的欧洲理性主义者（比如杜兰德、奥斯曼、塞尔达、施图本等）则认为他们把这种透视的传统进行了现代化；他们指出城市可以分解为元素，通过分析这些元素可以获得对整个城市更好的理解。像科伊[①]所记录的那样，他们穿上医生和实验室技术员的"白大褂"，把工业城市分析到最小的成分。1970年代和1980年代德国理性主义者进一步延续了这种传统，把城市分解成能够组合和重组的元素。罗伯特·克里尔的《城市空间》中的一幅图解展示了城市如何由不同的局部（parts）和层（layers）组成，这些局部和层可以像语言一样重新组合，形成规则或不规则的广场、街道、林荫道、别墅和公园。

图3-3 莱昂·克里尔：现代和传统的欧洲城市形态，1976年

莱昂·克里尔在1970年代和1980年代用漫画风格的图示同时展示出广场、住房、教堂、尖塔以及人群（就像在童谣里一样），把这种极简和极单纯的组合逻辑推向极致（图3-3、图3-4）。19世纪理性主义理论的复杂性在这里被简化为一行等式，给人强烈的印象，但是与现实世界完全没有关联。城市元素被简化为单纯的结构元素，自上而下简单地等级排列（克里尔有关对希特勒的柏林规划和东柏林的斯大林大街崇拜的言论震惊了很多人）。

1980年代和1990年代的新城市主义者尽管赞同民主，但仍然使

图3-4 罗伯特·克里尔：立面和剖面的变化，《城市空间》，1976年

---

① 弗朗索瓦·科伊，法国历史学家和城市规划学家，著有《奥斯曼与巴黎大改造》。——译者注

用这种简单清晰的组合和原型的逻辑来组织他们的元素。不过新城市主义者的愿景更像传统的西班牙殖民地城镇，由一个教堂主导着主要的公共空间，一堆大房子环绕着乡村绿地，背景是取代了殖民地广场的小房子。邻里购物中心被魔术般地转变成乡间街道般的流动空间网络。习以为常的办公室、工业产品、污水处理厂等则被排斥在画面之外，扔到了其他的异质性地区。新城市主义的设计代码在稳态空间内创造出一个有秩序的元素等级，同时也增强了稳态空间的区位熵。

无论是在欧洲还是在美国，无论是对于理性主义者还是对于新城市主义者，研究城市元素，都是长久存在的传统。但是到底什么是"元素"呢？欧内斯特·罗杰斯给出过一个定义，就是本章开头引用的。词典中关于元素的定义更宽泛一些：元素是指不能再分解为更简单形式的基本成分（《企鹅词典》）。安妮·沃尔内·穆东（Anne Vernez Moudon）在她 1994 年的一篇论文《认识建成景观：类型形态生成（Typomorphology）》中描写了欧洲理性主义者分析城市组成元素的传统。穆东认为，类型形态生成研究

> 揭示了城市的物理和空间结构。它们与类型和形态有关，因为它们通过原型对建筑与开放空间进行详细分类，并在此基础上描述城市形态。类型形态学是关于城市形态的研究，源起于对典型的空间和结构的研究。

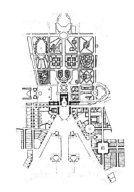

图 3-5　凡尔赛学派：城市平面，凡尔赛轴线和花园，1980 年

典型的（对原型的忠实表达）空间与结构因此构成了理性主义组合方法的基本元素（elements）。穆东接着描写了欧洲的三个形态学研究学派：意大利的威尼斯，英国的伯明翰，法国巴黎附近的凡尔赛（图 3-5）。在伯明翰，科曾斯（MRG Conzens）于 1930 年代发展出"规划单元开发"分析系统（图 3-6），把城市增长分解为沿着街道流动空间渐进式开发的大型稳态空间单元。从 1930 年代开始，科曾斯研究了中世纪的勒德洛和其他英国城市的居住模式，引发了后来对英国和美国殖民地居住模式的广泛研究。在 1960 年代和 1970 年代，琼·卡斯泰克斯（Jean Castex）和凡尔赛学派在对凡尔赛新城开发的研究中，尝试了把英国对类型学以及土地细分的研究成果和意大利对城市肌理中虚实空间网络的形态生成分析的结合。

威尼斯学派的建筑师从 1930 年代开始研究 1960 年以来意大利城市的空间类型（space types）和建筑元素（built elements）形成的组合网络。"房间类型"、"住宅类型"、"街区类型"、"街道类型"这些概念

图 3-6　MRG 科曾斯：中世纪的"规划单元开发"（PUD）

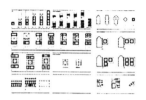

图 3-7　威尼斯学派：
类型形态学，波隆那研
究，1973 年

构成彼此关联的矩阵，开启了对中世纪的城市系统性研究。1960 年代，这种方法被应用在波隆那城市街区和公寓建筑的系统性现代化改造工作中。在不搬迁居民的条件下，对所有建筑内的公寓进行了重组。（图 3-7）穆东写道：

> 类型形态生成方法对"类型"的定义与其他方法有三个区别。第一，在类型形态生成中，类型是把建筑的结构和体量特征与其所处的开放空间结合在一起进行定义一种建成环境。这种方法与杜兰德的纪念性、无基地差别的类型学正好相反。把建成空间与开放空间联系在一起的元素是地块（lot or parcel）——城市肌理的基本细胞。第二，把土地及其细分包括在类型的组成元素里使得土地成为联结建筑尺度和城市尺度的纽带。第三，建成环境类型是形态生成（morphogenetic）单元，而非形态（morphological）单元，因为它是由时间来定义的——类型概念的产生，类型的生产、使用或者变异的时间。

穆东把威尼斯学派的类型形态生成方法看作是元素在三维矩阵内进行系统组合。这里的元素包括建筑及其周边的虚空，是一种"建成环境（built landscape）"。这种景观是地方环境，尤其是城市地块划分和房地产细分的产物，因而是基于特定基地和特定时间的系统。

帕拉·维加诺在《大城市元素》（1999 年）中也使用了威尼斯学派对"建成环境"的分析传统，特别是强调了形态生成代码的反转和阶段变化，以及由此导致的发展方式突然转变（图 3-8）。例如"反转城市"就是将城市扩展到外围区域，形成了"城市地域"。维加诺的"元素主义"使我们能够把理性主义的城市和设计元素，拼贴城市的"合奏"与林奇的大尺度景观的生态城市组装起来。通过对元素和《拼贴城市》代码反转的研究，维加诺指出了两种城市生态的竞争和冲突：一面是欧洲理性主义者及其强调的街道与广场；另一面是反城市的郊区开发以及大尺度的空地、景观元素、隔离的亭子、公路和购物中心——像文丘里、斯科特·布朗和艾泽努尔在《向拉斯维加斯学习》（1972）中描写的那样。

在构建这些"层级"的过程中，维加诺注意到了元素主义的设计正统。这种传统来自学院派，也来自勒·柯布西耶的偶像——朱利安·加代（Julien Guadet）的著作《建筑理论中的元素》（1902 年）。元素主义是在一个系统中把"元素"分离出来当做一个独立的部件，仍保留其通

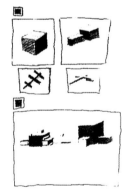

图 3-8　帕拉·维加诺：
构成主义元素，《大城市
元素》，1999 年

常的形态，并对这些元素的组合和几何关系进行操控。像雷纳·班海姆
（Reyner Banham）（《第一机械时代的设计理论》，1961 年）一样，维加
诺认为学院派和现代主义建筑都属于元素主义，把二者（学院派和现
代主义建筑运动）对立起来是荒谬的。二者之间的差异只是因为简单
的代码反转。维加诺试图把这两个元素系统组织到城市"建成环境"
层级中。每一个这样的系统拼凑起来就构成了城市。这些系统由历史
上的演员构建，从中可以追溯城市中特定时间和特定场所的活动。

维加诺的分层元素主义传承了阿尔伯蒂的建筑理论，像语言中使
用词语造句一样，用潜在的元素或者标志进行空间组合。实际上，维
加诺的研究并没有脱离理性主义传统。这种传统肇始于文艺复兴和启
蒙运动，持续到学院派和现代主义，包括了俄国结构主义、马列维奇
至上主义、风格派，以及格里高蒂、罗西和克里尔兄弟等当代理性主
义者的作品；还包括像屈米的"mixage"等结构主义构成作品。维加诺
列举了一系列"指南"来描述元素组合技术。这些技术来自卡米洛·西特，
施图本，安文（哈佛建筑师，花园城市运动的后继者），戈登·库伦（城
市景观），林奇以及《拼贴城市》的作者等人。按照维加诺的描述，这
些元素组合技术形成了城市伟大的"连续性（continuity）"（欧内斯特·罗
杰斯也用过这个术语）。

维加诺强调了英国市镇规划师弗雷德里克·吉伯德在《市镇规划》
（1953，1967）中的成就。吉伯德在新市镇规划中既使用了传统城市
的元素组合规则，同时也揉进了英国新城开发中普遍建设的郊区购物
中心，工厂和房地产等新规划。早在科特和罗 1978 年在乌菲齐联合
住宅（uffizi-unite d'habitation）中提出"空间代码反转"之前，吉伯德
已经把传统城市中"开敞的空气间隙"——虚空间——定义为"建筑
的可塑性反转空间"，并用"空间实体"（space body）插图来解释法国
南希的空间序列（图 3-9）。1960 年代纽约城市设计小组又发展出了"街
道墙"和"视廊"的概念，由街道墙界定"空间实体"的虚空。吉伯德
同时识别出了标准城市的两个基本元素——街道流动空间和稳态空间
（管理区或细胞）。

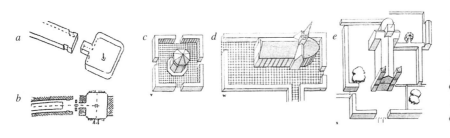

图 3-9 *a*、*b*）弗雷德
里克·吉伯德："空间实
体"示意图，南希，法国，
《市镇规划》，1953 年
c~e）管理区稳态空间，
《市镇规划》，1953 年

通过反转城市代码，吉伯德认识到以"管理区（precinct）"或建筑组群形态存在的城市外围稳态空间正在发生变化。他认为这些具有内部秩序、位于城市周边的碎片值得城市设计师们认真研究。例如（郊区的）购物中心代表了对源自城市中心的元素的重组，百货公司、专卖店和街道全部在一个"管理区"内进行重新安排。在战后欧洲城市中心区重建工作中，吉伯德也经常使用步行空间重组的手法。他用威廉姆·霍尔福德为伦敦圣保罗大教堂旁边的佩特诺斯特广场改造所做的规划来解释"步行管理区"（pedestrian precinct）（不过因为尖塔阻挡了大教堂的穹顶而受到了威尔士王子的批评，现在被拆除了）。在其职业生涯的最后时间里，他抨击了城市设计的巨型结构倾向以及彼得·库克等阿基格莱姆小组的"插接城市"（1964 年）。

维加诺将反转城市的概念用于设计建筑之间的开敞"空间实体"。他敏锐地观察到了郊区的新发展，并应用罗莎琳德·克劳斯在 1983 年《雕塑领域的延伸》一文（这里面讨论了罗伯特·史密森等景观艺术家）中提出的极简主义艺术和雕塑思想分析了郊区系统。维加诺在这个新领域发现了很多线性模式："连续、韵律和重复"的空间将别墅和沿交通线的实体建筑（object-building）隔离开。她发现了早期探索线性城市概念的理论家（如奥尼多夫和其他俄罗斯反城市化结构主义创始人）和文丘里、斯科特·布朗以及斯蒂文·艾泽努尔小组对拉斯维加斯大道进行的波普艺术研究之间的传承关系。事实上，她认为文丘里团队在《向拉斯维加斯学习》一书用来研究拉斯维加斯的空间连续性所使用的空间间隔和重复变化的概念恰恰是受到了概念雕塑家唐纳德·贾德的作品的启发。（图 3-10）

为了理解新的规则，维加诺利用了克里斯托弗·唐纳德和鲍里斯·普什卡罗夫（Boris Pushkarev）的"分散"城市模式（《人造美国》1963）（图 3-11）。她还追溯了林奇等美国学者作品中提出的抽象和隔离的"深度模式（deep pattern）"感。她注意到林奇识别出许多新模式——例如线性工业城市、巢形城市、"带形"或者指状城市——以及许多新元素，包括停车场、商业中心、机场和被扩展至整个城市地域的"亭子系统（pavilion system）"所隔离的住宅区。他们遵循的是机械城市模型的规则，孤立的"亭子"和离散的元素散布在大地景观中。

在城市内部，维加诺将由标准工业部件构成的大型城市结构——法国人叫做"城市设施（urban equipment）"——作为原型节点系统。勒·柯布西耶在《城市建设》一文中曾经使用"城市设施"来指代街道，广场、桥梁等传统欧洲城市的元素。他认为根据霍华德的理论，这些元素将

图 3-10 帕拉·维加诺，勒·柯布西耶的现代元素，《大城市元素》，1999 年

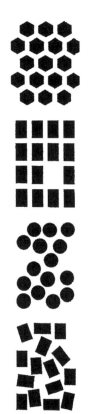

图 3-11 克里斯托弗·唐纳德和鲍里斯·普什卡罗夫："分散"模式，《人造美国》，1963 年

被重组为新的花园城市。维加诺展示了柯布西耶在《三大人类居住地》中如何把分类这种科学传统用于现代主义城市中彼此隔离的新元素。为了表明自己的观点，勒·柯布西耶用漫画的形式把他想象中的美国式低平住宅和塔楼公寓、高层与低层的工业建筑、低层的学校和娱乐式设施等原型画在"光辉之城"的花园式景观中。

对维加诺，罗和科特而言，勒·柯布西耶在 St. Die（1947）的城市中心区公共空间的设计是一项重要的突破，形成了一种新城区的构成模型，发展出一种新"深度模式"（图 3-12）。柯布西耶后来在昌迪加尔规划中设计的卡比多利欧广场，使用了一种"空间界定元素"（罗和科特在《拼贴城市》中用语）新系统（图 3-13）：平坦的空地、变化的层级、台地、以及从飞机上才能看见的纪念性宏伟尺度景观，从而创造出城市的"第五立面"。这是一种新的城市设计形式，一种在林奇所认为的城市和大地景观尺度下进行的"深度建筑"。（维加诺认为肯尼思·弗兰姆普敦在《现代景观研究》(The Search of the Modern Landscape，1988 年）中也发现了这种新形式。）

把"空间实体"或者建筑之间的"空"作为景观进行设计的传统与美国景观城市主义运动有关，在上一章提到过，这是 1978 年《拼贴城市》出版后所引发的结果。维加诺引用了理查德·福曼和米歇尔·戈登在《景观生态》（1986）中对"景观元素"的定义。这本书重点突出了他们关于"碎片（patches）"理论的研究。林奇在他的景观理论中也使用了"碎片"这个概念（第一章讨论过），当代的莫妮卡·特纳、罗伯特·加德纳和罗伯特·欧尼尔在《景观生态学的理论与实践：模式和过程》(2001)中提出的碎片动力理论进一步发展了这个概念。在欧洲，有很多人支持维加诺和威尼斯学派关于网络城市的理论，认为对建筑之间的空间进行设计，以及建筑与虚空的空间关系变得与建筑设计本身一样重要。于是处于区域生态背景模式中的景观碎片与城市演员用于管理事件和流的建成环境片段（fragments）（具有清晰的边界和形态）彼此交织在一起。

通过聚焦于建成环境中虚空之间的连续性研究，维加诺发现城市就是各种活动模式的拼凑（bricolage）集合。这些活动模式由历史上的城市演员出于各种目的构建起来，它们构成了城市秩序中的各种层级和碎片。维加诺的研究在《拼贴城市》中得到进一步扩展。如我们在第二章结尾所见，弗兰兹·奥斯瓦尔德和彼得·巴思妮在《网状城市：设计城市》（2003）中，通过在地图上标记节点和碎片的方法得出了和《拼贴城市》类似的结论。这些节点和碎片包括水体、农田、森林、城

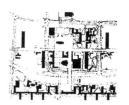

图 3-12　帕拉·维加诺：勒·柯布西耶 1947 年 St. Die 的规划，《大城市元素》，1999 年

图 3-13　帕拉·维加诺：昌迪加尔景观剖面分析图，《大城市元素》，1999 年

市（包括基础设施）以及大地景观中的生态废弃地（暂时没有被利用）等，构成了瑞典城市的层级片段。他们利用地理信息系统（GIS）计算了这些系统内部各种耗散结构或组织碎片的能量流，在动力、交换、信息和生态等方面赋予网络城市更精确的概念。继林奇之后，他们用"粗糙度"（土地覆盖的密度）和"碎化度"（虚空间的模式）等术语来量化城市碎片和系统的形态特征。为了反映新触媒演员创造能量和组织模式（用"节点（node）"和"节点领域（node fields）"两个概念描述）的绩效，他们重新架构了传统形态学中对地块尺寸、建筑原型、建筑体量和结构的研究。

维加诺认为，"空间实体"设计这种无名的传统与城市空间系统的拼凑，城市空间的"分解组合和再构成"有关。他把"空间实体"设计描述成是对"城市建筑"和"城市材料"的"摆弄"。从"空间实体"的角度看，城市材料是可能物质的，但是回想一下演员－设计师关系中的"象征性中间体"，城市材料可以是任何与城市有关的物体内部或周边的虚空和间隙，如建筑、原型、街区、形态、街道景观、序列、机械和电子支撑系统、外部景观环境和地形地貌等等。

与学院派和现代主义系统的构成规则相反，维加诺的"空间实体""深度模式"设计与"亭子系统"只是地方的片段性规则，而不是整体或者"历时性（diachronic）"的秩序。这种规则好像多米诺游戏，本地化的毗邻空间组合在一起产生了一种模式，这种模式随时间而变化，随着演员的变换慢慢地累积成更大的模式和形状。类似的，反转城市也有地方规则和"空间实体"群代码，并产生更大的无意识模式。例如美国城市的无序蔓延形成了奇怪的功能分布——以大量的开敞空间、地方组合代码、便宜的汽油和大众传播等为特征。

事实上，维加诺设想"新城市"[①]中有三种"空间实体"组合系统。她把这三种系统的组合规则与三类完全不同的传统游戏规则进行了比较。第一种系统组合的规则（之前已经提到过）类似于多米诺规则，元素之间只有边界的碰撞，如科伊的"语段系统"或者传统伊斯兰城市。在这里，通过演员不同时期的活动产生各种模式。第二种系统的组合与运动规则决定了碎片的剧本与演员之间的关系，类似于国际象棋或者跳棋：碎片之间没有接触，由演员来移动那些通过网络或格子产生抽象联系的碎片。在第三种系统中，碎片之间不仅有接触，而且在物质上互相锁定，形成整体模式或组群，如同拼图游戏。在这个系统中，相互锁定

---

① 指扩展了城市边界和范围（territory）后的城市地区——译者注

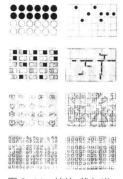

后形成的新模式仍然保持着原来碎片的语段特征，因为恰恰是碎片的地方性特征决定了每一步连接的可行性。每一步连接汇集在一起构成了巨型连贯的整体（拼成了一张图画），这个整体大于其任何一个局部。

维加诺对演员组合和重组城市元素策略的分类，是理解层级拼凑（layered bricolage）中元素与演员之间关系的一个很有用的起点（图 3-14）。他认为在任何个例中，首先要关注的是演员采取静态的还是动态的组装策略，是构成定居系统还是游牧结构。其次重要的是系统内部元素的空间联系（维加诺所谓的"连续性"），无论其环境语境是静止的还是动态的（图 3-15）。"多米诺"代码意味着边缘对边缘的接触，由地方规则决定系统内各种布局和层叠的可能性；"国际象棋"代码要求每个碎片在整体网格中独立活动，不允许相互触碰或组合，但是规则允许在特定的情况下由一个碎片取代另一个；"拼图"代码是在形成格式塔完型或者整体信息系统（完成的拼图图案）的规则前提下，允许个体之间进行接触和协作。

图 3-14　帕拉·维加诺：游戏中的重组策略，《大城市元素》，1999 年

在组合系统中，演员主要关注元素之间是"碰撞"还是"不碰撞"，这无论从象征意义还是从实际意义上看都十分重要。"碰撞"意味着进入和接触；"不碰撞"意味着分开和隔离。比如在建筑城市中，墙和门这种城市元素起到防止接触的作用，阻止网络的联系，形成各种等级的稳态空间（比如北京的紫禁城）。"不碰撞"在电影城市中也可以意味着把功能分隔成不同的稳态空间，对每一种功能都进行区分，但是每一种功能都平等地联系。"不碰撞"也可以意味着"绕过"一些地方，比如在后现代城市中，高速信息通道（拉伸式流动空间）会绕过那些不够富足的区域（见格雷厄姆和马尔文《分裂城市》，2001 年）。"不接触"也可以是信息城市中移动演员之间隐形交流系统的表现形式，使完全不相关的元素形成块茎组装。盖伊·德波的《裸露的城市》（1956 年）中的巴黎地图表现了工业社会稳态空间之间非接触关系的规则。德波把每一个碎片都孤立出来，只允许它们之间通过红色的欲望箭头系统进行联结（图 3-16）。

图 3-15　帕拉·维加诺：反转城市中虚空间的相互作用，《大城市元素》，1999 年

图 3-16　盖伊·德波，《裸露的城市》，情境主义，1956 年

维加诺认为演员选择"拼凑"元素的方法以及如何构建事件的结构"层级"在城市设计中十分重要。我们在第二章中讨论了"拼凑"，以及"剪贴"、"拼贴"、照片合成、"蒙太奇"、"组装"、"块茎组装"这七个后现代城市中的概念。维加诺在《初级城市》（La Città Elementare）中把城市设计师定义为拼凑者（bricoleur），意为设计师在邻里、城市或者其他范围内发现元素，并且把这些元素组织进不同尺度（从地方事件到区域基础设施）、不同时间跨度（新与旧都有迹可循）的层级里。城市拼凑者通过设计转化城市元素和材料，设计包括个体

图 3-17 "绝对纽约"，宜家家居广告牌，拉法耶大街，纽约，2001 年

和大众基础设施在内的开放空间。

建筑城市（Archi Città）是一块石头一块石头垒起来的，其语段结构允许元素之间形成联系。元素之间可以接触，举例来说，监狱可以挨着卖酒的公共住宅。电影城市（Cine Città）的特点是运动和隔离，"接触"，被以一种电影蒙太奇和拼贴的形式小心地控制，这种蒙太奇和拼贴主要是关注图像，演员的位移和科学隔离（图 3-17）。在超现实主义电影《一条安达鲁狗》（1928 年）中，路易斯·布努埃尔和萨尔瓦多·达利象征性的用剃刀切割眼球的暴力性视觉画面触犯了电影城市的所有有关触碰的禁忌。

在机械城市中，分层、重叠和穿透不一定需要通过接触，因为通信系统可以通过声音和视线实现远程控制。例如，在照片合成（photomontage）中，可以通过图片处理的方法改变图片的原始位置，将完全不相关的物体并置在一张图片中，而实际上这些物体并没有离开原来的位置。在信息城市中，远程通信系统使得居民待在家里就可以看到一切——这种无所不能的视觉或信息反过来助长了对更大量的触觉、味觉、听觉、嗅觉，以及社群和联系等需求。节日和仪式、体育活动、游行活动、马戏和市场等社区活动曾经提供了一种接触并分享的感知平台和交流体验，但是如今出现了新的环境类型，人们创出商务中心、主题公园、市中心的办公与娱乐中心等新空间，以满足更加高级的"接触"需求。这些"新"需求也催生了港口城市中肮脏的异质性"红灯区"——在媒体时代又变身成为阿姆斯特丹的性娱乐中心或者是拉斯维加斯的"巴黎巴黎"赌场等人造娱乐世界。

像林奇、罗和科特一样，维加诺也认为城市演员和元素之间存在着模糊和复杂的关系，通过分析"空间实体"层的方法如拼贴的方法，可以识别这些关系。罗和科特的《拼贴城市》（1978）辨识出了一类通过粘贴在一起组成城市的异质性"模糊"建筑[1]。林奇在《城市形态》（1981 年）中把理想的城市比喻为由完全不相干的"快速"和"慢速"线性增长流元素交织在一起形成的一种模糊和混杂的方格花纹布。下面，我将要通过毕加索的墙上雕塑"吉他"（1912 年）来检验这种模糊的世界（第二章结尾已经简单介绍过），这个雕塑早先由硬纸板制作，后来用钢材复制，现存于纽约现代艺术博物馆（图 3-18）。

"吉他"（Guitar）这个作品是一个非常模糊的物体：如果说这是一件乐器，但是显然这件作品永远无法弹奏；如果说这是一件雕塑作品，

图 3-18 巴勃罗·毕加索：吉他，1912 年

---

① 指《拼贴城市》中提出的"模糊整块的建筑群"——译者著

但是它又像一幅画一样挂在墙上。尽管有着变形的表面，而且缺少了作为吉他的主要结构，我们仍然能够认出这是一把吉他，比如音箱的前板被刨开，露出了内部和背面；音箱的曲线型壁体构成了多重变形的边界，S 型的轮廓能够让我们通过模式意识体系意识到这是一把吉他，但是在音箱内部又产生了深度和多种层级。我们对于这是一把吉他的认识是确定的，因为破碎的音箱触点以及从外形上易于辨认的"琴颈"都固化了我们对于这个物体与吉他之间的联系。但是吉他头部没有琴钮，而是只有一个象征性的书卷样装置；琴弦也不在琴桥和音箱上，而是毫无用处地耷拉在半空中，好像是鬼在拨弄琴弦，在空中弹奏野性的音乐。这个怪异的乐器可能是由于毕加索对某个场所的记忆而创作的，也可能根本就是在头脑中想象出来的。彼得·霍尔在《城市文明》（1998 年）中用了一张毕加索和他的朋友们在蒙马特捷兔夜总会的照片，照片上夜总会的大胡子老板坐在吧台上，以西班牙弗拉门戈的方式在膝盖立着一把吉他。

"吉他"的音箱还包含着一个有意思的空间创作，一个中空柱体从后背板伸到前面板上本应该是中空圆洞的位置。这个圆管音箱代表了一把真正吉他上应该存在的发声圆孔。圆孔的形状在它正确的位置上，但是在音箱的空间中成了固态形体的一部分（图 3-19）。就这样，所有表现一把吉他的视觉线索都存在，但都是翻转和颠倒的，空间变成了实体，实体变得透明。在音箱的虚空中插入一个中空圆柱，和"图 - 底"、"虚 - 实"关系的转换一起，创造出一个新奇的空间模糊体和全新的诗意空间。勒·柯布西耶在 1920 年代的系列别墅作品中也使用过类似的手法创造出一种诗意的视觉新概念空间，这种设计手法得到了罗、斯拉特斯基和科特的赞赏。毕加索和柯布西耶都是利用格式塔的完型心理，通过保留人们头脑模型中的关键部分来寻求新的诗意空间和心理上的现实。

毕加索的模糊空间和原型从形态学和符号学意义上预示了吉伯德反转"空间实体"的分析、拼贴城市的代码反转、以及维加诺的反转城市的出现。在一个典型的拼贴中，不同的图层和碎片仍然需要在整体记忆的约束下相互协调；也就是说，局部仍然指代整体，充当判断所有组合是否正确的最终参考点。就像在毕加索的吉他作品中，通过对元素的组合激发出对整体的记忆，演员仍然可以识别出主体，尽管这个作品充满着扭曲和玩弄意味。应用这种方法学，保罗·雪铁龙（Paul Citroen）通过对纽约和欧洲多个国家的首都照片中的元素进行拼贴，首次描绘了现代高密度城市的整体意象（《大都市区》，1922），用超现实手法描绘出机械城市的整体感觉。

图 3-19　毕加索：吉他，中空圆筒的细节

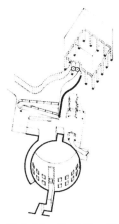

图 3-20 詹姆斯·斯特林：杜塞尔多夫博物馆的路径与空鼓虫视图，1975 年

图 3-21 斯特林：空鼓设计草图，斯图加特州立美术馆，1977 年

毕加索和勒·柯布西耶拼贴方法的关键是看他们能够在多大程度上移除标准模型中的形态和元素，在将传统形态向现代主义开放的同时，还保持对物体或人的整体认知格式塔。在之前的章节中，我简单地比较过拼贴和组装：拼贴还要求保留格式塔完型的感觉；而组装主要关注局部的质量。我还回顾了块茎组装如何整合演员的移动和心理，并将传统城市遗留下来的局部当作组装元素，但是这些传统元素不再具有等级差异。在块茎组装中，无数的城市局部就是在人们日常活动的路径上和社会活动中等待被组合和重组的碎片。演员通过对象征性元素的组合或赋予其特权来实现自上而下或者自下而上的主导权。每一个演员对城市都可以有不同的体验，这取决于他们居住和活动的网络；对任何一个组装的设计都必须遵循地方规则，响应来自地方演员的压力，协调外部网络流。每一个演员都依靠细微的线索来构建和解读城市，就像我们解读毕加索的"吉他"作品一样。（图 3-20、图 3-21）

块茎组装实现了"空间实体"分层拼凑设计方法与个体演员在城市中移动和建造建筑过程中形成的对城市的洞察及精神目标相结合。通过块茎组装的方式，后现代城市中各种奇怪的大型"城市设施"并列体（juxtaposition）得以不断蔓延。像毕加索的吉他作品一样，传统元素在这些并列体内被进行各种变形和缩减，直至成为能够识别城市空间的最基本的象征性中间体。比如说城市设计师就是通过识别早期网络城市的一系列原型，才创造出区域购物中心。他们利用丰富的历史遗留元素进行各种重组实验，直到找到他们认为可行的组合方式。其他演员（如地方社区团体、历史文化保护组织中的相关公众等）则通过采用各种非正式和非传统的策略自下而上地对设计进行干预。所有这些不同的视角和关系催生了活动模式和流。这些活动模式和流部分自下而上产生，部分源于自上而下的强制、加固或者镇压（见下面关于购物中心、稳态空间和流动空间的讨论）。

在这种情况下演员通过固定的拼贴或者动态的块茎组装等方法组成和重组城市元素。在《拼贴城市》中，罗和科特提出了 7 种城市元素（尽管他们没有说明这些元素的组合方法）：（1）类似于流动空间的"纪念性街道"；（2）类似于稳态空间的"永恒"的广场；（3）另一种类似于稳态空间的元素——"潜在的无尽段落"；（4）流动空间——"壮观的公共台地"；（5）变异空间——"模糊整块的建筑群"；（6）变异空间——"怀旧之源"；（7）一种很明显的变异空间——花园。

在《城市形态》中，林奇也提出了一长串可以组装到城市肌理中

的元素，可以通过它们的多孔性或者说对运动系统的排斥程度，将它们分成"快"或者"慢"元素。林奇的第一个元素是有边界的线性结构（星形、网格、巴洛克式的网络等）；第二个是"中心场所"稳态空间居住模式（细分为单中心、双中心和多中心系统，包括郊区购物中心）；第三个元素是原型词汇"织理"（texture）（如高层板式建筑、绿地中的塔楼、密集的多层建筑、由地面进出的多层建筑、庭院式住宅、联排住宅、独立式住宅等）；第四个是"开放空间"（类似于稳态空间的城市公园、广场和中心市场、类似于拉伸式稳态空间的区域公园和线性公园、运动场，以及其他荒地等）。在最后一类中，林奇很关心这些元素随着时间的变化而进行的变异性重组，包括程序化的"定时使用"。

现在我打算以维加诺的反转城市为基础，结合理性主义者的形态类型学，提出我自己的元素和子元素体系。为了方便，我将把这些元素和子元素依次与建筑城市、电影城市和信息城市三种城市模型联系起来。事实上，这些城市系统是同时存在的，当某一种特定的系统占据主导时，特定的演员就会在特定的时间和场所获得更多的支配权，通过一定的秩序，把碎片拼凑成动态的城市。正因为如此，城市不是永恒的，而是一种"耗散结构"（见第一章），随着时间的变化形成和解体，不断追随着演员的偏好和掌控的资源（图3–22、图3–23）。

在分析之前我要简单地说明生物和生态系统作为基础子系统，在地方层面上支持城市文化和城市元素碎片的必要性。演员构建了一种利于或者限制维持生命流的机制，比如水、食物和废物流。不难想象这些碎片装置最初是暂时的，支持季节性活动，直到放在公共场所后才变成了永久性的设施（很像景观城市主义者对当代城市支持系统的构想）。对这些系统的维护很重要，需要一代又一代的组织和机构管理这些硬件设施，比如城市供水系统中的水泵、水闸、喷泉、水管和水库。水还意味着清洁、澡堂、厨房、处理固体和液体废物、包括人类排泄物（曾经当作肥料，而不是被当作废物处理掉）。从电子游戏"模拟城市"中的工具包可以发现这些机制的复杂性。"模拟城市"的基础工具包里还包括了电力系统、电话、网络系统和媒体服务。实际上这是一套简化了的子系统工具，用来支撑城市形成有秩序的碎片和演员活动（表3–1）。

假设这些基础性子元素一直存在并保持与城市增长的规模相匹配，我们现在可以继续罗列那些渐近式发展的"稳定城邦"中的子元素。在这种渐近式发展中，增长在大的斑块中间隔出现，（即以"定点平衡"

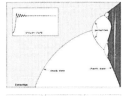

图 3-22　詹姆斯·克雷格：导致混乱和三阶段，《混沌》，1987 年

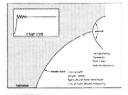

图 3-23　大卫·格雷厄姆·肖恩：类似性城市模式的三个阶段

基本设施元素与农耕时期的城市元素　　　　　　表 3-1

组织结构	稳态空间原型	流动空间原型	变异空间原型	变异过程
供水系统： 动力来源： 劳动力 动物，风 水、重力	水库 喷泉 管理/维护设施	管道 水闸 沟渠	水泵 水车 风磨	固体和液体废弃物 处理系统， 垃圾场、焚化炉 废物处理厂等
土地耕种和细分 系统	建筑地块及其 影响范围	犁地，耕作 通往市场的道路	贮存，筒仓系统 记录系统 法庭系统	从农作物中产生废 弃物（用作肥料） 通信系统 法律执行（财产）
食物供应系统 酒类供应系统	市场 粮仓	街道市场 摊贩	专业化市场 酒吧/餐馆	交通和供应系统 文化娱乐场所

的模式），作为自组织斑块系统围绕在单一节点周边（根据图能的中心地模型）。我在这里假设土地、食物和水可以支持城市规模扩大带来的人口增长。

在"稳定城邦"中，新的城市组织和子元素慢慢出现并发展，不断构建城市。这些组件可能是游动的系统（比如入侵的军队或商人），或者是基于"捕获和控制"的稳定系统（不依赖农民和农业剩余）。比如古希腊城邦，有军队、舰队、店主和商人（在这里都具有"游动"的意义），也有农业基础设施支持城市生活（都是不能够移动的）。城邦象征性地围绕着市场"空间实体"和各种公共设施组织在一起，创造出一种排除了绝大多数居民的"民主"。在军队营房和港口的舰队设施旁边，公共机构和城市设施以像市民礼拜堂、法庭、寺庙和剧院这样的子元素形式出现，这些异质性的功能起初是为了向神致敬，而与日常生活无关，有自己的几何秩序（图 3-24）。

图 3-24　罗马海港以及沿着主要大街的粮仓规划，奥斯蒂亚，意大利

古希腊殖民地城市都是按照方格路网规划，子元素（寺庙、公共浴室、体育馆、学校、法庭等）开始被当作标准城市设施围绕着市场、中央公共空间、稳态空间进行布置。城市的几何秩序从核心一直延伸到整个城市，男性居民平等地获得宅基地（按照庭院住宅的原型建设）。古罗马殖民地城市规划在古希腊网格和古罗马军营基础上采用了相似的程式化中心组织的方法。事实上，像古希腊一样，尽管罗马城市在不同的基地会采取不同的形式，但仍然可以通过象征帝国的建筑和城市子元素识别出来。这些子元素包括寺庙、剧场、市场、带拱廊的街道、法庭、体育馆、公共厕所和浴室等。罗马在公元前 40 年就开发出了能支撑 100 万人口的巨大谷仓和供水系统，所有的男性居民都会得到食

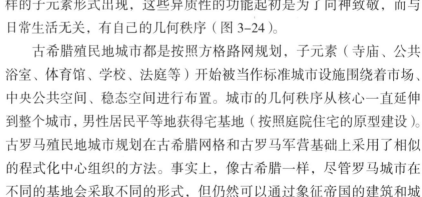

物供给。谷物从北非和西西里进口。我们从庞贝遗址可以知道罗马的
街道生活很密集，墙上有涂鸦，商店在主要街道开口，在论坛旁边就
是红灯区。

　　我们的"稳定城邦"模型已经在简单的原始农业居民点基础上增
加了一些增量碎片或半积累的发展层。每一个发展层或者增量碎片都
有自己的一套城市子元素。在庞贝古城墙内部除了赛比教的居住区之
外另有三套网格；即使是像 Timgad（阿尔及利亚）这样的罗马殖民地
网格城镇，都有通往城门的主街（向外延伸并伴有街道活动的大道）。
罗马帝国的覆灭和罗马城的坍塌并不意味着稳定城邦增长的结束。诺
曼底人占据了罗马城的废墟，并且利用他们的线性组织结构代替了罗
马城市子元素的中心组织模式。在地中海盆地周边，阿拉伯定居者和
之前的罗马居民在纪念性建筑的废墟和地下室基础上建造了新的吸引
点（如清真寺或大教堂），并慢慢形成连接这些吸引点的街道网络，沿
街道形成了小规模私人市场货摊和露天剧场，从而把罗马的街道网格
和公共开放空间转化成新的私人空间体系（图 3-25）。在其他城市中，
新城镇利用了古罗马城市元素的外壳，形成变异性住区。例如，在阿
尔勒，罗马竞技场被变成防御性稳态空间，罗马的马赛卢斯剧场先是
被变成公寓，然后又被变成犹太人集中区，斯普利特的戴克里先宫殿
则被变成了一个小城镇，宫殿内部的走廊被改为城镇的街道（像美国
新城市主义者在现代购物中心中叠加一个村庄的结构一样）。

　　科曾斯在"规划单元开发"技术的研究中指出，诺曼底人有他们
自己的组织系统，"规划单元开发"技术被诺曼底人沿着威尔士边界使
用，后世学者对维京住宅（如约翰·布拉德利对爱尔兰的维京住宅）
的研究发现：维京的贸易网络远至中国和美洲，他们的临时居住点都
是围绕贸易驿站建设，而不是出于传统意义上的农业目的。在沃特福德，
由木结构住宅形成了主街（流动空间），主街坐落在一个半岛上，船只
可以停泊在每一所住宅的后花园。一个会议厅面朝锚地，市场坐落在
半岛的对面，主街之外还有一个教堂。在科克，德国人对城镇的扩张
重复了最早由北欧人建立起来的依托河流建设的模式（图 3-26）。

　　到此为止，我们的"稳定城邦"在起初的中国、印度、希腊或罗
马殖民地的核心网格中添加了一些流动性干扰，形成了碎片的拼凑。
新的子元素以伊斯兰或者是基督教机构的形式出现，同时也出现了更
大规模的处理市场和贸易网络的新贸易组织，以及支撑城市活动的城
市和农业基础设施系统。表 3-2 列出了这些新的子元素，代表着"稳
定城邦"的第二个阶段——大规模渐近式发展阶段。

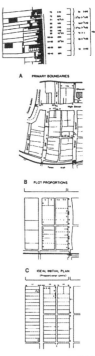

图 3-25　MRG 科曾斯
（Conzens）：中世纪规
划发展单元中的土地丈
量和细分组图

图 3-26　MRG 科曾斯：
中世纪泰晤士河沿岸综
合规划，英国

"稳定城邦"古典和后帝国时期城市元素 表 3-2

组织结构	稳态空间原型	流动空间原型	变异空间原型	变异过程
希腊城邦	城市广场 网格殖民地	通往城市的主街 城墙	寺庙，剧场 礼拜堂 法院 大门 港口	祭祀舞蹈， 献祭 奴工，战争，公共 游戏，舰队，坟墓 宗教 垃圾堆 剧场，艺术，文学
罗马帝国	论坛 城墙	帝国大道 网格殖民地	公共浴室，公厕 喷泉，体育馆 谷仓 大门 水库 灌渠 城墙	祭祀舞蹈， 献祭 奴工，战争，公共 游戏，舰队，坟墓 宗教 垃圾堆 剧场，艺术，文学
维京（北欧） 居民点 伊斯兰城市 中世纪欧洲	市场大门 清真寺 大教堂[①]	主街 （伊斯兰国家的） 露天剧场 海滩城墙	城堡 清真寺，大教堂 市场管理，学校， 修道院 医院	祈祷，祭祀舞蹈， 奴工，战争，贸易， 宗教艺术和文学， 道德剧，废物埋藏， 倾倒垃圾

我在第二章中回顾了从中世纪到文艺复兴的"范式转换（paradigm shift）"。在科伊之后，我提到了伯鲁乃列斯基在研究透视法时采用，又由他的学生阿尔伯蒂发扬光大的三维空间矩阵。考虑到摩尔的乌托邦和乌尔比诺陪审团建筑原型的例子，不难列出文艺复兴和巴洛克时期理想欧洲城市中（围绕城市公共广场和林荫道周边的）的子元素（表3-3）。西班牙帝国时期在南美强制推行西班牙法律，网格模型及其子

"稳定城邦"文艺复兴及巴洛克时期的城市元素 表 3-3

组织结构	稳态空间原型	流动空间原型	变异空间原型	变异过程
城邦首都，不可 移动系统	城邦行政机构 公共广场	游行街道 林荫大道 道路系统	城邦宫殿 教堂，济贫院， 医院，监狱	公共机构，马车系统， 修理店和工厂，司法 系统和犯人"运送" 系统，军队
贸易港口 游牧系统	码头和仓库	海洋贸易路线 运河	商店／住宅，旅 馆，市场，矿厂	船运系统，修理船坞， 囚犯集散地，通信系 统，导航系统
殖民地装置 耕作系统	城墙／堡垒 中央广场 码头	步行大道 道路网格	城邦宫殿，大教 堂，监狱，市场	进出口流，矿厂营地， 原材料提取系统

① 在英国，一个城市的建立必须有大教堂（Cathedral）作为前提，否则不能称作城市。——译者注

元素就是西班牙法律在印加地区应用的产物。这种城市片段中的子元素包括统治者的宫殿、教堂、商人住宅、围绕着中心广场的拱廊和店铺，以及广场中间的公共象征物：绞刑架、喷泉、交易所。

在这种范式转换之后，欧洲富商开始征服世界，建立了殖民地城镇并规范全球贸易体系，构建了一个中心和边缘紧密联系的网络。贸易网络先是在国家尺度上展开，之后扩展到全球尺度，欧洲的港口则充当了不同网络中贸易流的"分类机器"（图 3-27）。这些港口因其重要性而得到发展壮大，同时也使得国家早期的中心城镇走向衰落。港口的腹地横跨欧洲，沿非洲、亚洲和印度海岸展开，并且跨过大西洋到达北美和南美洲。

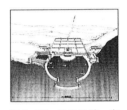

图 3-27　伯拉孟特：奇维塔韦基亚港口改造，罗马，1969 年

当贸易流进一步加强后，在贸易路线的另一端出现了演员的专业化，放大了大都市子元素和殖民地子元素之间的差异。大规模全球贸易催生了工厂体系，产生了专业化工业簇群，并以可怕的人力和生态为代价获得极快速的发展（图 3-28）。为了营销新产品，出现了零售体系。零售体系的出现又扩大了贫与富、工作与休闲之间的鸿沟。蒸汽替代了风帆，商业银行家们在斯洛格摩顿街（位于伦敦金融中心）、华尔街（纽约）这样的地方成立了专业化的控制中心（稳态空间）。

炫耀式消费和对财富的展示推动了城镇中一些地方产生新的子元素，同时苛刻而又残暴的劳工制度在另一些地方也催生了新的元素。林荫大道、百货商店、游乐场、纪念性公共建筑、歌剧院以及戏院都标志着资产阶级（布尔乔亚）的兴起。穷人的命运则与贫民窟、长时间工作、童工、工业污染、霍乱以及贫穷联系在一起。这种二元性通过殖民地居民点自身的分裂得到反映，一方面是宏伟的帝国主义文化，另一方面是"本地"居民元素的贫乏语汇（表 3-4）。

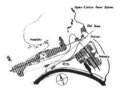

图 3-28　托尼·加尼埃："工业城市"，1911~1918 年

工业系统："二元"城市元素　　　　　　　　　表 3-4

组织结构	稳态空间原型	流动空间原型	变异空间原型	变异过程
工业系统，分工，不可移动系统，消费，生产	工厂，办公室，住宅，大众住宅	铁路，华尔街等，林荫大道，小巷道	拱廊／百货商店，剧院，影院，博物馆，股票市场，货品市场	大众通信，摄影，自传，电影工作室，歌舞杂耍表演
贸易港口，游牧系统，分工	车站，码头，仓库	铁路，电车，电报	世界贸易博览会，大型酒店，妓院	消费／生产，广告／出版社／通信，远行，船运，旅游业
不可移动系统，分工，殖民地装置，耕作系统	欧洲城市，中央广场，乡村住宅，种植园	步行大道，道路网格，道路／铁路	城邦宫殿，法院，监狱，学校，医院，歌剧院，戏剧院，"土著"营地	进出口流，码头，矿厂营地，原材料提取系统，单一农作物

图3-29　a）放射、线性及环形城市模型
b）环形城市模型及其卫星城
c）网状城市

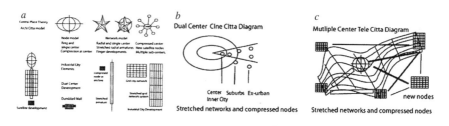

　　在之前关于欧洲理性主义传统中讨论了塞尔达试图通过政府管制来简化和改革工业城市中由于放任和自由市场所造成的混乱和充满贫民窟的状态。他和其他设计师发展出了独立式建筑形态——亭子系统，来探索城市与自然的新和谐。所有在工业时代城市中造成混乱的子元素——钢铁厂、纺织厂、制造厂以及作坊——都被隔离开，成为新秩序碎片。它们被清理干净，加入现代化设计，融合到城市有机体中，与自然和谐相处。勒·柯布西耶带着这个目标，在他1933年"光辉城市"方案中为CIAM提出了功能分区的原则（居住、工作、游憩、交通和其他功能），这一原则在同年的《雅典宪章》中得到广泛认同。他甚至设想了新的子元素来容纳这四项功能（图3-29）。有些子元素的确变成了现实，比如巨型多层住宅、公园中的大道、中央商务区中成群的高层办公塔楼等等（表3-5）。

现代城市元素（CIAM）　　　　　　　　　　　　表3-5

组织结构	稳态空间原型	流动空间原型	变异空间原型	变异过程
现代工业系统，双中心	住宅，工作场所，管理系统/工厂，娱乐	交通，通信，垂直压缩，水平拉伸	医院，学校，收容所，住宅街区	"分类机器"，银行，大众通信，摄影，电影工作室，电视和电台
工业系统，双中心	工厂，百货商店，办公室	生产，线性/带状购物中心，迪斯尼乐园	摩天楼，超大街区，巨型结构	消费/生产，广告/出版社/通信，中央规划/银行
殖民地装置，耕作系统，双中心	机场，港口，中央广场，新城，郊区	步行大道网格，邻里中心，高速路	统治者宫殿，法院，监狱，市场，购物中心	进出口流控制，农业机械化，矿厂，原材料提取系统

　　不过，勒·柯布西耶设想的一些其他子元素并没有出现，例如位于中央商务区中心的火车站–机场混合体和公园中央缺少足够停车场的购物中心（《300万人口城市》，1922年）。维加诺发现了现代主义时期其他形态实验和拼凑的例子，例如在俄罗斯，结构主义者广泛实验了现代主义者提出的公共或高度私有化的"亭子"式城市元素，拒绝

了传统的街道墙（贝尔拉格的阿姆斯特丹南部的规划仍然保留了街道墙）。现代主义者没有预见到的其他元素也出现了，如现代商业中心和功能混合的高层塔楼（如贝尔吉欧加索、皮瑞瑟第和罗杰斯的米兰维拉斯加塔楼（1958 年），或者 SOM（Skidmore，Owings & Merrill）的芝加哥约翰汉考克大厦（1969 年））。洛杉矶的先锋设计师维克托·格伦和韦尔顿·贝克特从 1950 年代开始在城市边缘或中心的功能混合购物中心设计中探索了更一般的组合方式，为周边的巨型购物中心设计开创了一条道路，比如休斯敦的商业街廊（Hellmuth，Obata & Kassabaum，1976 年）（图 3-30）。

图 3-30　HOK 建筑事务所：商业街廊轴测图，休斯敦，得克萨斯州，1967~2005 年

为了更新这种自述，我们需要追溯更多的范式转换（第二章也提到过）。我们需要增加一个子元素层，用于反映信息城市中的混乱以及块茎组装的多中心增长。在这个层级中，之前所有的"组装层"还保留着原来的组织系统，但是现在被全球媒体强化了。网络城市中的多个增长中心——在城市中心和边缘——为稳态空间中的演员提供了城市活动的平台。这些稳态空间在形态上差异巨大，在中心和边缘都有混合使用的高层建筑出现。雷姆·库哈斯和彼得·威尔森以及荷兰建筑小组 MARDV（Mass，van Rijs，de Vries）曾经使用新组合方式和原型绘制出这种"通用城市"的网络范围。每一个与快速通信和交通网络连接的细胞都有拼凑成家庭、办公室、娱乐中心、健身房、学校和监狱的潜在可能，从而把混杂变成常态。脱离网络连接的贫民区也有这种混杂的性质，不过它们缺少直接和即时的全球上传路线（尽管它们充当了全球经济中的本土化元素）（表 3-6）。

后现代城市元素 表 3-6

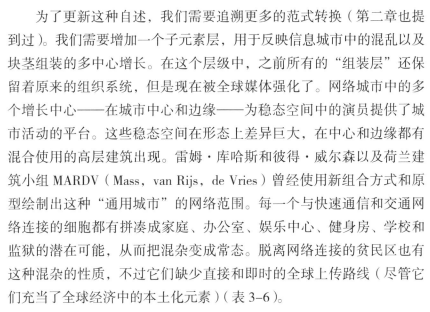

组织结构	领地原型	流动空间原型	变异体原型	变异过程
后现代系统（多中心网络）	有大门的界域，大型盒子超市，特别区，节日市场，中庭	拉斯韦加斯大道，英里奇迹，洛杉矶城市走道，带状购物中心，带内街的购物中心	主题公园，娱乐区，巨型购物中心，复合住宅办公，大面积社区住宅（少数族裔）	分裂型城市化，大众旅游，大众娱乐，商店/娱乐，自建住宅
现代工业（两极系统）	住宅，工作区域，管理系统/工厂，娱乐	交通，通信，垂直延伸，水平拉长	医院，监狱，学校，收容所，住宅街区，郊区城市化	"分类机器"，大众通信：摄影，电影工作室，电视和电台
新殖民装置，农业系统（单中心系统）	有大门的界域，机场，港口，中央广场，管理区	购物中心，步行走道，街道网格，高速路	主题公园，宫殿，法院，监狱，种植园	旅游景点，进出口流，矿厂，原材料提取系统

城市居民在穿越一系列组装的运动中体验后现代城市的层级拼凑（更像罗西的"类似性城市"），这一体验过被建筑评论家理查德·英格索尔（Richard Ingersoll）描述为"跳切城市主义"（jumpcut urbanism）。对这个旅程的叙述构成了个体的块茎元素，表达了个体对由碎片序列组合形成的网络的一种感受。混杂和重组形成了一部份块茎体验：城市演员从一个城市碎片走到另一个城市碎片，他们的存在和活动赋予每一个片段生机和活力。与此同时，其他人也在这些碎片中工作和生活，他们代表着之前的组装——与工业系统或者土地有关的旧组织模式。

毫不奇怪，考虑到我们对"城市主义"的定义以及城市是演员以及事件构成的网络平台的认识，应该还有大量的城市子元素存在。我试图追溯在西欧和美国历史上相对稳定的六种城市发展模式，也就是，在建筑城市中我注意到稳定城邦的三个阶段，即后现代、中世纪、文艺复兴和巴洛克，都围绕着单一中心发展；在电影城市中存在着贫与富、肮脏的工业城市与改革主义现代城市之间的二元动态对应；最后是巢状城市的多中心和混合。这种从单中心到双中心再到多中心的演进足够简单，先是围绕着一个核心的稳定城邦模式，然后是增长集中在双中心的二元系统，最后是在多个中心之间形成脉冲式增长的多溪流系统。

这三个城市增长模型相当于建筑城市、电影城市、信息城市（我分别用"1"、"2"、"3"来作为城市速记）。建筑城市包含了前面稳定城邦增长中提到的城市装置和重组的子元素，其中最有代表性和最基本的元素就是稳态空间；电影城市包含了基于流动空间和双引力点的二元增长模型中产生的城市装置和重组子元素；信息城市包含了产生于后现代多中心网络城市和具有混合组装特征节点的城市子元素。

本章后面部分，每一个主要的组织元素将由开头字母来代替：E=enclave，A=armature，H=heterotopia。与城市模型1（建筑城市）相关的稳态空间用E1来表示。此外，有时候我要用"压缩"来表达高于或平面尺寸小于这类元素正常标准的情况，用"拉长"来表示比正常的感觉要长的改变旅行者时空知觉的城市交通和通信系统（比如，一个三层的购物中心是"压缩的"，而带有少量出入口的公路，在上面可以在20分钟内驶出20英里，而不是用脚走1英里，就叫做"拉长"）。元素的方向既可以是水平的，也可以是垂直的（图3-31、图3-32、图3-33）。

在研究第三个元素变异空间之前，我要在后面两部分深入研究两个基本的城市"碎片"元素——稳态空间和流动空间。从"空间实体"

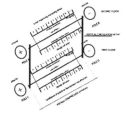

图3-31 压缩式流动空间（购物中心）

图3-32 标准流动空间（伦敦的高街）

图3-33 拉伸式流动空间（拉斯维加斯）

特征的角度看待这两个元素。稳态空间集中场所流，流动空间使流沿着管道流动。我将对这两种元素的形式进行分类，并将它们和林奇的标准模型及《拼贴城市》中描绘的人文主义城市设计传统联系起来。在第四章和结尾，我们将要回到变异空间，考察城市元素和城市模型的关系模式。我们将要检查城市演员如何制造重组，以及变异空间作为特殊的"转换"元素的作用，也就是，变异空间作为一种组装，如何帮助鲜活的城市实现从一种模型到另一种模型的复杂转换。

3.2　稳态空间：初步定义

当我们描述一个城市的时候，我们习惯把它分解成一些概念片段，如邻里、街区、一些特别的场所等等。这种描述的方式很普遍，奠定了一些指南手册的成功，比如《米其林（Michelin）旅游指南》和《Eye Witness 旅游指南》。1950 年代的先锋环境决定论组织中也使用了这种碎片化的视角，特别是居伊·德波的《裸露城市》中的巴黎地图。德波把巴黎地图切割成一系列的"氛围"片断，用红色欲望箭头连接各个片断，很具有保罗·克利的风格。

本书理论的基础就是所有伟大的城市都是围绕着专业化街区、规划单元或是集聚流的稳态空间建造的。这种中心集聚的工具在不同的时代和不同的城市系统中起到不同的作用。大教堂前的广场与制造厂和百货商店门前的广场不同，他们也都不同于迪斯尼的广场。每一个广场都是在"间断平衡"中前进的渐进式增量模式的产物，也就是说，随着时间的流逝，小规模的活动喷发不断的积累。所有的稳态空间将城市流变慢并将能量保留于其中，形成暂时的节点结构（图 3-34）。稳态空间的出现和对稳态空间的识别是人类历史上城市化定居过程的基础。

图 3-34　凯文·林奇：信仰城市带围墙的花园稳态空间《城市形态》，1981 年

传统城市历史研究集中在稳态空间，特别是欧洲城市的历史广场[①]，把广场当成是欧洲城市主义的核心。这种概念又得到当代美国新城市主义的响应。传统欧洲广场的历史可以从古希腊市场和古罗马的论坛追溯到中世纪的大教堂或是集市广场，还有伯鲁乃列斯基在文艺复兴时期设计的圣母领报广场（1421），米开朗琪罗设计的卡庇多广场（1537）（图 3-35），各种巴洛克广场、19 世纪的广场，如豪斯曼设计的共和国广场（1868~1870）等等。想了解更多这方面历史的读者可以参考莫里斯和埃德蒙·培根（Edmund Bacon）的《城市设计》（1967），

图 3-35　米开朗琪罗：卡庇多广场的台阶，罗马，1537 年

[①]　比如，保罗·祖克（Paul Zucker）的《市镇与广场》（1959 年），或者 A.E.J. 莫里斯（A.E.J.Morris）的优秀著作《城市论坛的历史》（1972 年）。

那里面有大量精美的图片和细部。不过在这里我们只关注稳态空间在前面提到的三个阶段的演化，以及在全球各种文化背景和殖民地中的不断重复，而不仅仅局限于他们在欧洲历史上的最佳状态。

一本英语词典这样定义 enclave："属于一个国家，但是位于本国边界之外、其他国家边界之内的地区"（《企鹅词典》，1979 年）。《韦氏词典》（美式英语）对其定义是："被包围在外国的边界中，具有明显边界的文化或社会单元。""enclave"这个词起源于同意词根的动词 cleave，意思是切开、弄碎或是分裂。稳态空间就是隐喻一小块土地从母体街区中分裂出来，置于另外一处地方。他们在内部具有和遥远母体的一致性，而不同于自己周边的环境。在一个新宿主的环境中要保持母体的特征，需要具有能够补偿位移以及对抗外界干扰和矛盾的内部秩序。此外，根据定义，具有边界的稳态空间是从母体中分离出来的，其中的居民经常会渴望与"家乡"的联系。城市中正是由于稳态空间的存在和繁衍才呈现出碎片化的特征。

不难把这些定义和城市中实际发现的个体特征以及更大范围的生活世界联系起来。我们都能联想到大城市中带有边界的稳态空间：北京的紫禁城、罗马的梵蒂冈、纽约的联合国、世界各地的大使馆等。从字面意义上看，所有这些都带有明显边界，镶嵌在更大的城市实体中。从符号学来看，紫禁城和梵蒂冈的"宿主"是上天（heaven），联合国的"宿主"是超越国界的和平，是一种现实中的上天（图 3-36）。

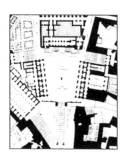

图 3-36 卡庇多广场设计

我们进一步研究稳态空间的一些要点：（1）它们有明显的内部空间和社会秩序，使它们区别于周边的环境；（2）它们中存在一些特殊的吸引物，赋予它们一些独有的特征，通过一种换位系统与理想中的或者远方的社区发生联系；（3）它们由外部或者自身的边界来限定内部空间秩序的范围，这些边界围绕着特殊的中心引力点来组织；（4）边界上有作为大门的开口，与外部交通通道相连，便于内外部交流；（5）它们是停顿和停滞的场所；（6）它们的边界内可能包含多种城市原型形态，但是主导模式通常会由一种原型模式重复形成；（7）它们通过看门人和系统性内部代码来规范边界内特定人群和用途的社会秩序及功能秩序。一类演员通过执行功能代码、禁令、限制性的建筑代码手段来排除另一类用途或人群。居民、业主、土地主、开发商、街头黑帮、城市法规、法庭都可以执行这些代码，由各种团体来控制进入。

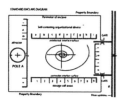

图 3-37 作为自我中心系统的稳态空间

综上所述，稳态空间就是一个由城市演员创造，在固定的边界内有严格等级管制的自我组织、自我中心、自我规范的系统（图 3-37）。它使用各种技术减慢和集中外部的流，包括利用外墙、看门人以及聚落规划中使用几何形态的工具等。从古埃及到墨索里尼和斯大林的宏伟城市景观到网络城市及其他城市，城市演员早在城市诞生时就学会了利用稳态空间。稳态空间还是城市的渐近增长单元。我用字母"E"来表示稳态空间。

下面，我要区别各种城市模型和城市设计策略中不同的稳态空间，并在可能的地方引用案例。我用"E"来表示标准模型，"]E["表示压缩模型，"–E–"表示拉长模型。此外，强媒体影响和高集中度用"m"来示意。我将上一节对城市模型的编号加在这些符号后面。建筑城市的稳态空间用"E1"表示，电影城市的稳态空间用"E2"表示，信息城市的稳态空间用"E3"表示。花括号加元素意味着这是一个高密度的城市肌理，历史街区的市中心，如带天井的住宅就表示为 {E1}。

我已经提到过稳态空间的属性，就是有封闭的边界（通常带有城墙和通往城门的主街），守护人；自我参考的单一中心、代码系统、围绕着定义生活中"善（good）"的（至少是伟大的善）圣迹构建等级，类似的例子包括庞贝城由庭院别墅构成的罗马居住区（E1）。轨道电车和郊区时代的标准住区——联排住宅或郊区独立式住宅——构成城市边缘的"资产阶级乌托邦"（E2）。我们也研究了单一功能的工业稳态空间的时空是如何被铁路廊道加速，沿着铁路线拉长的（–E2–）。

人们也可以在小而结构紧凑的专业化工业稳态空间中观察到压缩稳态空间，比如安特卫普的"钻石区"，伦敦的哈顿公园（]E2[）。这些高度专业化的工业区通常会变成与周边城市环境关系不同的变异空间，等待着后现代元素进入其中，构建全球联系。我们也曾经看到过后现代稳态空间的例子（E3），如新城市主义倡导的"步行口袋"，其吸引力高度依赖全球通信系统。严格的代码控制着这些网络连接中的社区，图境的重点集中于形成场所感的元素，如必不可少的装饰性开放门廊（附加在带有中央空调的建筑上）。

建筑城市的稳态空间（E1）以街道和连续街墙为基础，利用街道和广场"空间实体"对流进行限定和引导，构成基于街道的城市形态。这种中心集聚的城市模式具有悠久的传统，从信仰城市中的前古典时期遗迹到欧洲建筑城市中遗留的建成结构都能发现这种模式。通常这些城市在大地景观中确定一个几何中心点，从这个中心（地方的）世界向外发散四条主要轴线（在中世纪欧洲城市中，只有一个城市——耶路撒冷——拥有世界中心的特权）。这些轴线向地平线延伸，方向通常与罗盘的基准点一致，一直延伸到太阳升起和落下的地方，或者按照夜空中星星的方位来布置。在第一章我们已经注意到这些单中心系

图 3-38　凯文·林奇：风水和定向系统，信仰城市，《城市形态》，1981 年

统的宇宙取向，尤其是在信仰城市中（图 3-38）。

在《理想城市》（*The Idea of the City*，1976）中，约瑟夫·里克沃特（Joseph Rykwer）非常详细地研究了一个特殊的 E1 单中心稳态空间系统的运作方式——新城建设中使用的罗马系统。这个系统跟中国和印度的风水没有太多区别，都可以归结为林奇所说的"宇宙"图示。首先，占卜师来到打算作为聚居地的基地占卜其是否适合居住。他们宰杀基地上放养的动物以发现不洁净的东西和恶兆。如果标记令人满意，占卜师就用一头白色的公牛牵着神犁，犁出一道沟作为城市的边界，也就是将来的城墙的位置。按照罗盘的四个基准点的位置在圣墙上开洞建造大门。占星师在跨过将要设置大门的位置的时候要把犁举起来，否则会破坏大门和边界的神力，放进陌生人玷污 E1 的圣洁。在四条轴线的交叉点布置议事广场，作为新城市的象征性中心，形成一个稳态空间中的稳态空间。在广场里为帝王和当地神灵建设寺庙，这些寺庙又形成了更小的稳态空间。占卜师在城市的象征性中心挖一个坑，代表了世界的中心（宇宙的起源），新居民们向坑中扔下与他们原来的家有关的东西，象征他们对新家园的承认。

像罗马殖民地或者军营这样的 E1 稳态空间只有一个焦点：罗马公共纪念碑都集中在中央公共广场内，广场周边围绕着私人建筑。对高度的限制控制着建筑的垂直维度，创造出一种高度上的等级，宗教或者公共纪念建筑要高于私家建筑。E1 稳态空间的嵌套主题反映在庞贝城的结构中，就像艾蒂安（Etienne）描述的，考古学家发现其中包含着一系列的稳态空间。在城市的核心，有一个微小的、不规则的前罗马时代萨比教营地。每一个营地都是一个独立的单元，带有自己的浴室。在庞贝城中有三个渐次叠加的网络：一个位于山上的剧场区，一个位于山脚下的商业区及附近的红灯区，还有一个位于城边的体育区。每一个网格都比前一个更加规则，最终被防御性的城墙包围起来（图 3-39）。

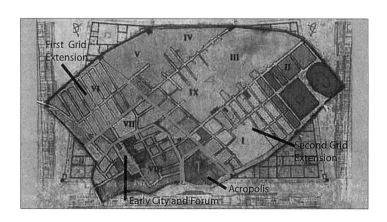

图 3-39　古罗马庞贝城规划中的嵌套系统

　　中世纪欧洲和伊斯兰城市中也出现很多专业化的 E1 稳态空间，从大教堂、清真寺（带有附属的学校、浴室、市场和寺院），再到专业行会或商人组织所占据的特区（大多数来自外国）都包含在城墙内部。作为丝绸之路上著名的贸易大都市，伊斯坦布尔就有很多这样的为外国及当地商人准备的专区。与之竞争的威尼斯也是一样，并且它还将商人按照国籍进行隔离，犹太人有自己的社区（E1 向 H1 的转换，即变异空间，将在下一章中详细讲解）。理查德·桑内特（Richard Sennett）在《肉与石：西方文明中的人与城市》（1994）中专门讨论了威尼斯这种做法的根源，并将其定义为"对触碰的恐惧"（图 3-40）。而这种恐惧也不仅仅局限于中世纪时期，比如 A.J. 克里斯多夫（A.J.Christopher）在《阿特拉斯的种族隔离》（1994）中就描述了 20 世纪南非的《群体区域法》的发展历史。

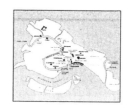

图 3-40　理查德·桑内特：拥有稳态空间和贫民窟的威尼斯规划，《肉与石》，1994 年

　　词典中对"稳态空间"的解释强调了界限和国家属性，这反映了 19 世纪欧洲城邦形成，以及围绕种族和领土纷争的战争经历。事实上土地及土地所有权是 E1 生成和界定的基础。在上一部分对类型形态学的讨论中，我们已经提到过 MRG 科曾斯的"规划单元开发"，它将城市发展与构成现代城市基础的农业土地细分直接联系在一起。科曾斯因此能够在地图上精确地描绘每一片领域、单元、片断从农村向城市或郊区的转变。（从 E1 向 E2 转换，E1>E2）。

　　在英国，由于大量关于土地所有权的公共档案记录现在对学者开放，城市历史学家可以对城市土地的演变进行详细的测绘。约翰·萨莫森（John Summerson）在《乔治亚风格的伦敦》（1946）中就采用该方法研究了在农业土地划分基础上的大地产单元规划（E1 向 E2 的转换）。H.J.Dyos 在对伦敦南部郊区坎伯韦尔的研究中，也采用同样的方式，记录了一个郊区乡村向伦敦大都市网络系统中的次中心转变的模糊过程（没有伦敦中心城大地主所施加的自组织模式）。Dyos 发现伦敦市中心的房地产组织和传统对伦敦的整体发展模式有很大影响。我们已经研究过波图加利在《自组织与城市》中对细胞自动机的描述与自组织系统的关系。这类自组织系统建立在产权清晰的稳态空间基础上，在一系列关联组装中，通过专业化的反馈回路维持和重复基本的分形模式。

　　伦敦大地产的发展历史显示了稳态空间作为一种自组织系统和一种通过产生分形系统进行自我维护和自我修复的细胞自动体的存在（时间长达两个世纪）。1632 年伦敦柯芬园（covent garden）的开发开创了文艺复兴时期伦敦稳态空间（E1）的传统。柯芬园地处城市外围，带

图 3-41 萨莫森：柯芬园北视图，伦敦，大约在 1632 年

有单一封闭的中心。在接下来的几个世纪里面，它被转换成了相互关联的大型城市稳态空间（E2）系统，一直向西发展，并成为伦敦老城中心的有力竞争者（图 3-41）。

国王要求比德福伯爵先建设一个带有开敞中央广场的教堂作为 E1 初期开发的引力中心，从而将柯芬园的开发与文艺复兴乌托邦联系起来。这种设计手法后来又应用在英国在美国的殖民地，如纽黑文、费城以及西班牙在印加的殖民法律中。E1 中央广场这种移植文艺复兴理想的设计使得柯芬园成为大伦敦独具特色的稳态空间（图 3-42）。

公爵及其后人组建了比德福房地产局，并建立起一套层级管理体系来控制稳态空间内的活动。比德福房地产局在整个开发区内充当了一个执行和反馈代码的机制，如同带反馈回路的自组织自动细胞，来修复和维持稳态空间的结构。像波图加利在《自组织城市》中写的，这种细胞单元结构在城市网络中形成了"分形"（自我相似）系统。公爵及其后代一直保留着地产所有权，本地土地租期最多不超过 100 年，因此比德福房地产局永远保留着对本地开发建设进行规范和管理的权利。18 世纪当这里沦为伦敦的剧院区和红灯区的时候，比德福房地产局曾经努力限制这里的卖淫嫖娼行为，19 世纪又对空置广场上自发出现的水果蔬菜市场进行规范。1830 年查尔斯·福勒（Charles Fowler）设计了由钢、玻璃和石材构成的柯芬园市场，标志着比德福房地产局长期维护柯芬园作为单一功能高尚居住区（E2）斗争的终结，从而进入了地产变异、混合使用的"工业－市场"功能新阶段（从 E2 到 H2 的转换，E2>H2）（图 3-43）。

图 3-42 a）依理高·琼斯：圣保罗教堂，科芬园，大约在 1632 年
b）琼斯：柯芬园中央广场，大约在 1632 年
c）柯芬园分析——周边开发与空置广场，1971 年
d）柯芬园分析——广场的正式设计形式，1971 年
e）柯芬园中央与周边联系分析，1971 年
f）重建后的柯芬园市场内部用作节日购物中心，2004 年
g）外立面嵌插着查尔斯·福勒铁艺的水果和蔬菜市场，19 世纪 30 年代
h）插入市场建筑的柯芬园规划，19 世纪 30 年代

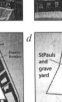
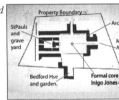
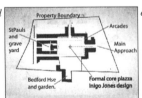
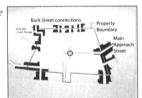

不过一般来说，现代工业城市的稳态空间都会极化成为单一的生产、消费、存贮等功能（E2），这些功能由通信"供应系统"连接（科伊使用的术语）。这种专业化和隔离部分原因是为了满足人们对专业化服务的需求而把商业集聚在一些稳态空间内，但同时也是城市规划功能分区的结果。最后就形成了林奇所说的机器城市，城市中有多个单一功能的稳态空间（E2），通过通信和交通廊道联系在一起。德兰达（Delanda）曾经把这种城市组织（比如欧洲殖民帝国的港口城市）比喻为"分选机"，因为演员在这里实际上是对原材料进行识别和分类。功能隔离创造出一种由流和碎片构成的生态系统，随着后续使用者和流的变化，稳态空间的特征和关系也会发生变化。

图 3-43 大卫·格雷厄姆·肖恩：伦敦大地产及街道的改善计划，1971 年

美国生态学家欧内斯特·伯吉斯（Ernest Burgess）和罗伯特·帕克（Robert Park）研究了 1920 年代的工业城市芝加哥的社会结构，提出了对现代主义城市稳态空间（E2）的典型定义（图 3-44）。伯吉斯写道"城市的增长…作为一个分配的过程…通过居住和使用来转换、分选、迁移居民和组织"，这是一个"赋予城市形态和特征"的过程。帕克把城市当作一个由稳态空间形成的生态系统，在这里少数族裔依靠自给自足形成聚居区。在美国城市的扩张历史上，各类人群通过这个过程不断"演替"。"演替"一词来自生物学，指的是在一定范围内的群落中，动植物种类拓殖和替换波动，每一次波动都为下一次替换扫清障碍。工业城市的增长圈层记录了这种在特定的稳态空间内推动形成"集聚与去中心化"的移民演替潮（混合了生物暗喻）。（图 3-45）伯吉斯写道，任何涌入城市人流的突然增长都会造成"对正常新陈代谢的扰动"，比如突然涌入的欧洲和南美新移民：

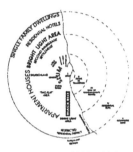

图 3-44 罗伯特·帕克和欧内斯特·伯吉斯：芝加哥学派关于工业城市中的"移民演替"，大约在 1922 年，《城市读本》1996 年

> 通常，可以将组织与去组织化的过程想象为彼此互相作用的过程，这是一个在社会均衡秩序中合作和移动，最终导致模糊或清晰的进步过程。

在新移民流的压力下，E2 邻里稳态空间的自组织模式被打破，变成了去组织化。这类"去组织化"是很"正常的"，是"城市新来者对地块进行再组织"的前奏。

早期的芝加哥是一个高度隔离的城市，有很清晰的 E2 边界。帕克把这个案例推而广之，将美国工业城市的特征归结为"由相互接触但不能穿越的微小世界拼成的马赛克"。每一个"微小世界"都有清晰的边界，成为一个独立的碎片，代表着某个种族社区、人群或者经济阶

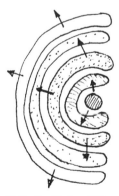

图 3-45 凯文·林奇：年轮式生长和环状迁移示意图，《城市形态》，1981 年

层居民的生活世界。

这种根植于自然经济与群体文化的差异赋予城市形态和特征。隔离赋予人群继而个体在整个城市生活组织中的地位和作用。隔离限制了某一方向的发展，但是同时释放了另一个方向。这些地区趋于强调特定的品质，以吸引和发展意向中的居民，以便在将来进一步分化。

帕克描写的是美国"典型的"种族隔离时代，那时所有的组群都被指定居住在带有明确边界的特定稳态空间（H2）里。土地主可以通过合法契约剥夺人们的财产所有权，只要他们愿意，可以限制不同种族、肤色、宗教的人进入自己的领域（在大西洋的另一边，比德福地产局试图通过法定契约来规范柯芬园，但是没有成功）。芝加哥就是由这些专业化和隔离的 E2 居住稳态空间以及中央商务区（如 loop）、工业区（如 stockyards）、娱乐区（如公园和湖畔）构成的。实际上，当 1961 年纽约首先在美国开始实施《区划法》的时候，标志着 E2 稳态空间作为一种类型正式得到官方认可。

帕克和伯吉斯认为，城市就是一个稳态空间构成的生态系统，对各种人和功能进行分类和隔离（尽管他们在提到"区"（zones）和"区域"（areas）生态环境的时候没有使用稳态空间（enclave）这个词）。有些稳态区富有，被指定为消费区，代表着财富、展示和游憩；其他一些区则与生产、工作、效率、设施、榨取劳动力的利润、制造和工厂有关，通常环境恶劣。所有这些区都通过街道和广场对流进行压缩，简单复制标准化住宅单元，从而形成现代工业城市的肌理。从 19 世纪开始，改革者们开始反转工业代码，寻求改变这种状态。

就像我们在第二章提到的，罗和科特 1978 年在《拼贴城市》中描述了现代主义城市的代码反转。本章前面我们也看到帕拉·维加诺认为这种代码反转创造了反转城市（他在《初级城市》（*La Citta Elementare*）（1999）中，引用弗兰克·劳埃德·赖特的《广亩城市》（1935）作为反城市化政策的主要论据。后来证明这种反城市化的观点部分出自当时俄罗斯的前卫文章）。科伊指出随着花园城市和分散性的城市 - 区域的出现，city[①] 的概念维度变成了主导。E2 稳态空间变成了更加高度专业化的元素，彼此相距很远，但是通过辅助系统联系在一起。按

---

① 相对于"urban"的概念维度——译者注

照这个主题，像罗和科特一样，维加诺认为孤立的功能被分隔在专业化的建筑原型中导致一系列新稳态空间细胞（E2）孤立在大地景观中。林奇在机器城市中的图示中也使用交通和通信网络把稳态空间联系起来。这些稳态空间是非唯一的，可以互换；他们可以轻易被来自大地景观中其他地方的新形式所替代。

美国在第二次世界大战之后发展起来的开放型区域购物中心展示了反转城市中 E2 稳态空间系统以巨型开敞空间为主导的景观特征。购物中心开发组织很快发现，在一个封闭的稳态空间两端各布置一个引力中心，两个中心相互"竞争"，引导消费者沿着单一通道行进，这样的双中心哑铃型结构能起到最佳的商业效果。林奇认为美国 1960 年代一些最好的城市设计作品就是出自标准的哑铃型区域购物中心。早期美国 E2 购物中心的街道（armature）是开敞和单层的，两端的百商店"磁极"是两层和封闭的，采用人工供热和通风系统，有时候带有贯通一、二层的精巧的建筑中庭。

这些炫耀性消费的异托邦宫殿继承了 1851 年伦敦水晶宫世界博览会之后大量出现的大型百货商店的传统，在这里展示着来自全球的商品，以吸引女性购物者为目标。1950 年代在德克萨斯州的内曼 – 马库斯（Neiman-Marcus），早期的百货商店曾雇佣全国知名的建筑师（如埃罗·沙里宁事务所）来实现他们对高品质品牌形象的设计。他们使用中庭来标榜 E2 稳态空间的现代性，向石油大亨和他们的妻子推销高端商品（如高档游艇和法拉利）。甚至 1950 年代早期的大众连锁百货商店，如 Allied 和 Federated（美国两个最大的百货公司）也试图将他们位于购物街（armature）两端的"混凝土盒子"塑造成一个干净、现代的形象。每个盒子里面，顶部采光的中庭打破了零售区充满霓虹灯的单调，给人以方向感和中心感，形成一种自我中心组织感（图 3-46）。不过面向公路布置的大型橱窗是个错误，他们以为路过的司机会因为展示的商品而停下来进去购物。

1960 年代营销技术的发展使得这种模型变得标准化，并在新郊区规划中作为 E2 购物中心的子元素不断复制（标志着他们从 H2 转换到 E2，比如从电影城市的乌托邦转化成正常的新稳态空间，H2>E2）。研究显示从铁路时代或农业社会时代遗留下来的传统小城镇和购物街蕴藏着巨大的市场潜力。设计师必须把这些城市子元素进行重组以服务于新市场。梅瑞迪斯·克劳森（Meredith Clausen）介绍了第一个成功的区域购物中心的设计者约翰·格雷厄姆（John Graham）如何在新零售中心（enclave）的设计中拷贝了一个城镇中心主街的商业布局（后

图 3-46　Crossgates 商场，奥尔巴尼，纽约州，cybersite，2004 年

图 3-47 左图，维克托·格伦："明日的细胞都市"，《城市核心》，1964 年
右图，格伦：作为交流中心的购物中心模型，《城市核心》

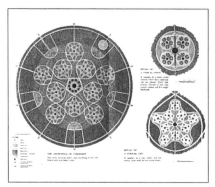

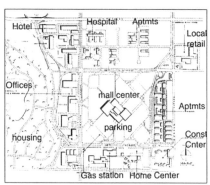

面流动空间的章节中会详细说明）。

购物中心设计的先行者维克托·格伦在《城市核心》（*The Hearts of Our Cities*）（1964）中，描述了 E2 购物中心作为次中心在汽车时代郊区开发中的出现（图 3-47）。他叙述了一系列基于小汽车的城市副中心的产生过程——首先围绕聚居区出现了小型城镇中心，然后是沿线性街道的独立商业开发，最终随着公路的建设出现了区域购物中心。在书中"明日的细胞都市"一章，格伦假想了一个有 10 个购物副中心的城市。每一个副中心外围都环绕着高密度居住区，中间是一个超高密度的商业节点，整个城市坐落在一个大公园的中间。

格伦假想了一个埃本尼泽·霍华德的《明日之田园城市》的激进版：E2 稳态空间购物中心成了漂浮在反转城市虚空中的"亭子"。这可以看做是一个新奇的代码反转；它的组织维护结构继承了比德福房产局和花园城市开发局（霍华德在韦恩花园城市建立）的传统，并且增加了一些新的职能。购物中心管理公司负责协调广告、街道标识、室内标识。购物中心周边的标识充当着高速公路入口象征性中间体，高速公路的出入口相当于稳态空间的大门。建筑周边的行人出入口也用大型象征性大门界定出来，区别于停车场的空地。出入口处展示着（法律规定）规范人们在私有购物中心内活动的规则规定。由私人保安公司执行这些规则，并监视停车场。更多的内部规则包含在开发商的租赁合同中。他们规定商店的广告牌和立面设置要征得购物中心承租者的同意。购物中心的承租者管理团队与店铺租赁者签订合约，控制购物中心的建设，确保各项活动行为有序；他们还要控制公共关系和规划广告预算。每一个店铺内部都有自己的安保系统，并通过卫星和计算机联通到全球信息网络。如果你用信用卡购物，只需要 30 秒钟的时间就可以完成信用卡信用查询、记录购物清单，并将所有信息传到公司总部。公司总部则根据你所购的商品检索库存并预订新货。

　　这种购物中心门店与库存和现金流之间的电子联系是全球生产和消费过程转向电子化网络分配过程的产物之一。这种网络不仅使得远在几千英里外发展中国家电影城市中的工厂可以快速对市场需求做出反应，而且可以把陷在越来越大的"引力场"中的消费者吸引到信息城市的巨型购物中心（H3）中来。类似的过程最早曾经出现在电视发明之后，现在则通过互联网络越来越深入到各个家庭之中。作为一种图景（image）元素，购物中心的流动空间（A3）是市场营销战略的重要组成部分。流动空间图景同时也在网络空间中传播，以保持购物中心在虚拟空间中的存在感和识别性。

　　在第一章中，我们提到克鲁格曼构建了从单中心城市到双中心城市再到 12~20 个多中心城市的变化模型。他也像格伦一样，预见到在原始定居点两端会各自出现一个彼此对立的次中心；这两个次中心又分裂成四个，依此类推，最终在稳态空间中形成网络化的多中心等级体系。在这些不断出现的次中心中间，产生了第二层级更小的中心，一直为生存而挣扎。按照这种模式，如同格伦书中的描述，1960 年代美国的多中心网络城市既有大量成功的案例也有大量失败的案例。他的"明日的细胞都市"乌托邦反映了他对 1960 年代网络城市中出现的购物中心 E2 副中心的理解。

　　休斯敦拱廊购物街（Houston Galleria）出现后，仅用了 15 年的时间就取代了传统城市商业中心区。首先，由西雅图 Northgate 购物中心的设计师约翰·格雷厄姆设计的 E2 区域购物中心 Gulfgate 在 1956 年落成开放（图 3-48）。Gulfgate 主要服务于城市南部二战后迅速发展起来的运河、冶炼厂、港口、霍比机场等郊区。现在这些郊区开发区由 Gulfway 高速公路（1948 年开始建设）连接在一起。Gulfgate 从没有试图挑战市中心，但是开发商杰拉尔德·海因斯（Gerald Hines）1967 年开始声称要在富裕的西部郊区进行"新市中心"开发，并以拱廊购物街作为一期工程。

图 3-48　约翰·格雷厄姆：开放的流动空间，Northgate 购物中心，西雅图，1950 年

　　拱廊购物街稳态空间是分阶段开发的，每一次增建都代表着对 E2 购物中心元素的重新组合，最终形成 E3 巨型购物中心。一期工程由 HOK 的乔·奥巴塔（Guy Obata）设计（图 3-49），包括 600 英尺长的圆拱顶商街（流动空间），一端以内曼－马可斯高端品牌店的中庭结束；这条购物街中穿插了停车场、一座高层办公楼和一座高层酒店，其屋顶还带有一个运动俱乐部（带环形跑道）。购物中心（稳态空间）另一端是开放的，留待二期工程。二期工程在这一端建设了一个带有多层中庭的波特曼风格酒店和办公楼（1972）。1986 年由菲利普·约翰逊设

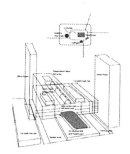

图 3-49　HOK 建筑事务所：拱廊购物街一期工程的元素分析，1967 年

计了三期工程，这是一个带有新古典主义立面的波普式巨大建筑，室内空间错综复杂。购物中心四期在一期场地上继续进行填空式建设，仍然由菲利普·约翰逊设计。新建筑呈紧凑的 L 形布局，夸张地模仿一期建筑的造型。

在 1960 年代休斯敦凭借廉价土地、石油补贴、联邦拨款以及放弃规划控制逐渐发展成为一个多中心城市的同时，同样的模式作为一种理论上的空间结构也被应用到东京都市区总体规划（1969）中。不过东京有着严格的规划控制，例如 1955 年规划提出在东京环城绿带以外发展新城网络（这个目标只有部分实现了）。规划还设想围绕着中心区外围的铁路环线建设一系列不同的次中心。在政府部门与由公共机构和私有铁路公司组成的联合财团的共同努力下，这个规划目标全部得以实现。铁路财团同时还拥有开发公司、建筑公司、酒店和公寓连锁公司，这种构成使得财团能够进行综合开发。

尽管东京这些副中心的超级拥挤现象让今天日本的职业规划师感到羞愧，但是就多中心大都市的增长模式而言这些副中心非常成功。他们也是类似拱廊购物街那样渐进式增长的产物。在《东京》一书（1998）中，罗曼·西布斯基（Roman Cybriwsky）列举了构成东京副中心模型的 10 个典型稳态空间子元素（图 3-50）。这些元素包括高层办公楼、百货商店、娱乐区、集会（或表演）区、红灯区和情人旅馆等。

东京和休斯敦的 E2 和 E3 副中心稳态空间在缓慢进化中，由表达一种权力的图景空间（image space）发展到表达多种权力。这些空间充当了引力中心，可以描绘出游客在复杂的网络城市中来往的块茎连接轨迹。休斯敦的巨型购物中心和东京的副中心发展模式镜像并微缩了这两个城市通过吸纳周边地区的能量快速发展为多中心信息城市的过程。在这个过程中，休斯敦成为美国国际石油工业的中心，东京成为环太平洋卓越的金融中心。两个城市原来依赖仪式、地理或者工业组织实现中心集聚过程，现在则逐渐通过图景意向来区别副中心以及连接他们的通信网络。迪斯尼乐园（1954）精心设计了一套图景来界定图境式多中心次级稳态空间（E3）系统——西部乐园、未来世界等等——以中央的白雪公主城堡为参考点，形成向心引力。图景和幻象（image and illusion）对乐园的成功和引导人们的路线起到很重要的作用，同样重要的是乐园与外部高速公路和电视网络的联系。佛罗里达州的奥兰多魔术王国（1971），最初只是一个引力中心，后来则变成了沿着公路蔓延几千英亩的巨型图境式多中心 E3 稳态空间（被规划成拉伸式公园稳态空间（–E3–））。最初的公园变成了多中图景系统的一个组成部分（图 3-51）。

图 3-50　东京环及其五个铁路分中心示意图

图 3-51　魔术王国和艾波卡特的鸟瞰地图，佛罗里达州，1971 年

在现实的信息城市中，迪斯尼世界作为早期建筑城市和电影城市稳态空间系统中遗留下来的片段，留在原地作为图景元素等待再次被组织和重构，形成新的引力中心。这些片段已经形成了固化的组装，等待着在多中心系统中重生。如同林奇在波士顿的心理形象认知研究所指出的，传统城市肌理对于界定信息城市稳态空间（E3）的空间秩序非常重要。建立于 1960 年代的纽约特别区系统是另一个例子。由于属于历史街区，特别区被要求不得改变建筑形象，于是就有了炮台公园市上西区的代码复制案例。在城市旧区改造时，这些街区（术语叫做"历史保护街区"）可以和商业改进区结合起来，这样可以使土地所有者拥有提高租金、确定开发性质、在媒体上宣传等特定的权利。传统肌理的"图景"被当做集聚的工具来界定区域，区域的周界则由基础设施来限定（如公路），匝道、码头、地铁等等充当了区域的门户（图 3-52、图 3-53、图 3-54）。

图 3-52　科特与金建筑事务所：大学园总体规划，剑桥市，马萨诸塞州，1985 年

历史保护街区清晰地把 E3 稳态空间作为一种图标从城市概念地图中界定出来，成为城市的标志，如同早期的节日市场开发（由 H3 向 E3 转变，H3>E3）。图景（image）是后现代城市的集聚工具，起到在城市媒体景观中注册场所的作用。1960 年代当内城荒废（由于人口向郊区迁移）变得十分明显的时候，规划师开始寻找成功的购物中心开发商对中央商务区的传统肌理进行再开发（图 3-55）。像我们之前看到的，波士顿重建局（BRA）组织了法尼尔厅（Faneuil Hall）历史市场区（位于贝聿铭 1961 年设计的新市政厅的旁边）的改造。通过对早期旧金山渔人码头（1964 年完成改造）的特种零售业的研究，BRA 认识到在这个 600 平方英尺码头区建设购物中心的潜力。不过，购物中心项目（由 H3 向 E3 转换，H3>E3）花了好几年的时间才建成。1975 年成立的城市地标委员会为 BRA 在通常的公共补贴基础上提供了额外的历史保护拨款，作为 1973 年詹姆斯·劳斯（James Rouse）公司开发的后备资金。这个建筑综合体于 1976 年落成开放，1988 年和 2001 年进行了更新，到现在每年接纳 1100 万游客。

图 3-53　科特与金建筑事务所：查塔努加市城市设计，查塔努加市，田纳西州，1987 年

图 3-54　科特与金建筑事务所：剑桥大学园，马萨诸塞州，1985 年

这种 E3 混合性历史稳态空间通常包含一个压缩的多层次城市购物中心作为引力磁极：如巴尔的摩港口区（每年接待 1400 万游客，1980 年开放，1988 年扩区）、纽约南街港（每年接待 1000 万游客，1983 年开放，1985 年扩区）、巴黎市中心的雷阿尔集市广场（老的市场于 1971 年拆除，1979 年新市场开放）、伦敦的柯芬园广场（老的市场于 1971 年搬迁，大伦敦议会 1971 年修订了柯芬园的规划，制定了新发展规划，1978 年制定了具体的"行动计划"）等。这些节日市场混合体是一种建筑城市

的稳态空间和电影城市的流动空间的组合。组合的重点是"亭子化"和流动，其图景在信息城市中非常容易识别。他们围绕在历史图景空间周边，作为象征性中间体被城市和区域居民识别并当作概念组合在大脑印象地图中标记出来。也就是说，他们是信息城市中集图景印象、购物中心和历史城市于一体的典型的混合空间（hybrid space）。

如上一章最后所列，继科林·罗《拼贴城市》（1978）之后，许多人继续着这种混合历史与现代的研究路径。1980 和 1990 年代大多数新城市主义者设计的住区遵从了信息城市的 E3 原型。这些单一功能的稳态空间由代码控制，在居住区内创造出独特的传统空间秩序和固化的乌托邦社会等级图景。E3 稳态空间创造出一种模仿传统小城镇中心的乌托邦图景以提高吸引力。这类住区通常以街道为核心，沿街道布置紧凑布局的独立式住宅，住宅和街道装饰有门廊和其他地方性元素。例如，1986 年库伯·罗伯森（Cooper Robertson）设计的佛罗里达欢庆城（Celebration），由郊区乌托邦社区构成的象征性中间体围绕着通向一个小湖的 450 英尺长中央主街（流动空间）布置。主街的一端是一个小型滨湖电影院和旅馆，另一端是一个小型市政厅（位于一个带有喷泉的广场上）。整个乐园有清晰的边界，每条入口的道路都有石质的门柱（图 3-55~ 图 3-57）。

图 3-55　欢庆城，奥兰多市，佛罗里达州，1986 年

新城市主义者花了很多功夫来强调代表乌托邦式公共生活元素的象征性中间体：如高尔夫俱乐部、教堂、学校、运动设施、商店、电影院等，将他们布置成一种图境式的街景。这些街景反射出美国郊区由仅满足功能需要的单中心发展阶段转变到满足不同需求的多元次中心发展新阶段。从杜安伊和普拉特－兹伊贝克（Duany & Plater-Zyberk）建筑师事务所的作品中可以发现 E3 稳态空间的这种转变趋势。滨海城（Seaside）是单中心的社区，阿瓦隆公园（Avalon Park）则是多中心社区群。这种转变标志着信息城市将慢慢扩展成为一个城市区域。

图 3-56　主街沿线景观，欢庆城，通向乡村俱乐部，2003 年

E3 稳态空间的乌托邦特质不仅仅应用于欢庆城这样的高级住区。自从 1964 年民权法禁止制定关于种族歧视的土地开发协议后，在后现代大都市的郊区和边缘地带出现了大量少数族裔和移民聚居区（稳态空间）。这对伯吉斯和帕克的"经典"现代主义住区理论造成了双重影响。在他们的理论中，所有阶级的人都能够生活在一起，但是现在中产阶级和富裕的少数族裔已经自由地迁往郊区，在那里他们通常选择居住在上等住区稳态空间中。

如果不讨论封闭式社区和整体规划社区的兴起，任何关于后现代稳态空间的研究都不可能完整。在这类社区中，业主身份和土地权属

图 3-57　主街沿线景观，欢庆城，通向小镇中心，2003 年

由契约来确定，这种社区过去一度把少数族裔排除在外，现在则排除儿童或 60 岁以下的人，如取得巨大成功的太阳城 I 期和 II 期（图 3-58）。这些位于凤凰城外围郊区的环形居住区，每一处都有自己的购物中心、健身房、高尔夫球场、医院，布置在壕沟和外墙内。居住区里的住户都是 60 岁以上的白人。开发商成立了业主委员会来规范土地细分——只有土地主拥有这些权力——很像 19 世纪大众民主出现之前的欧洲。在加利福尼亚，业主委员会充当大片土地开发的地方政府机构，担负起征税、维护公共空间、收集垃圾、供水、维护道路等职责。

图 3-58　太阳城鸟瞰图，凤凰城，亚利桑那州，1960 年代

边缘城市中的资产阶级乌托邦 E3 稳态空间与内城反乌托邦的"超级贫民窟"稳态空间形成鲜明的对照。在 1960 年代的美国民权运动中，随着中产阶级非洲裔向郊区迁移，现代主义城市的"典型贫民窟"分裂成为自组织结构。1970 年代和 1980 年代的贫困陷阱使得传统少数族裔群体中的穷人（以及一些新移民）被遗弃在内城 E3 稳态空间。这种"超级贫民窟"里没有好学校，没有警察巡逻，也没有社会支撑系统或社会组织（除了教堂）。在这个分析中（尽管有一定的价值，但是忽视了大多数社区对被遗弃、不良土地主以及毒品黑帮的抵制），里根时代的暴力犯罪潮、毒品交易、黑帮火并标志着社区、正常法律以及秩序的崩溃。这种"典型的"多阶层贫民窟崩溃后所形成的 E3"超级贫民窟"既恐慌又时尚，迷倒了安全地待在家里看电视的郊区各种族居民。随着法律和秩序的回归，这些贫民窟通过房地产开发开启了绅士化和再开发的道路，成为信息城市的组成部分。这一过程创造出全新的城市图景，比如"新哈莱姆复兴"项目耗费百万美元所打造的褐石建筑（Brownstones）。

《城市稳态空间：美国的身份和场所》（*In Urban Enclaves: Identity and Place in America*）（1996 年）马克·亚伯拉罕森（Mark Abrahamson）指出应该对芝加哥学派的社会学者帕克和伯吉斯假想的"经典"贫民区 E2 进行重新定义，并将其延伸到拥有相对一致生活方式，并且拥有更高等级财富的郊区 E3。亚伯拉罕森写道，移民和贫民区不再被限定在内城邻里。隔离和分层的形式发生了改变，阶级和收入代替种族和人种成为新排斥标准。富裕移民直接搬到郊区居住；在战后美国标准化批量建设郊区私人独立住宅的背景下，这些人自下而上定制形成了灵活的后现代郊区 E3 稳态空间新版本。其结果可能很奇怪。例如，一栋建筑可能是美国郊区独立式住宅和中东典型庭院式住宅的混合体，庭院可能变成了大型起居室，并一直通到建筑上层。室外设计风格也反映出平面的变化，最后形成一种俗丽的"豪华住宅"（MacMansion），看起来好像是从中东城市郊区移植过来放在了美国上层郊区。

亚伯拉罕森接着写道，后现代 E3 城市稳态空间不再像过去那样在经济方面独立，他们在区域甚至全球层面发生关联，其自我定义现在融入了文化和制度的因素，而不再仅是地理因素。他们的构成需要借助象征性中间体，并通过媒体（media）连接人们自觉或不自觉的欲望。他写道，稳态空间围绕着引力中心或是磁极，由象征性中间体把特定居民吸引到特定地点。这些中间体是典型的城市子元素（我们之前已经识别过）：如市场、文化中心、风味餐馆或食品店、朋友聚会的场所、做礼拜的场所、移民律师事务所、旅行社、电影院等等。所有这些象征性中间体都充当着吸引物，赋予 E3 移民稳态空间独有的特征。他们或是移植了移民遥远的"祖国"生活，或是反映未来的理想——其建筑和景观形象来自"祖国"。在新平台下居民选择的食物和生活方式也与其祖国有一定的关联。当这些元素被嵌入到像新泽西的莱德伯恩（Radburn，1930 年代由 Clarence Stein 设计，带有曲线形街道以保护行人）这样完全美国化的区域性整体规划先锋社区中时，其结果在某种程度上是超现实的。在最近的一次实地访问中，我看到在安静的社区公园里，居民们在 50 年树龄的橡树下读着俄文报纸。伯吉斯认为这种稳态空间是内城的典型代表，亚伯拉罕森则认为，像索迦（Soja）的洛杉矶地图（1989）或者约翰·霍尔·莫兰考夫（John Hull Mollenkopf）绘制的纽约都市区 2000 年统计地图表现出来的那样，现在这些街区已经成为城市区域的一部分（图 3–59）。

图 3-59 约翰·霍尔·莫兰考夫：纽约城市移民的区域统计分析，1993 年

索迦和莫兰考夫研究的是北美后现代城市（洛杉矶和纽约）中移民稳态空间的形成过程。不过同样的过程在南美城市的贫民区和牧场或者非洲城市（如拉各斯、开罗）中的居民自建棚户区中也能看到。在《平凡的结构》（1998）中，哈布拉肯（N.John Habraken），像约翰·特纳（John Turner）一样，研究了棚户聚集区怎样在土地细分基本规则下运行，从而在棚户区形成一套非正式的土地控制系统。一般情况下，第一批建房居住者自动拥有土地主权，其后允许把没有法律授权的细分土地卖给后来的移民。哈布拉肯在对墨西哥城的研究中，用图片展示了这些自下而上的非正规巨大尺度拉伸式稳态空间（–E3–）的形成过程。在这里，新搬过来的移民重新建立了道路网、联排住宅，或者是家乡农宅的庭院原型。限于资源条件，这些原型都会有所变动。无处不在的卫星天线接收器表明新移民的家还缺乏自来水、垃圾处理等市政设施，甚至可能还没有合法的地址（服务网络比卫星收音机和电力设施更难建立）。

信息城市的 E3 稳态空间普遍移植别处的城市元素和形象。过去的城市形态类型——建筑城市和电影城市——变成了对设计师有意义的象征性中间体，用来在流动的信息化城市中凸显场所特征。这个过程不像人们批评的那样只是肤浅地对后现代主义进行模仿，而是一种心理上的"图景转移（image-transference）"过程。在这个过程中，系统特有的地方性作为补偿性记忆工具使远离家乡的移民得到安心。波图加利认为，这些传统图景是在信息城市或网络城市主导秩序中的"役使系统（enslaned system）"。由于图景置换对构成多层级网络城市的复杂性起到重要作用，以新方式来解读这些"役使系统"是移民在信息城市中得以生存的必备技能。每一个 E3 稳态空间的代码都同时在心理上和视觉上具有地方性与全球性，成为信息城市网络的组成部分。

　　理论上，在信息城市中，E3 稳态空间内部每一个演员都有遵循自身逻辑的自由，不论是在自己家里还是在社区里。后现代独立式住宅相应地变成了一个更复杂的稳态空间，不再局限为单一功能郊区住宅的标准图景。这与信息城市的"炒蛋"结构相一致。巨型公司（如惠普、迪斯尼、苹果）在车库里诞生然后迁移到科技园区。不断扩大的家庭办公、家庭制造、家庭娱乐中心、家庭健身房以及其他功能活动打破了单一文化（独立式住宅）的传统概念。这种混合体中现在又加入了移民社区。文丘里和斯科特·布朗、阿基格莱姆小组在 1970 年代早期指出，独立式住宅（E3 稳态空间）的"主题"变得越来越重要，他们是业主宣扬自由和独立的形象语言。

　　住宅业主表面上的自由构成了信息城市的混乱图景。在信息城市的"炒蛋"结构中，每一个元素都需要在更大范围的网络体系中通过竞争得以生存；稳态空间能够在媒体"幻象"世界中成功存活的原因之一是演员-设计师通过构建图景空间将 E3 稳态空间打造成为吸引点。另一个原因是演员-设计师能够组建一个组织来维护稳态空间，形成细胞自控系统来支持稳态空间构建自组织模式。像之前提到的比德福房地产局的例子一样，这些组织有时需要依靠管制力来制造一个福柯所谓的"纪律"的世界，也就是充满保安和监控的世界。但是，像"超级贫民窟"所表现出来的那样，创造图景的过程极其难以预计（图 3-60、图 3-61）。例如，反常规的"贫民区"元素对还没有融入信息城市中的部分人群（比如十几岁的青少年）存在吸引力，也可能成为一种"奇观"（来刺激郊区的电视观众）。

　　我们对稳态空间的初步定义已经从建筑城市的单中心 E1 稳态空间、扩展到电影城市双中心 E2 稳态空间，以及信息城市多细胞扩散的E3 稳态空间。不过这个分类还是模糊和暂时的；一个系统中的变异性

图 3-60　里约热内卢 heliopolis 贫民窟，2004 年

图 3-61　贫民窟的台阶，里约热内卢，2004 年

稳态空间可以转变价值，成为另一个系统中的普通稳态空间，或者相反。后面的章节还会进一步探讨这种现象。

我们还发现 E3 稳态空间在信息城市中形成了不同的尺度。在微观尺度上，几百万私人住宅承担了复杂的新使用功能，与全球社交系统构成新联系。在信息城市"炒蛋"系统中，居住、办公、娱乐和市政设施可以集合于一套住房单元内，平均散布在大地景观中。如之前所述，在全球网络城市中，除了美国模式以外，还有很多地方模式，比如弗拉芒大区、威尼托大区等欧洲或者拉美、非洲、亚洲版本的网络城市。在《宠物建筑》（2001）中，东京工业大学的冢本由晴（Yoshiharu Tsukamoto）建筑实验室和犬吠工作室（Atelier Bow-Wow）展示了这种甚至可以渗透到城市最小的边角基地的混合性"微型城市化"的力量。

由 E3 微型稳态空间构成的网络充当着世界中心城市（如墨西哥城、东京、英格兰东南区域、伦敦、比利时、荷兰、洛杉矶或者是美国的东北走廊）的蓄水库和支撑系统，这些城市的尺度与密度都达到了空前的规模。在《东京制造》（2001）中，贝岛桃代（Momoyo Kaijima）、黑田润三（Junzo Kuroda）和冢本由晴进一步展示了多功能混合在亚洲的建设项目中多么有说服力，特别是与交通系统有关的建设项目（如铁路和公路建设）。在东京的案例中，那些混合建筑元素形成宏观稳态空间，以铁路系统为支撑，在世界城市中形成新的次中心。实际上，我们很熟悉的这样的故事，我们在东京规划和 1964 年东京次中心规划以及休斯敦为了适应小汽车的发展而建设的拱廊购物街（充当"新城"）的"非规划"演进等案例中都曾见过。

在各种网络城市都有很多稳态空间充当网络节点和标志，通过新建或者修复象征那部分网络的公共空间从而形成环境的整体场所感。例如，威尼斯的老城中心和运河每年吸引 1200 万游客，它充当了波河三角洲（Po delta）围绕老港口的总计 150 万人口的网络城市的一个象征性核心。阿姆斯特丹老城在荷兰环形城市区域（兰斯塔德）中所起的作用与威尼斯老城中心类似。威尼斯的圣马可广场或者阿姆斯特丹的水坝广场（中央广场）在新形势下获得了重生。在 1982 年巴塞罗那奥运会的引领下，欧洲城市普遍开始对中央广场进行重建和修复，以建立新公共生活空间，为每一个市民打造舒适的城市起居室。在此之前，电影城市中的个体只能被动地融入大众政治、抗议集会示威或者在军队和政府控制下进行的抗议游行等活动中；而现在，他们被特定的主题吸引聚集在一起，享受历史场所中文化遗产重组的盛宴，最终达到促使他们消费的目的。扬·盖尔（Jan Gehl）和吉姆松（Lars Gemzoe）在《新城市空间》（2001）中提供了他们对新公共空间研究的优异成果。这些能够使个体不受噪音、汽车、安全等因素干扰进行休闲娱乐、旅游、购物、餐饮等活动的广场重塑了欧洲城市的中心区。他们以 9 个欧洲城市为例提出了创造良好公共空间的 9 种方法，并提供了 39 个街道和广场的案例，这些案例大部分来自欧洲城市，但是也包括了澳大利亚墨尔本、日本筑波和沙特阿拉伯利雅得的一些案例。

　　这种范式转换的结果使得那些象征性稳态空间普遍开始限制机动车进入，并逐渐成为适合老年人、儿童、妇女和少数民族（包括移民）活动的场所——这部分人在从前通常不被当作"公共"人群。这些公共空间在象征性地保留自下而上组织政治抗议活动的功能（比如 2003年伦敦海德公园举行的大规模反对伊拉克战争的示威活动）的同时，还呈现出小尺度的人性化特征。例如，福斯特对伦敦特拉法加广场的步行化规划（2002）中把城市交通功能从广场区域移出，增加了小餐饮店和公共厕所，在北端设计了朝南的巨大台阶（特别适合晒太阳），跟国家美术馆的台阶连在一起(图 3-62)。在里昂，城市中央广场重建(沃土广场，1994）中特别增加了广场灯光和夜景喷泉的设计，使得广场在冷清的夏季夜晚也适于活动。在哥本哈根，全步行化的广场中引入了餐饮店和露天咖啡吧（比如，圣约翰市场（Sankt Hans Torv Square，1995），使广场在夏天变得像意大利的广场一样热闹。在美国纽约的公共空间复兴项目中，街道市场和农夫市场被引入中心区。如纽约联合广场的绿色市场（Green Market），由本地农民出售高品质的农产品，成为一处吸引人的场所。在历史上，这个市场曾经用作公众集会示威的场所——2001 年"9·11"世贸大厦恐怖袭击后，在广场的南端曾举行和平守夜和自发的祭奠活动。（图 3-63）不过现在这种政治性稳态空间的角色已经转移到附近的华盛顿广场，远离城市主要交通干线。

　　表 3-7 总结了三种稳态空间代码。

图 3-62　左图，福斯特建筑事务所：国家美术馆，特拉法加广场，伦敦，2004 年
右图，特拉法加广场上的政治集会，伦敦，2004 年

城市元素：三种稳态空间代码　　　　　　　　表3-7

稳态空间及特性	城市装置	例子（见相关案例分析）
E1= 单中心：集会广场、议会、主广场或广场。 稳定状态：重复单元；在城市内部。 变量：{]E1[}= 压缩式，在城市内部，城堡/大教堂/宫殿。 –E1–= 城市边缘拉伸，如游行地、宫殿公园、露天市场	界限、大门、喷泉、寺庙、市场 范式：主广场	E1= 庞贝； A1=北京的中心广场
E2= 双中心：常规稳态空间，专业化城市广场； 延伸到城市外围或切入老城肌理的庭院 变量：{]E2[}= 城市内压缩； –E2–= 向城市外围拉伸或切入城市内部； {–E2–}= 垂直稳态空间	压缩式： 百货商店/购物中心； 拉伸式： 铁路调车场，码头，公园，绿化带，中庭	巴黎春天百货； 伦敦1900年码头项目； 纽约的口袋小公园； 1947年伦敦城市委员会规划； 纽约的万豪国际酒店
E3= 多中心 +m； 范式：北京的中心广场， E1+media=E3 次中心， 压缩式和拉伸式：中心区摩天楼， {]E2[} 和 –E2–；{–E2–}+m=E3， 主题变量：]E3[= 多主题，在稳态空间内压缩； –E3–= 拉伸式图境稳态空间，线性公园等等。	多个大陆 主题：稳态空间 娱乐区，主题公园，历史区，特别区	奥兰多2000年规划 （新城市主义）： E1+m=A3； E2+m=A3； E3，{E3}，–E3–

城市元素代码：x= 标准的；{x}= 压缩的；–x–= 拉伸的；{–x–}= 在城市内拉伸；m= 媒介影响

图3-63　左图，纽约世贸中心的恐怖袭击事件，2001年9月
中图，纽约世贸中心坍塌时的云雾，2001年9月
右图，纽约联合广场上的拥护和平集会，2001年9月

　　从单细胞稳态空间到双细胞稳态空间再到多细胞的新公共稳态空间群的转换需要混合性变异空间元素才有可能实现。许多稳态空间最开始出现时就是被当作变异性 H2 或 H3 试验场，尝试对元素进行新组合。然后，如果试验成功了，就发展成为标准的稳态空间。林奇在《城市形态》中把这种试验性空间称作"场所乌托邦"（place utopia）。建筑城市和电影城市中废弃的稳态空间在与信息城市的互补过程中作为变

异性元素重新回到生活中。结果是，站在之前的城市系统角度看信息城市的自组织模式，其表象经常毫无秩序可言。下一节我们将要研究流动空间的作用及其与稳态空间的相互关系；下一章我们将要回顾第三种元素——变异空间（图 3-64、图 3-65）。

图 3-64　稳态空间
坎普，市镇中央广场，锡耶纳，意大利
a）平面图及剖面图（由多伦多大学提供）
b）坎普
孚日广场，巴黎
c）平面图及剖面图
d1）花园全景图，2004 年
d2）拱廊，2004 年
d3）住宅外立面，2004 年
贝德福德广场，伦敦
e）平面图
f）广场，2004 年
洛克菲勒中心，纽约
g）平面图及剖面（由多伦多大学提供）
h）圣诞节期间的广场滑冰场，2004 年

图 3-65 i）大卫·格雷厄姆·肖恩：伦敦大地产和街道改善（计划）分析图，1971 年

j）肖恩：过去 250 年伦敦大地产尺度规模的变化，1971 年

k1）埃比尼泽·霍华德：图解田园城市，1897 年

k2）罗伯特·帕克和伯吉斯，图解芝加哥的飞地和生态，1923 年

k3）太阳城鸟瞰图

k4）战后大片居住区"豆荚"，长岛，纽约州，1950 年代

l）迈克·戴维斯："恐惧生态学"，极端稳态空间图示，1998 年

m）城市设计协会：城市图集，大约在 2003 年

n）城市设计协会：《自由组合》，大约在 2003 年

o）城市设计协会：《自由组合》，大约在 2003 年

i

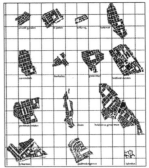

j

k1

k2

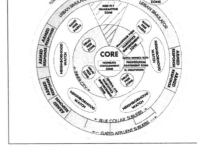

l

k3

k4

m

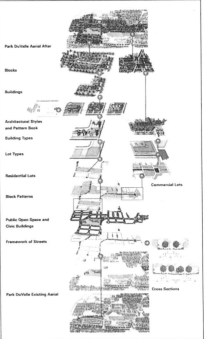

n

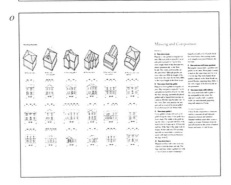

o

3.3 流动空间：初步定义

　　我们谈论城市的时候，通常不会使用"armature"这个术语。但是每一条村庄主街、市中心的购物街、郊区的"英里奇迹大道"或是购

物中心都是一种流动空间。这些线性的城市组装体使人们沿轴向空间聚集，彼此之间发生关联，进行商业交易，被娱乐，参与仪式性或非正式的公共活动。在主街和购物中心的实例中，尽管他们有明显的区别，但都是由基本的线性布局来限定流的空间，形成序列体验。吉伯德的"空间实体"草图描绘了在法国城市南锡由虚空组成的宏伟城市轴线。这些标准流动空间充当着城市演员以步行方式进行的活动和空间实践的容器。

基本的城市线性流动空间主要连接城市子元素、磁极或引力点。这些子元素可以是大教堂、百货商店、市政厅、市场、戏剧院或者是电影院综合体，或者实际上任何能够将人们吸引到某地的人或物。

下面列举的街道流动空间实例是基于对欧洲历史上街道的普遍和典型的描绘。但是需要抽象出其中的部分特征，以便将流动空间与林奇的三个模型联系起来。我们已经多次介绍过街道流动空间的图境历史，例如齐格菲·吉迪恩（Siegfried Giedion）的《时空与建筑》（1941），A·E·J·莫里斯的《城市形态史》（1972）等。我们这里简要地进行回顾，以完善关于流动空间的认识；读者可以阅读这些原著以获得更全面的介绍。

流动空间的典型历史可以追溯到伯鲁乃列斯基在佛罗伦萨利用透视学原理建造街道的设想（这条街道没有建成。后来他于 1421 年在圣母百花大教堂北侧设计建造的圣母领报广场实现了最初的设想）。后来伯拉孟特在罗马取得了成功，之后米开朗琪罗设计了奎利那雷山的庇亚街（在前文巴洛克时期拉伸式流动空间中提到过）。这一文艺复兴历史结束于乌菲齐（1566 年开始）。在王子的命令下，这个建筑浓缩了流动空间所有的发展历史，创造出一种表现城邦权力的设计方式。这个概念或者模型一直向北通过法国的南锡和巴黎传播到荷兰（引入运河和砖结构建筑）和英国（如柯芬园）。乌菲齐的街道设计模式向拿破仑的里沃列商业街（1807）和 19 世纪欧洲城邦国家的阅兵大街（如柏林的菩提树下大街、伦敦的购物街、巴黎香榭丽舍大街）转化的过程既体现了流动空间被不断拉伸的历史，也体现了欧洲街道的图境历史（图 3-66）。这些国家街道在豪斯曼的巴黎规划以及 1850 年代和 1860 年代德国理性主义规划师设计的环路中变成了林荫大道，两侧密植行道树，沿街布满了餐馆。

流动空间是对城市中的子元素进行分类和序列布置的线性系统。（19 世纪上门邮政服务出现的时候又增加了住房或地块编号）。每一个流动空间都形成可以识别的拓扑模块组件，排列在两极之间。从罗马殖民地到维京居民点，从中世纪城镇到现代购物中心，城市演员在模

图 3-66　乔尔乔·瓦萨里：乌菲齐，佛罗伦萨 1565 年（北视图），2004 年

图 3-67 凯文·林奇：信仰城市的流动空间示意图，《城市形态》，1981 年

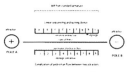

图 3-68 大卫·格雷厄姆·肖恩：流动空间示意图

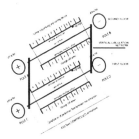

图 3-69 大卫·格雷厄姆·肖恩：压缩式流动空间示意图（购物中心）

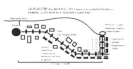

图 3-70 肖恩：拉伸式流动空间示意图（拉斯维加斯大街）

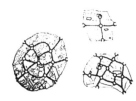

图 3-71 巴瑞·梅特兰：城市规划中的 600 英尺流动空间模式，《购物中心规划与设计》，1985 年

式重现和分形过程中利用流动空间系统来组织城市流（图 3-67、图 3-68）。

进一步扩展之前的概念，我提出三类城市中的三种流动空间模式，即 A1、A2、A3。A1 是 600 英尺（200 米）长的标准建筑城市步行街；A2 主要是在从电影城市中发展出来的，以两种形式存在，反映出工业化时期的二元对立特性，如生产和消费、稳定和流动。流动空间可以是压缩式的，通过高层和高密度来增加容量（如拱廊）；或者由于交通和通信技术的发展变成拉伸式的，从而产生线形城市（如伊万列·奥尼多夫 1930 年在马格尼托哥尔斯克的设计）。我所说的玻璃盒子购物中心或高层建筑（垂直的 A2）中的"压缩"，指的是通过将结构扩展到多层提高流动空间的组织容量，通过增加密度强化其组织能力（图 3-69）。与压缩式流动空间相反，带状或者拉伸式流动空间（-A2-）长度可能是一英里甚至是一英里半，类似"英里奇迹大道"那样的郊区购物大街或者拉斯维加斯大街（图 3-70）。流动空间通过拉伸适应了小汽车和司机的尺度，其作为线性分类工具的能力得到提高。借助现代通信系统，商业街的"引力场"被扩展到小汽车通达的范围。

第三类是 A3 混合流动空间（hybrid armature）。这类流动空间通过在城市多中心媒体景观中突出视觉图景得以辨识。我已经谈过某些稳态空间会通过 A3 流动空间的图境作用增强其吸引力，如主题公园、节日市场，新城市主义开发以及巨型区域购物中心（如休斯敦的拱廊购物街或拉斯维加斯 1990 年代重建的赌场）（图 3-71）。格伦和梅特兰的研究使我们看到，传统的标准 600 英尺长 A1 流动空间在 20 世纪反转城市购物中心大开发中，通过充当功利性的 E2 购物中心和图境式 E3 主题公园的组织工具获得了新生。

《韦伯词典》对 armature 的定义为："雕塑家用于支撑雕像铸模的塑料框架"。现代主义雕塑家如贾科梅蒂有时候将支撑雕塑的框架暴露出来，甚至反过来将框架本身就做成雕塑（图 3-72）。不管是哪种情况，雕塑的支撑框架都是强有力的骨架线性结构或是由线性元素构成的网络结构，用以支撑更大的外形。它有自己的几何形状和强度，与被塑形体相互支撑。可以想象城市"实体"内部就支撑着线性框架。林奇提到过概念性线性框架，它们是一种共享的、公共的、有组织的、心理上的结构，城市居民就是通过这种概念框架建立起对城市的心理感知地图和路径。

在古典城市中，街道构成了主要的线性框架（流动空间）。例如希腊城市公共空间通常由带有重复建筑元素的整齐街道线性框架围合。在雅典，600 英尺长的柱廊街道界定了不规则斜坡市场的上坡侧，这里用作贸易和集会，兼作下坡侧赛马场跑道的主看台（约 600 英尺长），形成市场空间的主导秩序。科特和罗提到赛马场是一个"具有无限潜力的城市舞台"，雅典运动员们在这里角逐参加奥运会比赛的名额。奥林匹克体育场也包括了一个 600 英尺长的跑道（由此产生了现代奥运会 200 米赛跑项目）。

图 3-72　阿尔伯特·贾柯梅蒂：人形二轮车，雕塑的流动（苏黎世美术馆）

　　A1 流动空间和跑道也被认为是希腊殖民地居民点必不可少的城市设施。建立在规划方格路网上的希腊殖民地，像米利都城，也包括这种 600 英尺的规格。在米利都城，市场的柱廊略短于 600 英尺，但是通往港口的宽阔大道长度恰好是 600 英尺。巧合的是，在非常不规则的罗马论坛，600 英尺的流动空间作为游行大道再次出现，从卡比托山脚下协和神庙前的演讲平台一直延伸到康斯坦丁的巴西利卡（古罗马的一种公共建筑形式）和位于提图斯拱门旁边的维纳斯神庙。这个凯旋拱门另一端连接着一条围绕帕拉丁山一直延伸到台伯河的神路。

　　1970 年代德国理性主义者罗伯特·克里尔（Robert Krier）的著作启发了威廉姆·麦克唐纳德（William MacDonald）关于罗马帝国晚期流动空间的开创性研究。麦克唐纳德从克里尔关于传统街道作为欧洲城市组织要素的观点中意识到类似的 600 英尺模块组织工具被罗马帝国在北非到德国、西班牙到叙利亚，以及环地中海贸易圈中广泛使用。麦克唐纳德在他关于晚期罗马帝国城市实践的文章中给出了"A1 城市流动空间"的权威定义：罗马城镇是围绕着弹性的线性流动空间框架组织的，这个流动空间把所有孤立的城市子元素（市场、神庙、戏院等等）连接在一起，形成可识别的形象或者城市标志。"流动空间"，麦克唐纳德写道，"由主街、广场和重要的公共建筑物组成，连接城门，穿越城镇，有着清晰的连接点和入口"。

　　流动空间作为一种线性分类工具，将城市子元素构成序列（图 3-73）。每一个罗马城市中的子元素在 A1 的位置（如神庙、浴室等）都有所不同。从罗马城市天际线的图片中可以看出，大型公共建筑突出于低矮的居住区肌理之上，显示出沿着城市街道的制度序列。城市图景就这样由简单的线性代码控制，沿着主街组织事件序列。麦克唐纳德描述了旅行者怎样从天际线中公共建筑物的特定序列来辨别到了哪个城市，以及绘画作品中对城市天际线轮廓的着迷。科伊依此类推，把这种连续的线性代码称作"句法（syntagmatic）"，也即，基于沿着空间序列的邻里关系所产生的规则。（这个词的原意是"由在语言和写作

图 3-73 左图，里沃利大道，巴黎，1804 年（视线看向协和广场，1990年代）

右图，里沃利大道，购物拱廊，1990 年代

图 3-74 威廉姆·麦克唐纳德：帕米拉古城流动空间轴测图，《罗马帝国的建筑》第 11 期，1986 年

链中连续出现的语言元素构成的关系"，《兰登书屋简明词典》，1987 ）。

麦克唐纳德还强调了古典城市中 A1 流动空间的流动性和眼睛的"飞行"，呼应了戈登·库伦（见第二章）的城市景观序列研究。麦克唐纳德在帕米拉古城的案例中展示了 A1 流动空间的架构——柱廊、门户、中点标志——在城市景观序列的形成机制中发挥的重要作用（图 3-74）。这个罗马城镇建在沙漠中，位于两个敌对的绿洲部落之间。帕米拉古城的中央街道分为三部分，每一部分长度均为 600 英尺，每一段的转折点都有标志性子元素——圆形转折点上是雕塑和入口、另一个转折点有一个大门。沿着这条"空间实体"轴分布的子元素系统清晰地表达着这个城镇的结构。线性的立柱拱廊对于这条街道的架构起到重要的作用，形成连续性并提供遮阳。喷泉也很重要，起到小环境空调的效果，并提供一种声景观，与外面沙漠的寂静形成对比。这些改善环境的架构设施以及各种各样的帝国铭文（比如雕刻在柱廊上）标志着与干旱沙漠气候截然相反的帝国和贸易的力量。

麦克唐纳德认为罗马城市中 A1 流动空间的序列是灵活的；城市子元素可以不对称、不规则分布，可以高度地方化，而不会破坏流动空间的整体模式。

（流动空间）畅通无阻地从城市中穿过，他们在帝国的概念性秩序框架下形成各种形式和段落；这并非源自城市整体平面规划的设想，而是因为流动空间重点强调三维空间，主要由公共建筑构成。他们之所以被认为属于罗马城主要是因为与罗马相适应的建构形式；这种建构是慢慢地累积和扩展形成的。

此外，帕米拉街道连续拱廊结构的设计使神庙、浴室等子元素建筑语境化，避免这些建筑变成孤立的单体。序列的连续性使得街道架构形成了明显的线性空间，支撑着城市的肌理。如麦克唐纳德展示的那样，A1 线性空间还可以呈渐进式的增建和延伸。例如，阿尔及利亚

的古典罗马殖民地城市提姆加德，最初是一个网格城镇稳态空间，由一条主街流动空间主导空间秩序。后来主街两端逐渐向城墙外延伸，成为两段独立的 A1。

图 3-75 罗马街道，庞贝城

帕米拉古城的轴向（A1）透视肯定很有视觉冲击力，但是从非透视的角度看可能很奇怪。长长的柱廊大街只有单一灭点，利用轴线系统来统治空间。不过在罗马的代表性绘画等视觉艺术品中，主要空间形式像中国一样，使用了一种没有单一灭点的平行透视系统。在绘画中，罗马人用一个平板来表现建筑主立面，侧边缩短，表达深度，建筑之间的重叠表示相对距离。在庞贝古城中有关贸易的壁画中，一些店铺的画法就使用了这种透视系统（面包房、金匠店等）（图 3-75）。

麦克唐纳德的例子中，线性的街道流动空间变成了帝国的图景空间，在所有经过街道的城市演员们的意识中留下印记。通过表现帝国力量的拱廊、纪念性柱式、喷泉、神庙等流动空间结构子要素的语法构成，演员们会形成清晰的 A1 空间图示心理印象。各个城市在这类空间中竞相展示自己最完美的一面。于是街道图景空间就成为表现帝国力量的城邦设施的一部分，A1 流动空间的幻象和代码与城邦的力量、纪律和权威联系起来。城邦的"纪律性"在这种设计架构中起到主导作用，在公共行为、公共安全和警察权等规则的基础上，为空间"平台"施加一种公共秩序。

从帕米拉古城的废墟中我们可以想象，正是这种冰冷的、非人性的帝国力量才有能力在干旱的沙漠中创造出冷酷的流动空间。庞贝古城的废墟则讲述了一个不同的故事：描绘目不识丁的奴隶和农民的街头象形图画和符号涂鸦随处可见，反映了罗马帝国色彩缤纷的街道生活。从庞贝古城的废墟我们还可以知道面包的价格、金银的称重和使用方法、妓院里的活动、街道上的浴室等信息。庞贝城的论坛位于城中心伊特鲁里亚的地基附近，向城外延伸的 A1 流动空间的加建部分周边围绕着居民区（先是小规模略微不规则的方格网道路，然后是大规模的规则方网格）。这部分主街最后延伸的段落，使主街从历史中心和剧院区向外一直延伸到新城墙和城门，在那里，一处用于运动和洗浴功能的混合建筑充当着城市新引力点；沿着这个 A1 流动空间排列着商店，有小街道通向住宅；街道的人行道带有铺装和遮阳篷以方便行人，布满车辙的石头路面上轮式交通工具来来往往，雨水从街道中间的水沟排走；通过公共喷泉来实现普通大众的饮用水供应，富裕人家则建有专门的地下供水管道；街道上还有地下污水系统。尽管罗马街道的序列各不一样，但是每一个视觉区段的长度通常都在 600 英尺左右。

图 3-76 斯皮罗·科斯托夫：图片展示了从罗马帝国时期到中世纪街道网络的发展以及伊斯兰国家的城市规划，《城市的形成》，1991 年

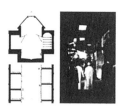

图 3-77 伊斯兰的露台市场或集市的流动空间，史黛普潮·比安卡，《伊斯兰世界的城市形态》，2000 年

图 3-78 特里·R·斯莱特：乡村的流动空间，中世纪的泰姆规划方案，英国，来自 MRG·科曾斯《西方城市的建成形态》中的《再次出发》一文。

如斯皮罗·科斯托夫在《城市的形成》（1991）所记录的，围绕一个标准 A1 流动空间组织城市的惯例从罗马帝国衰落之后逐渐转向自下而上的方式。罗马帝国的城市演员把城市面向公众的开敞空间——论坛、马戏场、体育场和剧院等子元素，作为展示力量的公共空间。后来的演员——哥特人、维京人、阿拉伯人和土耳其人——继续填充这些公共空间，但是这时的空间架构对他们来讲并没有社会和空间活动的意义。随着各类新城市演员的进入，公共空间以不同的方式被私有化。

科斯托夫还展示了罗马 A1 流动空间传统如何结合地中海伊斯兰社会新的子元素进行重组。在《可兰经》规定下，尽端式道路系统取代了罗马街道网格，但是罗马庭院式住宅的原型被保留下来（图 3-76）。能够适应等高线和曲线地形的弯曲的新街道框架出现了；给水管和排水管通常和街道交织在一起，有时采用早期的农业灌渠模式；这些块茎流动空间属于树状道路等级网络的一部分。人们通过小型私人尽端路通到小街，再拐到由商店和商亭形成连续界面的主街上。在欧洲，类似的尽端路系统打破了罗马的方格网街坊，变成了一个一个的部落式空间，联排住宅成为基本的居住形态。

在伊斯兰国家，店铺立面的弯拱廊形成了架构的连续性，与柱廊在罗马帝国街道中所起的作用一样。这种街道架构后来发展到用帆布篷或是木头来遮挡阳光和风雨。这些街道流动空间都通向清真寺，清真寺一般都和带有顶棚的大集市建在一起。这个中心区域还包括公共洗浴和教育设施。伊斯坦布尔大巴扎的主街（流动空间）是一个奇妙的例子。在拱廊的围护中，顺着山势略微起伏；替换了罗马的模型，形成了伊斯兰式、有屋顶的块茎 A1 流动空间（图 3-77）。

罗马在其殖民地的空间规划中强调的是流动空间的公共属性和帝国力量展示属性，但是中世纪欧洲和伊斯兰的街道却开始强调私人和地方性。A1 流动空间在城镇规划中仍旧充当可延伸的弹性元素，但是其性质和品质已经彻底发生了变化。MRG·科曾斯在研究标准主街（或高街）结构的基础上，认为流动空间是中世纪城市"规划单元"（plan unit）的基础。后来学者们又把主街制度和爱尔兰以及横跨欧洲的维京居住区模式联系起来。在科曾斯关于英国城堡小镇拉德洛（Ludlow）的案例研究中，他展示了由于防御性城堡（稳态空间）的建设，导致需要规划一条通向城堡大门的街道，即城堡街。城堡街结束于城堡广场。这个中世纪 A1 主街流动空间的最初形态大约是 600 英尺长，沿着轴线空间重组了市政厅、市场等子元素。街道两侧排列着住宅，住宅后面藏着一座教堂。

除了城堡街，科曾斯还发现在拉德洛的发展历程中一共形成了 6 种基于流动空间的规划单元。还有两个由小街巷发展起来的规划单元，其道路网格与城堡街成直角相交。这些小街巷都符合 600 英尺模数，形成与主街垂直的细长街区。接下来基地的斜坡地势开始限定本区域的发展；后来由更加不规则的规划单元填充了城堡下的山坡。在城堡街与其他街道的交叉路口和城堡市场发展出"市场集群"区。后来建设的每一条街道都从道路交叉口向外延伸 300 英尺（图 3-78，图 3-79）。

图 3-79　Hampstead 大街，伦敦，2004 年

到了中世纪，新的城市演员围绕着村庄主街（流动空间）组织他们的子元素（教堂、清真寺、城堡、港口、市场）。这些流动空间需要穿过古罗马道路网格，连接新的引力中心。在德国特里尔城，一条对角线路径穿过罗马城市废墟，把新的大教堂神殿和市场连接起来，清楚地显示了这种新方向。这些新村庄发展出自己的专业化主街网络。在《La Rue au Moyen Age》（1984）中，让－皮埃尔·莱瓜伊（Jean-Pierre Leguay）描述了中世纪城市中如何发展出生产鞋、衣服、金、银以及专门卖肉、鱼和其他物品的市场等专业化街道流动空间（图 3-80）。在这些街道上，生产活动在商人和手工艺人的联排住宅中进行，使用学徒当劳力，这种房子就像塞里奥的喜剧场景里描写的那样。

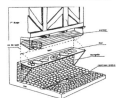

图 3-80　中世纪临街建筑及其剖面，诺曼底，法国，让－皮埃尔·莱瓜伊，《La Rue au Moyen Age》，1984 年

在欧洲，商人在传统市场和论坛等公共空间内建设联排住宅和商铺。这些建筑物逐层向街道上空延伸，为街道遮风避雨；街道中间有一条开敞的排水沟穿过，饮用水取自街道旁的井里或泵房；街道上到处是标志牌，店铺立面形成向外的挑台，地面上摆放柜台。这种封闭式的空间会令巡夜人厌烦，但同时也起到了防盗的作用（图 3-81）。

科伊强调中世纪村庄主街具有句法意义，也就是说，他们不是围绕着宏大的几何式建筑构成，而是出于地方性的考虑，邻里之间沿着街道轴线彼此形成互动，渐次兴建商铺和住宅。在这里没有像罗马街道设计那样的出于整体透视考量的街道景观。每一栋住房和店铺都只是与邻居有关系，在小范围的私人领域内进行财产权协调。虽然这些中世纪街道有自己的框架和界标（街道轴线的两端各有引力中心），但是这些 A1 流动空间没有如科斯托夫所谓的"庄重风格"的古典图境传统那样提供通常的透视景观。

图 3-81　中世纪街道两侧的挑檐，威尼斯，2004 年

这种混乱而生动、步行导向、最终由塞里奥在喜剧场景中展示出来的 600 英尺流动空间系统没有因为文艺复兴和启蒙运动而消失，而是作为地方村庄或富有活力的邻里"繁华商业街道"，在工业革命和现代主义城市中继续保持生命力。标准的 600 英尺村庄主街在伦敦、纽约、旧金山等大都市中心体系中始终存在。以伦敦大都市作为一个检验的

例子，我们可能会质疑，词典对于城市等级网络的定义就是围绕着村庄主街（A1 流动空间）构建的等级，不管这种等级是源自早期村庄的习俗、城市的无意识郊区化蔓延、还是有目的性的建设。比如在北伦敦，汉普斯特德和肯特镇的商业街曾经是当地村庄的主街。这些街道在工业革命时期转化为大都市区网络中的 A2 流动空间。卡姆登镇的商业街，由于地处北伦敦道路和铁路交汇的节点处，虽然承担了区域职能，但相对于自封为"伦敦主街"的维多利亚牛津街及其压缩式 A2 流动空间——垂直购物商场以及塞尔福里奇和约翰 – 路易斯等百货商店——始终更具有地方性（图 3–82）。

在城市消费和分配网络中，每一个 A2 流动空间都有自己的位置。在伦敦商业街等级体系中，位于顶端的是摄政街（我们之前关于图境式街道中讨论过）。这条经过规划的街道在 1800 年代早期被称作"欧洲的商业街"，是欧洲中产阶级消费和高档商品展示的代表性主街。牛津街和摄政街都是由若干 600 英尺片段组成，形成不断扩展的网络，服务来自区域的需求。更小规模的 600 英尺商业街——上邦德街，从1800 年就已经形成服务超级富豪的专门市场，到目前已经有 1 个世纪的历史。它和伯灵顿拱廊商场可能处在伦敦的流动空间规划单元和村庄 – 街道等级体系的顶尖位置。类似的村庄主街流动空间等级网络在欧洲其他城市和纽约或波士顿等美国城市中也可以找到，这些主街慢慢地与向城市外延伸的住区融合在一起。巴黎西部的奥诺雷时尚商业街是一个令人印象深刻的标本。纽约第五大道是最明显的美国典型，处于网格城市街道等级的顶端。每一个美国城市都曾经在中心商业街区有一条主街，由变异性百货商店充当引力中心。

伦敦的例子还展示了 600 英尺村庄主街这样的 A1 步行流动空间如何适应了工业革命的功能专业化以及生产和消费的分离。伦敦城（city of London）是大英帝国和资本主义国家的核心，是镶嵌在大伦敦中心的一个具有独立行政和司法权的稳态空间，在税收和法规方面相对独立。位于伦敦城核心罗马时期街道网格内的穿线街——一条中世纪微小的斜向村庄街道，后来成为银行家的住宅区。在 1900 年左右，大英帝国的运行以及新兴的全球经济都在这里被掌控着。30 英尺宽的村庄街道流动空间构成了这个高度压缩和相互关联的金融社区的基础，在这里所有的人彼此相识，可能在街道上就能遇见商业伙伴。实际上，伦敦证券交易所就起源于 1700 年代一棵大树下的路边活动，后来移进了一间咖啡屋，再后来才在旁边的街区建设了交易大厅。纽约证券交易所也发生过同样的故事，最初也是起源于纽约百老汇大街和华尔街

图 3–82　斯罗克莫顿大街，伦敦，大约在 1900 年

交叉口的荷兰村小路边树下的交易活动。东京证券交易所则发源于专门建设的丸之内社区的狭窄街道。围绕这些"村庄"街道流动空间，聚集了银行、股票交易所、保险公司以及大财团的金融和总部控制中心，形成压缩式流动空间（]A2[），为处在全球金融网络中心的城市演员创造一种独特的节点和空间环境。

像村庄街道一样的压缩式流动空间还构成 1780 年代至 1790 年代伦敦和巴黎富人区高密度消费场所的基础。这些覆盖着玻璃表皮，带有室内街道的流动空间直接切割和穿越城市街区内的地块，形成了私人拥有产权，能够遮风挡雨并且像村庄街道一样安全和优美的购物环境。大家熟知的伦敦拱廊（如伯灵顿拱廊商业街）、巴黎的廊街、柏林的廊街、意大利的风雨街廊等拱廊购物街逐渐成为欧洲现代性的象征。J.F. 盖斯特（JFGeist）的《拱廊》（1983）对拱廊购物街的原型进行了研究，追踪了这种新型城市子元素在全球传播的路径。盖斯特仔细分析了这些高密度流动空间的断面和支撑结构，以及在帕克斯顿水晶宫(1851)后大量使用的铸铁和平板玻璃材料(图 3-83)。在《巴黎：19 世纪的首都》（1935）中瓦尔特·本杰明（Walter Benjamin）认为这些压缩式流动空间（]A2[）是新全球贸易系统的组成部分，它们有着新的消费、营销和广告模式（包括艺术品的复制机制），创造出一种不真实的，只有在城市流动空间中才能得到最佳展示的新城市世界（他借用了超现实主义者安德烈·布雷顿（Andre Breton）的观点，尤其是在巴黎歌剧廊街被拆除前在《巴黎的农民》（1926）中关于这条廊街的描述）。

城市中的工业生产也可以沿着街道状 A2 流动空间在高密度的专业化建筑中进行压缩。一旦跨越家庭式和村庄尺度的发展阶段，高昂的

图 3-83　J·F·盖斯特：拱券构成的建筑立面，表达了 50 年来尺度的跳跃《拱券》，1983 年

图 3-84 阿尔伯特·康：福特高地公园工厂内的植物，底特律，密歇根州，1909 年

机器和电力成本就会促使工业生产集中在多层建筑的工业稳态空间内。共享经济的发展鼓励专业化服务进一步向一些特殊的工业区集聚，比如现在成为时尚的纽约苏荷区及其铸铁立面。曼彻斯特、伯明翰、伦敦、纽约、香港和其他工业中心都发展出了由压缩式多层工业建筑构成的工厂区，如纽约的"服装区"。亨利·福特在工业生产中应用线性逻辑产生了线性组装，进一步加速了压缩式多层"日光"工厂（例如阿尔伯特·康设计的福特高地公园工厂（1909），勒·柯布西耶在《走向新建筑》（1927）中介绍过这个建筑）的集聚（图 3-84）。

塞尔达关于工业城市的理性研究没有预计到曾经过时的"]A2[压缩式流动空间"会作为经济管理和控制、专业化制造和消费的中心得到复兴。他的研究集中在工业化社会中流的逻辑以及拉伸式街道流动空间对于通信和交通运输的必要性（–A2–）。他精确地描述了豪斯曼和阿尔方 1850 年代改造巴黎时对街道流动空间进行的剖面拉伸和宽度放大的逻辑。供水系统和废物处理系统也被整合到剖面中；供水系统同时也用于消防和清洁街道，此外还用于支持绿化园艺，在干旱时保护林木。塞尔达在街道断面研究中还发现了用于餐厨、取暖、照明的煤气管道以及电报和电话线。到 1900 年，设计者们又增加了地下电力管道，如伦敦的奥德乌奇 – 金士威线（1904 年开始建设）（图 3-85）。

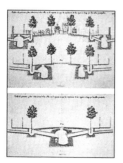

图 3-85 伊尔德方斯·塞尔达：街道剖面的研究，1855 年

塞尔达在研究 A2 流动空间中，将街道按照功能和速度进行划分，最快的车道留给乘坐私人马车的布尔乔亚，慢车道留给客运马车和货车使用，单独划分出便道服务于沿街的住宅。塞尔达的街道断面考虑最周到的是为行人提供了花园式的布置（图 3-85）。这些多车道"–A2–拉伸式流动空间"发展到了超过 200 英尺宽，如 1854 年在巴黎，豪斯曼把爱丽舍大街从 116–135 英尺加宽到 230 英尺，在原有布洛涅森林大街的基础上建设了 400 英尺宽的福熙大街。奥姆斯特德在布鲁克林的公园路（如海洋公园大道）系统中采用了同样的逻辑，宽阔的花园式大道一直延伸几公里到海边（图 3-86）。

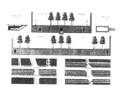

图 3-86 阿道夫·阿尔方德：巴黎林荫大道的平面及剖面，1870 年

随后的理性主义者继续发展了拉伸式"–A2– 流动空间"的剖面分析，把剖面压缩到很窄的宽度内，在其上叠加新的交通和通信系统，增加其容量。继豪斯曼之后，巴黎规划师尤金·赫纳德（Eugene Henard）在 1910 年分析了巴黎林荫大道的历史，展示了流动空间的过去、当代和未来（图 3-87、图 3-88）。在他的研究中，未来的林荫大道包括深埋在街道剖面中的长距离铁路，上面一层是地方铁路系统，连接到街道两侧建筑的地下室，收集垃圾和运送煤炭；再上层是地表街道，在地面上有玻璃遮挡的人行道，有轨电车在街道中间穿行；煤气灯在

夜晚为街道提供照明，10~12 层高的带有屋顶暖房和花园的建筑沿着街道排列成街道墙；飞机停在屋顶，使用电梯下到街道层或者进入地下车库；小汽车也使用这套电梯和车库系统，街道剖面中除了煤气、水、电力、电话和电报管道外，还有供应空调用的盐水管道。为了缓解未来工业城市中的压力和空气污染，建筑的屋顶都建有植物温室，使用专门的管道供应氧气。

图 3-87　尤金·赫纳德：未来的街道，巴黎，1911 年

对街道流动空间剖面的理性研究导致大量关于超高密度街道的假想。早在 1890 年，路易斯·沙利文就在芝加哥设想了一套高层建筑后退系统，以保证日光能够照射到街道（图 3-89）。代表纽约超级现代化大都市形象的高层建筑和街道峡谷的鸟瞰图在第一次世界大战时期非常流行。1916 年纽约《区划法》规定了建筑后退，有点像沙利文提出的设想，不过这套根据街道宽度设定建筑后退，保证高密度街道有阳光照射和空气流通的控制系统主要学自巴黎。意大利未来学家安东尼奥·圣·埃里亚（1910s）的画作探索了屋顶带有机场，深深的街道峡谷中跑着火车的超密度多层"–A2–街道流动空间之梦"。受到圣·埃里亚的启发，勒·柯布西耶在《300 万居民的当代城市》（1922）中设想了更加立体的流动空间，一条精妙的街道两侧布满多层和高层建筑，建筑上层间有铁路穿过。在那个时代，纽约的街道峡谷代表着现代化和资本主义的快速发展，塔楼簇群形成的天际线景观序列代替了教堂尖顶，表达他们拥有城市的权力。由威廉姆·J·沃格斯（William.J.Wilgus）设计的纽约中央火车站（1902~1912）代表了这种梦想的实现。中央火车站是一个超高密度的稳态空间，带有复杂的地下剖面，由位于 42 街的有轨电车和公园大道上的高架道路在 2 层入口处疏导乘客。

图 3-88　尤金·赫纳德：未来的街道，巴黎，1911 年

图 3-89　路易斯·沙利文：芝加哥摩天大楼的临街退线系统研究，1890 年

很多学者使用理性主义者以及塞尔达和海纳德的城市形态类型学理论继续研究街道。在 20 世纪晚期，这些学者注意到拉伸式"–A2–线性轴线"的功能复合化，这提高了街道的组织容量和速度。勒·柯布西耶 1945 年在昌迪加尔规划了几条平行的通道，把汽车和行人隔离在大地景观中的线性世界里；其他人则把他们组合到立体的平行世界里，比如埃德蒙德·培根在 1961 年费城规划的"伟大轴线"。罗伯特·克里尔在《城市空间》（1979），科斯托夫在《城市的形成》中关于巴洛克街道的"庄重风格"都对街道流动空间进行了重点研究。

在《伟大的街道》（1996）中，阿伦·雅各布简要研究了街道流动空间的剖面被拉伸以适应机动车（–A2–）的情况。之后，在《林荫大道手册》（与伊丽莎白·麦克唐纳德（Elizabeth MacDonald）和尤丹·洛菲（Yodan Rofe）合著，2002）中，处理汽车问题成了研究的焦点。为了容纳日益增长的交通流，街道"空间实体"不断扩展，但是这种扩展产生了更多的问题。在由郊区低密度住宅和孤立组团构成的大地景观中，宽达 200 英尺的交通走廊形成了破碎的街道墙和交通的隔离（如 1910 年纽约布鲁克林的海洋公园大道案例），拉伸式"–A2–流动空间"的扩展达到了极限。类似的，理查德·朗斯特雷思（Richard Longstreth）也研究了 1930 年代机动车的发展如何促进了拉伸式"–A2–流动空间"——威尔希尔"英里奇迹大道"——的建设以及后院带有停车场的沿街百货商店和办公楼（例如布洛克大厦等等）的开发。伴随着这种尺度跳跃，功能被隔离在孤立的稳态空间内。迈克尔·索斯沃斯（Michael Southworth）和伊兰·本–约瑟夫（Eran Ben–Joseph）在《街道与市镇的形成》（1997）中对此进行了讨论。索斯沃斯和约瑟夫详细描述了街道设计中代码反转（包括联邦代码强制居住区稳态空间设计曲线尽端路的要求）的变化细节。他们还回忆了流动空间受小汽车的影响被拉长以后尺度和代码的转变，从而创造出拉斯维加斯大街和其他许多类似的线性结构。

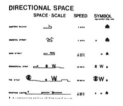

图 3-90 拉伸式流动空间，文丘里，斯科特·布朗、艾泽努尔：拉斯维加斯大街上的导向型空间，《向拉斯维加斯学习》，1972 年

《向拉斯维加斯学习》（文丘里、斯科特·布朗、艾泽努尔，1972）中的一幅草图总结了网络城市中流动空间理性外延的动力和郊区再中心化的潜在市场需求之间的复杂关系（格伦在《城市之核》中也注意到这种关系）（图 3-90）。文丘里、斯科特·布朗和艾泽努尔用草图表达了由于行人和机动车速度的变化以及标识系统的安放而导致的街道流动空间剖面的变革。这种循环始于中世纪小尺度步行市场或巴扎，发展到美国人车共享的主街，之后是由快速机动化和大片停车场中孤立的建筑群构成的商业大道，最后发展到拉斯维加斯大街，然后突然又回到了带有内部小尺度购物街的区域购物中心（现在由大片停车场所环绕）。从行人中心到购物中心的核心（同样是基于人行活动），循环看起来完整了（图 3-91）。

图 3-91 主要街道上的流动空间，格雷厄姆建筑事务所：西雅图市中心分析

文丘里、斯科特·布朗和艾泽努尔小组研究的重点是标识的尺度和汽车的速度对于构建新高速带状图景空间的作用。在品牌广告的背景展示中快速识别高速公路标志是信息城市出现的信号。但是文丘里、斯科特·布朗和艾泽努尔对他们的图示中表现出来的从拉伸到压缩奇怪的循环却没有做任何评论。从肖像学和符号学角度看，购物中心内部对他们来讲不如开放的大街有吸引力，尽管前者在商业上的功能更突出。像格伦在《城市之核》中解释的：汽车本身不能买东西，而是两条腿走路的人在买东西——使得购物中心内的流动空间成为强大的再中心化工具。

梅雷迪斯·克劳森（Meredith Clausen）详细地展示了美国最早获得成功的区域性购物中心——俄勒冈州西雅图的 Northgate 区域购物中心（1953）如何模仿西雅图市中心电影城市主街和洛克菲勒中心的 600 英尺流动空间模型（图 3-92）。这种流动空间是一种联系新稳态空间内主要引力点的实用性工具。百货商店及其悠久的市场营销历史以及同来自世界各地的舶来品和奢侈品的联系一起被从市中心转移到郊区购物中心，成为稳态空间（H2）内部的主要"磁极"。早期购物中心内部的百货商店实际上是一个微缩的城市，除了通常的商店以外，还有餐馆、幼儿托管所、代客停车、电影院、多功能公共活动室等。克劳森展示了 Northgate 区域购物中心的设计者对西雅图市中心主街的分析。这是一个典型的美国工业时代方格路网城市 A1 主街。在主街上，两个百货商店相距约 600 英尺，充当着区域引力中心，吸引郊区居民乘坐火车或者有轨电车前来购物。在这两个"磁极"之间，街道轴线上填充了大量小型专业化门店，其客源主要依靠受到两个大型百货商店吸引在二者之间穿梭的步行人流。

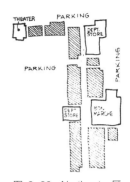

图 3-92 Northgate 区域购物中心平面，1953 年，1983 年

Northgate 区域购物中心开放式流动空间的建筑师约翰·格雷汉姆很明显复制了带有双磁极的 600 英尺街道流动空间，但是他把这种模式从周围的环境中分离出来并移植到郊区（购物中心其中的一个百货商店由于期望第一条区域公路的带动而买下了这片土地）。格雷汉姆年轻时曾经在设计洛克菲勒中心的建筑师事务所工作过，他熟悉位于萨克斯第五大道精品百货商店对面的通往 RCA（现在是 GE）大楼的 600 英尺 A2 步行街（图 3-93）。他也非常喜欢洛克菲勒中心倾斜到建筑低层滑冰场的 4 英尺高差斜坡街道生动的视觉效果。他是个实用主义者，精通市场营销，熟知西雅图市中心的停车问题带来的困扰。格雷汉姆主动向连锁百货商店推销区域购物中心的概念。他在购物中心设计中反转了传统城市主导代码，区分人流和车流，创造出一种由大片停车场环绕，与公路有便捷联系，远离街道的步行化流动空间。商店的货运道路被藏在步行街的地下，就跟洛克菲勒中心一样。

图 3-93 通往 RCA（现在是 GE）大楼的步行街，洛克菲勒中心，纽约

在《城市之核》中，维克托·格伦描述了 1950 年代的一段时期。在开发商把 A2 哑铃型结构作为标准代码确定下来之前，600 英尺步行街作为市场营销工具在区域购物中心首先得到检验。特别是，他把这种模式与 1449-1951 年波士顿郊区弗明汉购物天堂的失败联系起来（图 3-94）。这个案例中，中央街道被设计为 200 英尺宽的露天公园（commons），周边环绕着 2 层商店，外围是停车场。公园式街道（模仿了波士顿公园）太宽而不容易穿越，夏天太热，冬天太冷。6 个月后

图 3-94 购物天堂，弗明汉，马萨诸塞州，1951 年

图 3-95 维克托·格伦：双层购物中心的内部空间，Southdale，明尼苏达州，1956 年

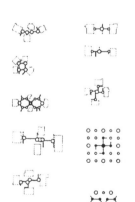

图 3-96 贝瑞·梅特兰：购物中心 600 英尺流动空间构成示意图，《区域购物中心规划与设计》，1985 年

开发被终止，总计损失了 6000 万美元。格伦在 1940 年代末和 1950 年代初期对许多购物中心设计的小型露天广场进行了实验，研究其封闭与开敞空间的组合关系，比如底特律郊区的 Northgate 购物中心。对于购物中心来讲，为了市场营销，营造景观和具有社区感的图景空间十分重要。接着，在 1956 年，他在一个经过修改的哑铃型规划方案（明尼阿波利斯的 Southdale）基础上设计了第一个两层的封闭式购物中心，把格雷汉姆的营销逻辑研究应用到带有空调的室内环境设计中（图 3-95）。这个购物中心的流动空间呈现出市镇广场的特征，配置了钟、绿植盆栽、餐馆和座椅等街道小品，创造出一种公共场所的图景空间。

A2 购物中心的公共和共享理念在战后城市蔓延和大众传媒时代被证明很重要。在购物中心的三层等级结构定位中，每一座购物中心的图景空间以及对独立商店的混合是起决定性作用的因素。贝瑞·梅特兰在《区域购物中心规划与设计》（1985）中，研究了主导战后美国和全球购物中心规划设计的 600 英尺 A2 流动空间的各种变量（图 3-96）。他发现购物中心开发商很快就学会了对 600 英尺流动空间进行调整，并使用图境式空间作为营销工具来吸引特定的消费者。他还观察到，历史或异域的图景很符合开发商区别网络城市中不同购物中心的需求，从而导致了 1980 年代和 1990 年代购物中心主题 A3 流动空间的繁荣。

1954 年阿纳海姆迪斯尼乐园的"主街，美国"展示了图境式流动空间的力量（尤其是利用电视和卡通形象对儿童进行营销，在财政上支持了主题公园）。迪斯尼把复制的街道缩小到 2/3 尺寸，使儿童感到舒服，而且让大人看起来更高大。600 英尺的哑铃型主街流动空间从大门口（外面是大规模的停车场）开始，到魔法城堡结束。佛罗里达的迪斯尼世界一共有 14 条主题街道，包括阿纳海姆的"美国主街"复制品、环绕 EPCOT 湖的国家街道（1982）、后来的迪斯尼－米高梅工作室拍摄电视节目经常使用的"外景"街（好莱坞大道、落日大道等）等，

在这里游客可以看到演员模仿的玛丽莲·梦露、亨弗莱·鲍嘉和其他著名演员的角色。还有在迪斯尼乐园中心特意建造的村庄街道，一端是一个模仿蒙特利尔太阳马戏团表演戏院的购物中心，另一端是独立出来的夜间娱乐场所"快乐岛"。罗克韦尔集团——一家主要设计娱乐建筑的公司，设计了环球主题公园（1990）的"快乐岛"和"都市坊"，成为迪斯尼世界的复兴之作。在这个流行的现代主义和地方化设计中，位于山顶的小村庄包含了一个多层的电影院 – 精品店、俱乐部、酒吧，以及一条弯曲倾斜的夜生活街道。这条街道是为了与奥兰多市中心的教堂街车站（1970 年代建设）竞争。环球影城也有一个纽约的"第五大道"场景街，复制了 60 个第五大道的立面，还有自己的"好莱坞大道"。A3 图境式街道流动空间还充当了把拉斯维加斯大街重新塑造成永久性行人友好城市环境的角色，早前赌场门前的停车场换成了象征巴黎、纽约、威尼斯、摩洛哥的图境。

购物中心的图境式 A3 流动空间提供了一种象征性图景空间来追忆老城中心失去的街道。图景的质量对于重新定义后现代城市中流动空间的角色尤为重要。设计师几乎可以复制任何风格，以任何城市为范本，收集典型的细部和立面，重组购物中心的街道。1990 年代杰出的购物中心设计师乔恩·捷得（Jon Jerde）在描述他设计的环球都市坊项目（洛杉矶 1989~1993）中提到，他在这个项目中复制了洛杉矶地区的很多建筑立面来构成街道流动空间（图 3-97）。在环球都市坊，文艺复兴"透视科学"的组织力量被用来构建一种虚幻娱乐的 A2 城市街道。根据透视科学，1500 英尺长的 A3 图境式街道流动空间被中央圆形空间分割成大约 600 英尺长的两段。

购物中心开发商认为街道图景对于那些鲜有机会体验市中心日常生活的郊区居民而言有很强的吸引力。街道流动空间脱离可怕的城市环境带来的虚幻娱乐性一直是欧洲戏剧性传统的基础。这种传统从勃鲁涅利斯基发明一点透视以来，在早期意大利文艺复兴和后来塞里奥的舞台布景（见第一章）中一直流传下来。透视矩阵暗示的秩序性乌托邦虚拟空间为塞里奥提供了一种构建幻象——悲剧场景、喜剧场景和乡村或酒色场景——的框架，并从城市中分离出来。设计师演员可以完全凭他们自己的意愿通过构建这些场景来创造象征性世界，同时又反映剧院或工作室之外真实存在的城市。

一旦设计师们学会如何把城市图景移植到图境化的道路网格中，就意味着可以轻易实现街道图景的二维再现和三维构建。其后果之一就是城市流动空间的关键性图景很容易以视觉构建的方式扩散到全世

图 3-97 乔恩·捷得建筑事务所：露天的流动空间，洛杉矶城市漫步，1998 年

图3-98　意大利街道一景，威尼斯，艾波卡特

界。街道图景变成了脱离其原生环境的仿像，不断被复制（图3-98）。街道的透视图景代表着城市概景，这种价值在后现代城市中以一种新的方式得以证明；开发商发现战后城市扩散高潮时期，街道图景（以室内或隔离的形式）作为城市元素对从旧城中搬迁出去的居民具有莫大的吸引力。所以，捷得等购物中心设计师们在激烈的市场竞争中为了突出自己的设计，使用虚幻的、戏剧性和图境式的街道流动空间轴线来吸引购物者也就并不奇怪。最近几十年，图像设计师更进一步将街道或购物中心等城市流动空间的图景移植到网络空间中。

图境式A3流动空间适应图景移植的能力不仅使购物中心的开发商感兴趣，也使郊区新移民得以摆脱像纽约唐人街那样的传统城市中心感。马克·亚伯拉罕森在林奇的概念地图和芝加哥先锋城市社会学家帕克和伯吉斯的研究基础上，描绘了郊区移民的街道景观。亚伯拉罕森发现，郊区新移民的心理地图都集中在特定的街道或种族感强的服务性廊道，与帕克在1920年代在内城的发现类似。这些街道构成了城市或郊区稳态空间内部的流动空间。伯吉斯（1925）把这些街道叫做社区稳态空间的"主干"。在1960年代，林奇在波士顿少数民族聚集区（稳态空间）中发现了同样的现象，其中的流动空间（path）位于有边界限定的稳态空间内（districts）。在美国城市中，沿着这些流动空间布置的吸引点是与移民原来的国家有关联并为这些移民服务的一些设施。亚伯拉罕森发现移民能够轻易识别流动空间，但是只能模糊地辨别稳态空间的边界。如同新城市主义者使用乌托邦式的设计方法将象征从前恒久稳定的村庄图景固化下来一样，新移民们使用城市子元素创造出象征性中间体，把自己与故土联系起来（图3-99）。

图3-99　在 Ironbound 的巴西足球庆典，纽瓦克市，新泽西州

流动空间由此充当了一种通往主导稳态空间的圣街（A1），一种规范流的秩序（A2）的组织工具，一种创造吸引极的工具（A3），通过系统性移植城市图景，创造出幻象场所。图景展示首先从建筑城市的稳态A1图境开始；到了电影城市中，线性空间内的机械化运动成为可能；在信息城市中，我们有了更多在流动空间中运动和再现的可能性，包括在网络空间中的虚拟旅行。如同摩尔的乌托邦，这些空间安排背后都隐藏着严格的社会实践和监管机制。作为一种约束性和有助于记忆的工具，A2流动空间构建了一种小尺度地方性空间序列，沿线性主干赋予街道概念性感知秩序，在城市流以外创造出场所感。A3流动空间作为一种"幻象"或者戏剧化的工具，其透视结构提供了一种把老城强大的图境式城市图景移植到新兴的郊区网络次中心的方法。A3流动空间图景通过信息媒体把网络城市的各个分散的概念

地图拼接到一起，成为吸引点，把人们的注意力吸引到某一特定的地区，并突出场所彼此间的差异（比如在迪斯尼世界里）（图 3-100~图 3-102）。

图 3-100 大卫·格雷厄姆·肖恩：线性流动空间示意图

如果认为流动空间的公共属性在严格的监视和管制乌云下会消亡就错了。事实上购物中心里偶尔会出现抗议者。例如，2003 年入侵伊拉克前夕，一个中产阶级消费者在纽约奥尔巴尼时空之门购物中心内的一家商店定制了反对战争的 T 恤衫，并因为当场穿着这件 T 恤衫而被驱逐出购物中心。全国媒体的头条都在追踪这件事，最终购物中心道歉了事。信息城市中的新公共空间通常与个体自由（如同本案例）联系在一起，而不是与大众示威和大众活动相关。然而购物中心的确会定期被领取养老金者和年轻人用于群体仪式和活动，宣示群体力量。购物中心也有犯罪，尽管他们自己一直标榜自己很安全。很不幸，像在城市和村庄里一样，这里也有强奸、诱拐儿童、绑架、种族冲突、抢劫等犯罪。购物中心内的流动空间由此发展成为一个超越简单消费主义，具有复杂性的生活世界。

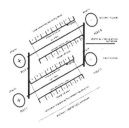

图 3-101 肖恩：压缩式流动空间

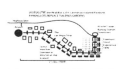

图 3-102 肖恩：拉伸式流动空间

不过传统街道上的公共生活世界也不会彻底消失在网络空间中。如同兰德（Lund）的理论家预测的那样，网络交流的蔓延和城市的扩展只是增加了面对面接触的需求。从纽约第 42 街充满了剧院、旅游点、高层办公楼和旅馆的高密度重建，从哥本哈根市中心再开发政策规定恢复公共空间，各种传统城市（以及主题公园）中逐渐发展出密度更高的街道流动空间。哥本哈根花了超过 40 年的时间逐步对市中心的街道进行步行化改造，慢慢地在城市核心地区形成没有小汽车的城市生活世界新形态。与此同时，街道和建筑得到重建，公共交通得到加强，使得老城中心能够成功地与郊区购物中心抗衡。此外，哥本哈根鼓励建设学生和老年住宅，以增加更多的居住人口（很多的"老城"都为了吸引游客而迷失了自己）。在其他国家，丹麦也采用了类似的政策，如奥尔胡斯老河床工程就被打造成为市民公共活动的开放轴线；伦敦的千禧年大道提供了一条相似的禁止汽车通行的滨河步道；在美国，亚利桑那的圣迭戈滨河步行街或者罗德岛的普罗维登斯步道等滨河步道工程也形成了类似的线性流动空间（图 3-103）。在欧洲，巴塞罗那、里昂、巴黎和伦敦的街道被加以交通限制，产生了新的城市公共线性空间，甚至纽约也准备将哈德森滨河公园打造成一个带有多车道林荫路的公共流动空间。

这些新公共空间还保留着危机时刻公众示威的场所功能，就像豪斯曼的巴黎大道在 30 年的时间里不断被法国人用作抗议的场所一样

图 3-103 圣迭戈滨河步行街，亚利桑那州，2004 年

图 3-104　通过行走来纪念，纽约，2001 年 9 月

图 3-105　"美国前院"百万妈妈游行呼吁控制枪支，华盛顿，2000 年春

（图 3-104）。甚至传统的图境式空间现在也有了不同的用处。自组织团体自下而上地占据了这些空间，替代了军队游行。人们使用互联网、传统组织方式、大众媒体和移动电话，在指定的空间集合并向目标公共空间集聚，在那里国内外媒体等着记录新闻事件。抗议的人群还会叠加他们自己令人惊奇的媒体资源。例如，2000 年的百万妈妈呼吁控制枪支游行，在号称"美国前院"的华盛顿大草坪聚集了 75 万人（图 3-105）。这是 1960 年代以来最大规模的人群聚集，并且没有暴力冲突就结束了。组织者安放了 40 英尺宽、20 英尺高的巨型电视屏幕，像巨大的广告牌，在大草坪上间隔布置，这样每个人都能够看到和听到演讲者。人群中也包括来自主要城市，担心街头警官安全的高级警察；集会还提供儿童看护和厕所等设施；集会地周边的道路被封闭，出入通道只允许公交和专用巴士进入（不幸的是，关于控制枪支的示威，2000 年 11 月美国最高法院投票决定这个议案维持现状）。

我们追溯了流动空间作为分类工具通过记忆的方式规范城市流和秩序化城市物质空间的组织能力。流动空间造成了罗马城市之间的差异，在欧洲发展的高峰期组织工业生产流和港口城市；最近它们获得了另一个线性结构角色——在私有化的稳态空间内（购物中心、精

城市元素：三种流动空间代码　　　　表 3-8

流动空间及特性	城市装置	实例（见相关案例研究）
A1= 单一流动空间： 皇室广场，主街。 稳定状态：重复单元， 位于城市内部，600 英尺（200 米）长。 变量：（A1）= 压缩式，位于城市内部 -A1-= 拉伸式，位于城市边缘	拱廊、大门、喷泉、寺庙、市场 范式：主街	A1= 帕尔米拉城 A1= 主街
A2= 双极 / 拉伸式和压缩式流动空间都被压缩在城市内部(200 英尺，400 英尺，多层等)，延伸到城市外部或者切割进城市内部。 变量：{A2}= 压缩式，位于城市内部； -A2-= 拉伸式，位于城市外部或切入城市； {-A2-}= 垂直压缩式流动空间	压缩式：拱廊、购物中心 拉伸式：铁路、林荫大道、大街、高速路、摩天楼	巴黎，1800~1900 年： -A2-，{A2}； 洛杉矶，1971 年：-A2-，{A2}； 纽约：{-A2-}
A3= 多个流动空间 + 媒体（m）； 600 英尺长图境式。 范式主街，A1+m=A3。 压缩式和拉伸式： 商业中心区摩天楼，{A2} 和 -A2-；{-A2-}+m=A3。 主题变量： {A3}= 主题化，压缩式，位于稳态空间内部；-A3-= 图境式路线，位于稳态空间外部或之间	主题化：位于购物中心、住宅稳态空间、主题公园、历史区，特别区，带大门的稳态空间等内部	奥兰多，2000 年 A1+m=A3； A2+m=A3； A3，{A3}，-A3-

城市元素代码：x= 代指；{x}= 压缩式；-x-= 拉伸式；{-x-}= 在城市内部拉伸；m= 媒介的影响

心设计的住区等）承载图境意象。接下来，这些图景通过媒体的作用标记出场所，为后现代多中心城市提供必要的导向。在下一章介绍最后一个城市元素"变异空间"之前，下一节我们要简要研究一下城市演员如何将稳态空间和流动空间进行各种组合来构建标准城市模型（图 3-106、图 3-107 ）。

图 3-106　流动空间
a1 ）乌菲齐，佛罗伦萨，平面及剖面图
a2 ）乌菲齐，北视图，2004 年
b1 ）废墟一景，帕米拉古城，叙利亚
b2 ）威廉姆·麦克唐纳德：帕米拉古城流动空间的轴测图
c ）斯丹尼斯拉广场，南锡，平面图
d ）拜西埃和封丹：瑞弗里大道，巴黎，1870 年
e1 ）阿道夫·阿尔方德：《巴黎的街道》，1870 年
e2 ）尤金·赫纳德：未来的街道，巴黎，1911 年
f ）伊曼纽尔二世拱廊，米兰，1867 年，平面图等等
g1 ）HOK 建筑师事务所，600 英尺的流动空间，1967 年
g2 ）HOK 建筑事务所：拱廊购物街一期至四期的外部广场景观
h ）洛克菲勒中心，纽约，2004 年
i ）巴瑞·梅特兰，600 英尺的流动空间，1985 年
j1 ）多伦多伊顿百货商店，1980 年代
j2 ）伊顿百货 600 英尺流动空间
k ）乌菲齐和休斯敦风雨商业街廊平面图对比

图 3-107 *l*）在泰晤士河上架铁路高架桥的提案

m）勒·柯布西耶：高速公路的细节，《300 万人口的城市》，1922 年

n）斯大林阿利街景，东柏林，1972 年

o）罗伯特·克里尔：斯图加特街道设计，1976 年

p、*q*）文丘里等人：拉斯维加斯主街和开放空间的分析，《向拉斯维加斯学习》

r）史密森：柏林"指状建筑"平面，1985 年

s）凯文·林奇：用于控制街道的微型城市装置

t）Doug Suissman：洛杉矶林荫大道的演变，大约在 1989 年

*u*1、2）自动扶梯的中间层，香港

v）修复中的威尼斯运河，2003 年

w）伯纳德·屈米：桥式建筑，洛桑

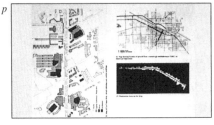
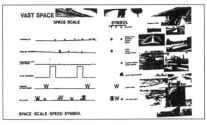
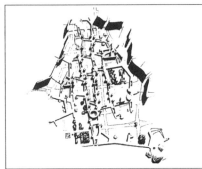
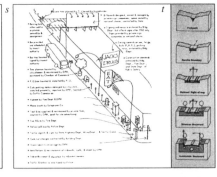

3.4　流动空间和稳态空间在标准城市模型中的组合

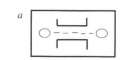

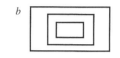

城市演员通过对流动空间和稳态空间的组合构成各种城市模型。在第一章，我们研究了不同阶层的演员构建的概念世界：建筑城市模型中的武士 – 牧师；电影城市模型中的工程师 – 银行家；信息城市模型中的生态 – 市民。我们把这三个城市模型与克鲁格曼的自组织经济模型对应起来：农耕经济时代的单中心城市；工业经济时代的两个或更多的卫星城；信息经济时代大量的边缘城市。每一个主导演员都有自己喜欢的模型，每一种模型都隐含着阶层等级选择以及对城市元素和子元素的组合。前面两节描述了子元素围绕自我中心结构和线性结构的组织。本节进一步集中研究这两种模式的组合。下一章我们将要研究变异空间在林奇提出的主导模型中起到的稳定和转换作用（图 3–108、图 3–109）。

建筑城市的主导组织原则是稳态空间、单中心和农耕经济，按照范·杜能的中心地理论运行。在这个模型中，E1 主广场主导城镇布局，一系列次级小广场烘托出其作为中央集会场所的地位（像西班牙殖民地城市中印第安法律所强制的那样）。统治者的宫殿、监狱、大教堂、法庭围绕着中央广场，商人住宅和市场也坐落于此。这种"中心地"嵌套在一系列不同等级的稳态空间中（比如古代北京的紫禁城），形成一种秩序碎片，一种严格的城市模式和常规的空间布局，使城市演员可以轻易对其施加影响。

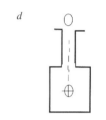

在这个正规布局内部，主导演员控制的重点是稳态和等级。单中心意味着 A1 流动空间通常起到通往建筑城市中圣域（稳态空间）的辅助轴线，将城市流引向主导中心的作用。这些轴线性流动空间的重要性取决于其所联系的中心的重要程度。这些轴线可能是不规则的或是曲线形的，就像在中世纪的阿拉伯和欧洲城市那样。他们可以位于稳态空间或城市内部，通向中央广场，也可以位于稳态空间和城市外部，通向城门或港口。

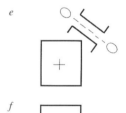

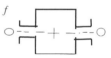

非轴线性的流动空间还可以间接连接稳态空间或者秩序碎片，构建起由片段组成的系统，绕过中间的地区。在伦敦柯芬园，建造街道的最初目的是为了与周边的建成稳态空间相连接，结果却将后续开发的各种房地产片段联接成为一个系统，形成了居伊·德波在《裸露城市》中红箭头图示的历史版本。这个系统中的稳态空间被作为碎片隔离开，彼此并不接触，在他们之间留有空隙——在伦敦案例中就是扰动了地

图 3–108　流动空间和稳态空间的组合类型：
a）稳态空间主导流动空间
b）嵌套稳态空间
c）流动空间在稳态空间外面
d）流动空间与稳态空间轴线连接
e）流动空间绕过稳态空间
f）流动空间横穿稳态空间

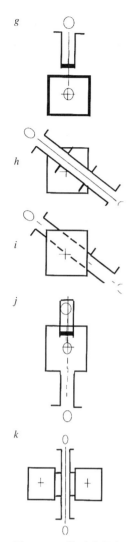

图 3-109 流动空间和稳态空间的组合类型：
g）稳态空间阻碍流动空间
h）流动空间在稳态空间的上方跨过
i）流动空间在稳态空间的下方穿过
j）流动空间在稳态空间中结束，并带有标志
k）流动空间与稳态空间沿路网排列

产网格系统秩序的小河床。就是在这些空隙中，生长出了后来的 A2 流动空间——19 世纪的林荫大道和铁路。

非轴线性的流动空间还可以像瓷砖之间的水泥一样，充当把稳态空间或碎片连接在一起的粘合剂。建于 16 世纪和 17 世纪的巴塞罗那蓝布拉斯大街，就是在老城门之外沿着老城墙和南部新城市拓展区之间的废弃河床（阿拉伯语 rambla）形成的。在 19 世纪，随着塞尔达规划的方格路网的外延，蓝布拉斯大街变成了连接三个相邻稳态空间的公共空间，其线性组织结构延伸到新网格中，形成了宏伟的购物街（由高迪设计了街道家具、路灯、以及米拉公寓等建筑，1906~1912）。

从"空间实体"设计的角度综观建筑城市的模式，很显然，是 E1 大型开放空间赋予了建筑城市独特的秩序，流动空间尚处于从属地位。建筑城市中稳态空间或碎片的"孔隙"是由中心地的封闭度、周边城市肌理的紧凑度以及他们和邻居的联系度（包括大门和围墙产生的冲突）决定的。整个装置可以看作是演员抵抗流动，强化中心感和场所感的尝试。在表格 3-9 中，我用"E/A"表示建筑城市中 E（enclave）主导 A（armature），此时 H（heterotopia）处于从属地位，因此表示为：Archi Città=E/A+H。

电影城市中的主导演员反转了建筑城市组织者对于稳态空间、稳定状态和单中心系统的喜好。稳态空间（E2）在电影城市充当了货物和人的存储器和转换器。如欧洲港口案例所示，稳态空间（E2）作为一种"分类机器"，为帝国供应和处理产品。流动空间，不管是长长的船码头、铁路调车厂、还是机场廊桥，作为线性组织工具，主要用于引导各种流。流动空间还在现代国家和军队的组织中起着主导作用，像华盛顿大草坪、巴黎香榭丽舍大街、柏林菩提树下大街等，都充当着阅兵游行和公众集会的轴线空间。

运动在电影城市中起主导作用，演员以各种交通方式在城市中穿梭。罗马城的街道和多轴线节点形成的巴洛克（人民广场以及两侧教堂所形成的三角形）式风格成为以后网络城市模型的规划程序，比如豪斯曼在巴黎的规划。在罗马，游客沿着流动空间被吸引到作为节点的圣迹。豪斯曼则把市场、教堂、歌剧院等等置于节点形成引力中心，并将这些节点与火车站（城市的新门户）连接。塞尔达对林奇的机器城市的解读中，A2 流动空间引导着流穿过城市网格，像林奇画的图示那样，把作为单一文化存储器的稳态空间互联系起来。在这个案例中，A2 流动空间形成的内部逻辑和自治性几何体很清楚地与稳态空间分隔开，穿过开敞空间，在由工程师决定的新尺度上运行（诠释了勒·柯

布西耶所谓的"工程师美学")。

　　电影城市中的流动空间也可以位于稳态空间内部,比如 1800 年巴黎或伦敦出现的钢铁－玻璃结构购物拱廊]A2[(压缩式 A2 流动空间)。这些购物拱廊的垂直轴线和剖面刺激了新城市形态的发展。这种新形态曾经被 1930 年代衰落的超现实主义者预见到。20 世纪电影城市中购物中心的建设改造了这种在稳态空间内部压缩流动空间的模式,使之适应汽车和大片停车场的新环境。购物中心设计者们很快就认识到这种压缩形式的优点,开发出内部带有多层购物空间和多层停车场出入口的购物中心。比如格伦在罗切斯特广场(1957~1962)的设计中,采用这种多层建筑的设计方式以推动美国城市中心的复兴。

　　电影城市的购物中心和次中心将流动空间压缩在稳态空间内部,形成一种新型城市化节点,再由拉伸式"–A2– 流动空间"把这些稳态空间连接起来。这些流动空间可以采用任何形式。勒·柯布西耶列举了 7 种"路径"或叫旅行的方式:徒步方式,走"驴行小道"(他对蜿蜒的历史小路的专门称谓),利用河流或运河,利用道路或铁路,利用飞机。拉伸式流动空间遵循自己的流动和形式逻辑,符合一定的景观和地形学特征。他们还能形成向城市外部指状延伸的线性增长空间,构成电影城市的"煎蛋"结构,或者围绕旧城形成带状的线形城市(比如休斯敦外围的环路)。我们已经在拉伸式流动空间系统中注意到标识、通信、广告等系统对于提供导航线索的必要性;这些工具与早先建筑城市中的大门起到同样的作用。

　　"–A2– 流动空间"还可以切断旧城的织理,或者在开敞的田野使用,像豪斯曼的巴黎规划一样。在《所有东西都是空气中的固体熔化物》(1983)中,马歇尔·伯曼描述了罗伯特·莫斯(Robert Mose)在南布朗克斯规划的一条快速路对曾经充满活力的邻里造成的影响。快速路建成后这个邻里逐渐衰落成为超级贫民窟,在 30 年的时间里经历了缓慢的重建。这个案例为所有试图通过牺牲地方社区来满足区域发展需要的城市规划师们提供了一个值得警醒的教训。南布朗克斯的解体为简·雅各布斯敲响了警钟,导致纽约社区组织和倡导式规划的兴起,为"拼贴城市"理论的产生奠定了基础。

　　除了切割稳态空间,这些拉伸式流动空间还可以绕过和排除稳态空间。约翰·纳什(John Nash)在 1800 年代初期建设摄政街的时候,特意减少了摄政街与充满了贫困移民和裁缝等工人阶级的 SOHO 地区的接口。豪斯曼在建设巴黎的 A2 林荫大道的时候,将这种排除性的方法使用得更加完美,干脆把通往外围贫民区的道路设计成尽端路。穷人区被藏在长长的、壁纸般薄的街道立面后面（类似于用衣橱把房间内不愿意暴露的特征遮掩住，由此产生了后来的历史学家所谓的街道设计的"衣橱理念"）。街道流动空间的紧凑剖面包含了很多用于新住宅和街道的现代工具。这些住宅的剖面中，下面是街道店面层，上面是中产阶级的公寓，学生和佣人住在顶层阁楼，很明显表现出法国城市中的社会等级和特权。格雷汉姆和马文（Marvin）的《碎片城市化》显示，电子旁路和物理旁路一样，对于被地方或者全球性网络城市排除在外的邻里产生了复杂的影响。

拉伸式"–A2– 流动空间"的设计师和规划师还可以故意绕开特权和受保护的稳态空间——但是要小心地规划几条连接性道路。这种方式既增加了新的交通运输与通信通道而又不会影响到稳态空间。当为穿过城市的街道选择新路径的时候，纳什和詹姆斯·派尼索恩（James Pennethorne）（纳什在伦敦工作委员会的继任者）避开了那些国会议员拥有的大型地产稳态空间（到1888年伦敦郡议会成立以前）。这些业主一直拥有阻止侵犯他们土地的提案的权力，1760年代沿着尤斯顿路（Euston Road）修建了一条环绕西端（West End）的收费公路，在这些土地主的控制下形成了本区域的北边界。同样是这些土地的主人，在19世纪又成功地阻止了铁路和有轨电车穿越伦敦市中心。由于同样的原因以及1960年代邻里组织的反对，到了20世纪，仍旧没有高速路穿越伦敦中心。类似地，罗伯特·莫斯在纽约规划的高速路小心地避开特权区域，绕开在政治上有强大力量的上西区和东区，将高速路布置在沿河边的开敞空地中。

在电影城市中，城市演员不断努力增加流动空间的容量，并驱动流动空间穿过或绕过障碍。19世纪流动空间剖面的发展使街道或林荫大道轴线中融入了机械系统，从而产生了线性城市或者流动城市的概念。在这些系统中起决定性作用的是节点和交叉点。为了解决大规模货物流交换的问题，城市演员重置了老城中心，把过去的稳态空间转换成专业化单一功能的市场、仓储设施、居住区或者办公区等等。流的容量和这些区域的空隙非常重要；城市旧区必须开敞和"通风"，如我们在伦敦柯芬园市场案例中看到的布局。现代主义者通过反转周边的城市肌理代码进一步增加了流动空间的容量，使流动空间变得完全开敞和透明，像白板一样在巨型尺度的大地景观中通过专门化建筑原型吸收城市元素（图 3–110~ 图 3–112）。我在表 3–9 中给出电影城市的公式，A（armature）主导 E（enclave）A/E，H（heterotopia）处于从属地位。因此 Cine Cittá = A/E+H。

图 3–110 明斯特镇中心平面，德国

图 3–111 明斯特图书馆的咖啡厅内部，1993 年

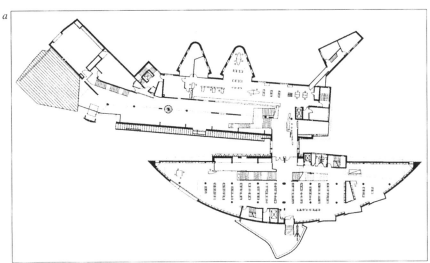

图 3-112 波尔斯 + 威
尔森：明斯特图书馆，
1993 年
a）平面图
b）立面图
c）街景
d）轴测图
e）场地设计分析图

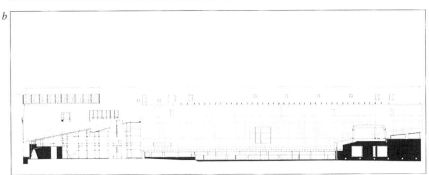

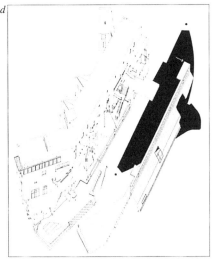

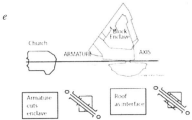

三种城市元素重组的标准模型 表 3-9

城市类型和特征	城市装置	实例 / 元素
Archi Città =E/A+H. 稳态空间主导流动空间，系统必须要有变异空间。 嵌套稳态空间：E1= 单中心；集市、聚会地、主广场或公共广场。 稳定状态：城市内部重复单元。 变量：{]E1[}= 压缩式，在城市内部； 城堡 / 大教堂 / 宫殿；–E1–= 在城市边缘拉伸； 游行广场、宫殿内花园、露天市场。 流动空间从外部通往稳态空间：A1= 单一流动空间或连接两个绿洲的皇室主街流动空间。 稳定状态：重复单元。 流动空间从内部通往稳态空间：在城市内部；600 英尺（200 米）长。 变量：{A1}= 在城市内部压缩； –A1–= 在城市边缘拉伸， 连接稳态空间的流动空间	主广场、围墙、大门、寺庙、集市主街、拱廊、大门、喷泉、寺庙、集市高街，单一街道	E1= 庞贝古城， A1= 主广场，北京， A1= 帕尔米拉城， A1= 主街， 伦敦柯芬园地区， 提姆加德 / 勒德洛 （ Timgad/Ludlow ）
Cine Città =A/E+H. 流动空间主导系统。 拉伸式流动空间连接系统 / 网格中的稳态空间： –A2–. 稳态空间内部的压缩式流动空间：{A2}. 拉伸式流动空间形成指状增长：–A2–. 拉伸式流动空间切割稳态空间：{–A2–}. 拉伸式流动空间绕过稳态空间：–A2–. 拉伸式流动空间直接连接稳态空间：–A2–. 稳态空间阻挡拉伸式流动空间	公路网（ Highway grid ）， 拱廊、购物中心、铁路 / 公路 / 大街、铁路、林荫大道、公路	机器城市，洛杉矶，巴黎，休斯敦， 哥本哈根规划， 巴黎，南布朗克斯区， 伦敦摄政街 SOHO， 纽约上西区， 伦敦 / 东京
Tele Città =H/A+E. 变异空间主导系统；参见第四章。 压缩式流动空间 / 稳态空间： 多层 +m=A3，600 英尺长图境式流动空间。 压缩式稳态空间 / 流动空间： 住宅 +m=E3；居住 +A1+m=A3/E3。 压缩和拉伸： 商业中心区的摩天楼，A2+E2+A3+m=A3/E3。 主题变量： {A3}= 稳态空间内的主题化和压缩。 块茎 / 图景路径： –A3–= 位于 E3 稳态空间外部或之间的图境式路径	主题空间 / 区；大门围和 / 历史区；娱乐区 / 商业发展区；主题流动空间；主题街道	奥兰多 2000 年规划，新城市主义， 纽约时代广场， 迪士尼乐园主街， 迪士尼游乐园公路

城市元素代码：x= 代指；{x}= 压缩式；–x–= 拉伸式；{–x–}= 城市内部拉伸；m= 媒介影响

尽管我们还没有详细研究变异空间，但是这个元素对于理解信息城市很重要，为了完整理解，我把信息城市也放进表 3-9 中。我已经提到过信息城市中流行的基本住宅细胞的功能变异（通常同时承担居住、办公、娱乐中心、健身房和花园中心等多功能），我还讨论过通过 A3 或 E3 图景组装（image assemblage）对既有城市元素（比如 A1 流动空间或者 E1 稳态空间）的变异性再利用。科特和罗的"伟大街道"流动空间以及"稳定器"稳态空间因此变成了信息城市中幻象图景存储器的组成部分。于是这些组装就成为演员城市心理认知地图的组成部分。

我想要通过简要回顾一种重要的组合传统来结束本章，这种组合传统在城市发展历史上一直处于核心地位，是一种处理地方性秩序化碎片或者城市片段内流动空间和稳态空间的方式。街道和广场的组合一直贯穿在建筑城市、电影城市和信息城市发展之中，充当着演员推动城市转型的催化工具。（我在本章前面提到过轴线性流动空间和中心广场组合的历史，读者可以参考保罗·扎克（Paul Zucker）的《市镇与广场》，A·E·J·莫里斯的《城市形态史》以及埃德蒙·培根的《城市设计》）。这种轴线型的街道–广场典型布局在信仰城市模型，如阿兹台克的神庙广场或者北京紫禁城前的中轴线大街，都可以看出来。在意大利文艺复兴时期，这种组合还出现在勃鲁乃列斯基为佛罗伦萨主教堂北侧区域所做的规划，以及米开朗琪罗设计的、通向罗马卡庇多里山的拉伸和变形的台阶（流动空间）（1537）和山顶广场（带有新市政厅和圆丘形状的幻像性铺装）中。伊尼戈·琼斯（Inigo Jones）1632 年在伦敦柯芬园的规划中也使用了同样的利用轴线流动空间连接稳态空间的布局。

在电影城市中，轴线型街道与封闭广场组合的方式再次出现，成为大型纪念性建筑或政府建筑前广场的典型布局，也是处理老城与火车站结合部的典型设计手法，无数的欧洲城镇中都可以看到这样的组合（比如，米兰或者赫尔辛基中央火车站）。纽约在 1900 年代早期在带有中庭的中央火车站建设之前，已经有好几个项目都建设了终点广场。中央火车站的设计构想是建设一个高层建筑作为垂直地标，从而在垂直方向上强化公园大道的尽端。伊里尔·沙里宁 1922 年的芝加哥公园规划中设计了一条下沉式公路和林荫大道，其终点通向位于商业圈东面一座摩天楼下的中央火车站；火车站前有一个巨大的广场，广场周边是博物馆和文化设施。同年，勒·柯布西耶的"300 万人城市"也采用了同样的街道与上盖摩天楼的火车站广场组合的基本布局模式。这种传统从学院派设计延续到装饰艺术设计，比如洛克菲勒中心由RCA 大楼、步行街和带有开敞溜冰场的下沉广场组成的轴线布局。

在信息城市中，这种公共广场稳态空间和街道流动空间的轴线式组合通过现代购物中心以及街道轴线端点布置广场和塔楼的方式一直保存下来（即使只保留了残余）。不过，高层塔楼与其基底的空间存在着断裂，比如约翰逊和伯吉（Johnson & Burgee）设计的特兰斯科大厦（1983）与既有的休斯敦拱廊购物街组合在一起，其旋转灯光在晚上从公路和城市另一侧的机场就能看见，好似巨大而孤独的灯塔。塔楼一侧的喷泉功能与洛克菲勒中心的溜冰场功能相似（这里可以开车接近），是婚纱摄影的好地方。福斯特在香港设计的上海银行大厦（1986）从九龙通过水路到达建筑主广场的轴线相对传统一些，从渡轮站到银行大厦需要经过地下通道和雨篷。

后现代城市中流动空间 – 稳态空间组合与周边城市肌理的割裂使得城市演员可以在购物中心内把街道和广场重新组合成一种新的多层城市拼凑体的形态。我之前写到过图境式流动空间和稳态空间的作用，他们在信息城市里充当着稳态空间内部的强大吸引点，比如在区域购物中心、主题公园、封闭式住区以及新城市主义的规划方案中。我还写道，流动空间 – 稳态空间组合作为城市片段，在迪斯尼世界这样吸引大量游客的稳态空间以及各种城市次中心大行其道。作为图境式吸引点，流动空间和稳态空间成为信息城市中的"混合"场所，通过精妙的设计使人群自发混合而不是强迫人们接触。每一个吸引点都是一个在多种层面上的混合体（hybrid），每一个演员都可以根据自己的喜好和排他性选择适合自己的"层"——只要付出合适的价格，从而使得变异空间成为信息城市的主导形态。在块茎组装系统里，不会再出现互不相干的群体沿着不同的路径穿过城市稳态空间聚集过程中在人行道上擦肩而过的局面。

理想的信息城市记忆公式应该能够反映出信息城市把之前两种城市形态包含在媒体中的特性。不过为了简化，我把重点集中在变异空间的作用上，以表达演员价值观的转变。在信息城市中，H（heterotopia）主导 E（enclave）和 A（armature）。因此，Tele Città = H/（A+E）。

最后，为了表达城市演员在信息城市的后现代环境中以创造性方式持续研究稳态空间 – 流动空间组合，我引用博尔斯 – 威尔逊（Bolles-Wilson）的明斯特城市图书馆项目（1987~1993）来作为城市设计的案例。这个项目包含多重尺度——它是信息化巢形城市的组成部分、是自电影城市时代就存在的区域集聚中心、也是一个在建筑细部层面重建的信仰城市（明斯特在二战中被盟军炸毁，之后按照哥特城市的历史特征获得重建）。图书馆在福柯的定义中属于偏离（deviance）异托邦，也就是我的惩罚变异空间（H2）。19 世纪的图书馆是存储知识的仓库（因此也是力量的仓库）。在这个实例中，图书馆还以数字化方式存在。设计师强化了城市街区作为稳态空间的理念，同时又在其中切割出一个新的流动空间（顺着一个老教堂的尖塔）。这个切割是一个超凡的空间，铜屋顶向下延伸构成部分立面，建筑内部则由流动空间两侧逐渐跌落的台阶相呼应。

我在表 3-9 中列出了稳态空间和流动空间（以及相关的子元素）的组合，这些稳态空间和流动空间是三种标准城市模型的组织元素。

在每一个案例中，城市演员在组合稳态空间和流动空间的过程中形成一种转换平衡。对第一套城市演员来讲，稳态空间起主导作用；对第二套城市演员来讲，流动空间是主要的；第三套城市演员把稳态空间和流动空间平等地连接起来，但是把他们与周边城市肌理割裂开。在流结构切割并撕碎信仰城市封闭的城市肌理，产生出工业城市的转换平衡中，各个稳态空间被切割留下的空隙都会有所不同。最后，稳态空间 – 流动空间组合在一个在全封闭的稳态空间内变成了三维结构。不过矛盾的是，在世界城市的巨型购物中心和主题公园中，前所未有地出现了面向全球网络演员的多孔性和开放性。

到目前为止，这三种模型不仅是乌托邦的，也是静态的。这种不现实必须要修正。下一章，我要讨论变异空间这个最重要的城市元素怎样使城市维持自身的稳定性，使城市演员能够把一种城市模型转换成另一种更加混合的模型。变异空间的概念因此在城市理论、城市模型和城市设计三者之间提供了一个动态的桥梁（图 3–113~ 图 3–115）。

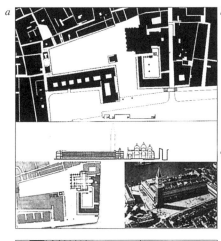

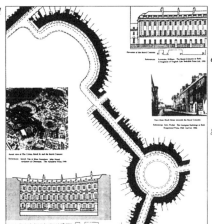

图 3–113　稳态空间和流动空间

圣马可广场，威尼斯

a）平面图

b）从海上进入广场的流动空间，2003 年

c）通往广场的街道流动空间，2003 年

巴斯，英国

d）平面图和剖面图

e）通往圆形广场的街道流动空间，1990 年代

f）圆形广场，1990 年代

g）皇家新月楼，1990 年代

图 3-114　稳态空间和流动空间

洛克菲勒中心，纽约

h）平面和剖面图
i）广场稳态空间
j）通往第五大道的街道
k）通往广场的街道流动空间

明斯特图书馆，1988~1993 年

l）从入口看室内
m）通向廊桥的楼梯
n）从桥上看室内
o）正立面图，1993 年
p）总平面设计，1993 年

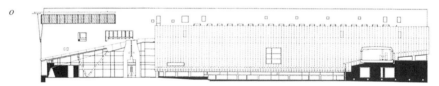
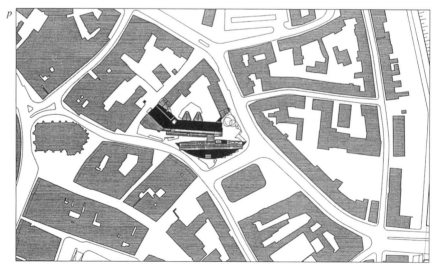

图 3–115　稳态空间和流动空间

明斯特图书馆，1988~1993 年

q）从桥上看室内

r）从桥上看室外街道流动空间

第 4 章
城市模型和城市设计中的变异空间

4.1　变异空间的基本定义

　　每一种文化、文明当中也存在另一种真实场所（place）——它们真实存在，在社会基础上形成；它们有点像那种对立场地（counter-site），一种有效制定的乌托邦。在其中，真实场地与其他真实场地都能在文化中找到，被同时再现、竞争和反转。这类场所存在于所有场所之外，尽管它们可能也暗示了现实中的位置（location）。因为这些场所完全不同于它们所影射或表达出来的全部场地，我将它们称为异托邦（heterotopia）。

　　　　　　——米歇尔·福柯《其他空间：乌托邦和异托邦》（1964）（图 4-1）

图 4-1　毕加索在巴黎蒙马特捷兔夜总会照片，大约在 1912 年

　　现在来看我的城市三元素（稳态空间、流动空间、变异空间）中的第三个成员——变异空间。变异空间是一种场所，它混合了稳态空间的稳定和流动空间的流动，在这里两种系统的平衡不断变化。变异空间的功能是作为一个自组织系统维持城市的稳定性。在线性的、逻辑的、科学的城市系统中，变异空间能通过处理预期帮助系统维持两极（如生产和消费）间的动态总体平衡。在非线性系统中，它能够促进城市的动态不平衡状态和城市范式快速转换。在发挥这些功能的过程中，变异空间自身的形态是多样和不断变化的。威尼斯文艺复兴时期犹太人居住区的形态就有别于纽约市哈莱姆区和里约热内卢的贫民窟，今天的哈莱姆区也不同于 1920 年的哈莱姆区。"变异空间"的含义可能显得模糊不清，因为变异空间发挥复杂的变异性功能时没有单一的、稳定的外表或伪装。

　　到目前为止，我已经论述了可以用来构建城市片段的流动空间系统和稳态空间系统，如居伊·德波的《裸露城市》（Naked city）中的地图，林奇的机器城市模型以及罗与科特的拼贴城市模型。此外，任何城市系统都会有影响其运行的一套基本的优先或偏好设置。这套价值取向意味着系统操纵者会对他们所观察到的不符合自身利益的一些目标、活动和个体进行排斥或歧视。中世纪城市的演员—设计师们在少数民族聚居区创造了此类场所，工业化城市的演员—设计师们创建了诊所。一个仅包含稳态空间或流动空间的系统则无法提供这种专业化的排斥空间。

尽管这些空间的形式随着时间的推移而发生了变化，但它们存在的系统原因没有变化。所有社会系统都会宣扬一定的目标、事物、关系和人们之间的禁忌。有些禁忌性目标、事情、关系和人，或者出于必要，或者不可能根除，必须在社会中把他们隔离起来。那些被社会排斥的社区所占据的空间创造出凯文·赫瑟林顿（Kevin Hetherington）在《现代化劣地：异托邦和社会秩序》中描述的"选择性空间秩序"。它们形成了一种异常的空间，一个微型城市或子城，成为更大城市的重要组成部分。这些场所构成了变异空间最基本的类型，在城市系统中提供反射和疏离的转换场地，从而增加城市适应变化的容量。

这些排斥性场所对于人类聚落在规定秩序中保持组织和逻辑一致性是必要的。占据主导地位的城市演员使用这些变异空间来保持秩序的"纯净"和一致性。由于容纳了所有的特例，典型的变异空间必须是多细胞的（以对特例进行分类）、灵活的，或多或少带有封闭的边界，有一定的监护和看管（和标准的稳态空间具有同样的特性）。下面我还要详细描述各种不同的变异空间怎样反射和反转其宿主。这些变异空间从建筑城市（H1）用栅栏隔离的瘟疫病人住宅，到电影城市（H2）中的监狱和工厂，再到信息城市（H3）中基于媒体的区域购物中心和主题公园都各有不同。

我对变异空间的分类基本上出自米歇尔·福柯的《其他空间：乌托邦与异托邦》（1964）① 这篇文章是在他去世后发表的（在他生前得到允许）。在这篇先锋性的文章中，福柯把"异托邦"的概念引入城市讨论。这篇文章出自对福柯的广播访谈，所以缺乏福柯惯常的一致性和清晰性；结果使得后来的学者基于福柯最初的探索发展出很多相互矛盾的方向，我们将要简要回顾这些方向。我对福柯的一些概念的引申也超越了其最初的意义。

福柯借用了医学中的"异位"（heterotopia）这个词。在医学中，"heterotopia"一词指的是一个细胞（或者是一群细胞）良性地生存在一个完全不同的细胞或组织宿主中。《兰登书屋词典》强调了异位体在

① heterotopia 与 utopia 相对，一般翻译为异托邦。为便于理解，本文中涉及引用福柯原文时，翻译为异托邦；涉及本书作者的引申含义时，翻译为变异空间。——译者注

细胞中位置的例外性，写道，异位体是"在一个局部中以不正常方式存在的组织构造"。为什么细胞或组织会移位到新的"不正常"的位置也许是一个医学谜题，但是这种共生的模式激发了福柯的兴趣。在存在异位体的地方，会出现完全的"它物"居留在宿主体内，并与宿主保持良性关系；两种系统互相容忍彼此的不同。在福柯对这个医学概念的类比和引申中，这种共生之所以成为可能是因为异位体内部包含多种组成部分，可以容纳彼此冲突或互补的空间；也就是说，变异空间是一个"由一些不相容的空间和场地组成的单一现实空间"。

正是这种异质性使得变异空间区别于单中心系统的普通稳态空间（enclave），也使得变异空间既属于一个中心集聚场所，又能够处理和分类不同的流。此外，变异空间还包含了对稳定与流动两种完全不同趋势进行监控和调整，进而调节其转换平衡的反馈机制。福柯使用"演员"这个术语来讨论这些反馈机制，认为演员能够通过"镜子"来监控他们的处境。由此可见，变异空间本质上是一种模糊的空间，在单一周界内包含许多不同的空间（穿越这个边界的通道由大门控制）。不同的演员在这里以复杂的方式，间接利用代码、图景，和"镜子"等工具相互作用。

福柯在短文中几次试图定义异托邦。他先以"西方经验"熟知的三种空间构想模式勾勒了空间发展的历史。首先是在前现代世界的"地方化（localization）"和"定位（emplacement）"系统中产生的"等级合奏"，一直流行到中世纪。在前现代世界的空间中，超天国、宇宙、人间的世界交织在一起，更像林奇的信仰城市。接下来出现了伽利略和"溶化"了旧稳态空间系统概念边界的"扩展"（extension）的空间。所谓的稳定被证明只不过是流在连续运动系统和线性框架中相对缓慢的移动。空间变得无限和开敞，没有任何限制；只有线性流的内在逻辑发挥作用（比如在机器城市中）。最后，一种"场地"（site）系统取代了"扩展"，创造出一种世界，在这里面空间"呈现给我们一种场地间相互关系的形态"（比如在生态城市）。"场地"（site）定义为"点或元素之间相互接近的关系"，表现为元素之间的组织模式。这些模式包括自上而下的等级模式（树）、开放线性系统（网格）模式，以及自由空间系统（系列）模式等等（图 4-2~ 图 4-4）。

尽管有了伽利略的研究，福柯仍然认为当代空间"不是完全去神圣化的"，还存在现代科学机构和科学实践没有"打破"的"神圣"的对立，比如在公与私、工作与娱乐、家庭与社会之间的空间。法国哲学家加斯托尼亚·巴希拉（Gastonia Bachelard）和现象学者们发现"看

Foucault Spatial System 1; Steady State. Single point; central reference system, hierarchy based on proximity to center.

图 4-2　戴维·格雷厄姆·肖恩：空间定位基于米歇尔·福柯《其他空间》，1964 年

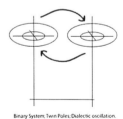

Binary System; Twin Poles; Dialectic oscillation.

图 4-3　肖恩：二元系统的空间扩展，基于米歇尔·福柯《其他空间》

图 4-4　肖恩：场地空间关系的变化基于米歇尔·福柯《其他空间》

不见的神圣"仍然存在，我们并非生活在"和谐的真空"中，恰恰相反，我们是"生活在完全充满了未知量，而且可能是彻底幻觉化的空间中"。福柯提出了一系列（源于巴希拉的研究）"内在的"意象空间，比如，透明缥缈的光空间、黑暗空间、从顶部或底部看到的空间、流动或凝固的空间等等。但是他对日常生活"抓咬"我们的"外部空间"——也就是"异质的"空间——更感兴趣。历史在这里发生，部分虚拟部分真实，充满关系模式，并非完全虚空。

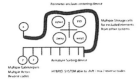

图4-5　戴维·格雷厄姆·肖恩：基本变异空间示意图

福柯继承了塞尔达和其他理性主义者的研究，在自己构建的类型体系中区分出由稳定主导的场地和由流动主导的场地。也有一些处于暂时静态和放松状态的稳态空间，比如咖啡馆、电影院和海滩（开敞空间）或者住宅、房间、床等等（封闭的、半封闭的空间）（图4-5）。接下来福柯表达了他对稳态场地的兴趣，"这种稳态场所抵消和转化了它们想要指定、镜像或反射的关系，……稳态场地彼此联系，然而又彼此矛盾"。他写道，在各种"镜像—场地"矛盾体中有两类主要的形式最让他感兴趣：乌托邦和异托邦。乌托邦是用"理想形态"（或者完美的颠倒形态）表现社会的"非真实空间"场地，基本上是非现实的。异托邦则相反，是真实的，是建成空间。异托邦与乌托邦都能够"镜像"其周边的社会大环境。

福柯认为镜子中反映的世界首先是乌托邦，因为镜子本身也是"无场所之地"（a placeless place）。他认为在镜子这个非现实的"虚拟空间"中，反馈和自我监视的作用就是"（它）使我能够在一个不存在的地方看到自己"。既然镜子使得演员所在的场所既是"绝对真实的"（与周边的空间联系）又是"绝对不真实的"（演员的形象在"那边"的虚拟空间里），所以镜子也是一个变异空间。福柯在这里引用了法国心理学家雅各·拉康（Jacques Lacan）关于镜子作为核心工具的思想。他认为是镜子使婴儿超越了对身体局部的认识，从整体上意识到并建立起一个有身体、完整的人的概念。于是，乌托邦和异托邦"镜子"使城市演员有机会在变化和流动的环境中识别自己，认清自己的需求（图4-6）。

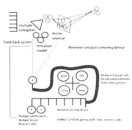

图4-6　戴维·格雷厄姆·肖恩：变异空间中的镜像控制系统

接下来福柯开始"稍微系统性地"描述同时具有真实性和非真实性的异托邦场地，试图草创"异托邦学"。他列出了六个"原理"来引导他的分析。第一个原理是：所有文化中都存在异托邦，异托邦"很明显地呈现不同的形态"。他区分了两种主要的常规类型：危机异托邦（heterotopias of crisis）和偏离异托邦（heterotopias of deviation）。危机异托邦是神圣的或者是禁忌的场所，是为那些与社会处于危险关系状态

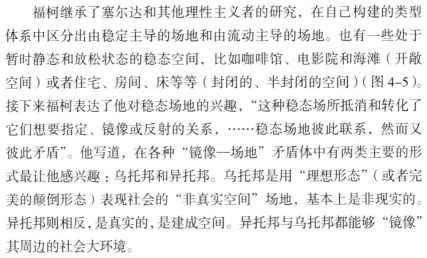

的人保留的。福柯写道，原始社会有固定的危机异托邦场所，为处于危险中的人使用（比如青少年、月经来潮的妇女、孕妇、老年人等）。还有一些没有固定场所或"地理标志物"的危机异托邦，比如兵役、"蜜月"旅行等等。这些异托邦在现代社会都已经慢慢消失了。"偏离异托邦"（福柯在《纪律与惩罚》（1975）中研究过）倾向于取代危机异托邦，用于安置行为上与"规范要求有偏离"的人；这类异托邦包括休养所和精神病院等等。

福柯的第二个原理是：为某种目的构建的异托邦可能在其历史上"以不同的形式发挥功能"。异托邦反射其周围的文化和规则。因此，当这些规则改变的时候，变异性场地本身的功能和形态也要求随之改变。福柯以墓地为例演示了异托邦的转换作用。墓地曾经"位于城镇中心"的教堂旁边，但是 18 世纪末由于担心感染和疾病而被移到"城市边界以外"。墓地这个变异性场地仍旧存在于城市系统中，但是改变了形式与位置，建筑城市中的主导代码被反转了。在电影城市中，墓地则变成了"其他城市"（the other city），一个令人恐惧、被隔离的场所，一个死人的城市（安置在郊区）。

福柯的第三个原理是：异托邦可以"在单一现实场所中并置很多不相容的空间和场所"。他举了一些这类"矛盾场地"的例子，比如剧场或电影院。这些场所可以在舞台或屏幕上一个接一个地"呈现整套完全不相关的场所"。在前现代社会，波斯花园和地毯也有这种把神圣宇宙中截然不同的场景和季节组织在一起的能力。福柯认为波斯地毯是"一种移动的花园"。

福柯的第四个原理是关于异托邦如何与"时间切片（slices in time）"相联系，创造出"变异时间（heterochronies）"。有一类"无限期集聚时间"的异托邦场所，比如博物馆（起源于 17 世纪私人收藏和展览）和图书馆。福柯认为这些私人博物馆和图书馆的转型与现代社会记录人类进步和收集信息的愿望有关。他反对把具有无限时间尺度的现代异托邦场地与举行流行节庆的临时性市场相提并论。因为后者是纯粹的"此刻"，位于城市边缘"非凡的空地"——露天市场中。这些场地一年中有两次被暂时性激活，填满摔跤手、玩蛇女、算命师等等"变异物体"。

福柯的第五个原理是：异托邦和其他的稳态空间一样，有大门和围墙，是一个"预先假定可以开放和封闭的系统，既能够隔离又能够穿越"。异托邦通常不对公众自由开放。演员可能需要在入口处经历清洁仪式（好像进入浴室，如阿拉伯的土耳其浴室，或者斯堪的纳维亚的桑拿浴室）；入口也可能是"强制性的，例如兵营或监狱"。能够自由出入异托邦"实际上是一种幻象：我们以为自己进入了某个地方，因为我们确实进去了，但其实是被排除在外的。"福柯举了一个例子来解释这种异托邦，比如在巴西，路人可以随便在农民住宅后院的客房里面过夜。尽管客人们可以自由进入客房过夜，但他们其实并没有融入农夫的家庭。美国的汽车旅馆——福柯错误地认为（1960 年代）很快将要从美国社会消失——也可以归入这种类型。

福柯关于异托邦学的第六个也是最后一个原理是：城市系统内部的变异性功能既可以是自由和"幻象"的场地，也可以是"补偿"和惩戒的场地。在"幻象"场地，异托邦主要发挥镜像的功能。福柯想像这类异托邦属于标准的场地，"人类生活在这里面被隔离，因为这里的生活更多是虚幻的"。比如他举的一个例子——"那些现在已经丧失功能的著名妓院"（指的是 19 世纪巴黎的合法妓院），现在里面的房间被重新装饰，工作人员根据消费者的喜好穿着适当的服装。相反，"补偿"场地是真实的空间，"经过完美地、小心翼翼地布局，尽管表面看起来一团糟"。这种场地的例子包括美国的欧洲殖民定居点或南美的耶稣会信徒殖民地，所有的规划都由十字形态主导，各种活动都要依据教堂的钟声（图 4-7）。

福柯在文章的结尾讲到船是"最卓越的"（parexcellence）异托邦。船是介于殖民地和妓院之间的中间体，两者是异托邦的"极端类型"。船是一种发展经济的工具，是"一个浮动的空间碎片，一种没有场所的场所，自我存在、自我封闭。船同时终止了大海的无限性，从港口到港口，从一个锚地到另一个锚地，从一个妓院到另一个妓院，它在殖民地疆域内任意漂泊，寻找藏在后院的珍宝"。这段描述几乎适用于任何移动的交通形式，包括火车和小汽车（福柯在文章里确实将轮轨马车和交通护航当做了"场地"）（图 4-8）。

福柯的文章激发了人们大量的灵感，不过也比较费解，缺少逻辑性。哪一种异托邦镜像了中世纪的"树状"组织系统及其"本土化"和"定位"？哪个异托邦镜像了现代"网格"系统，出现了"偏离异托邦"并摧毁了之前的"危机异托邦"？补偿和规范性场地如何融入到这个图景中？哪些异托邦参与到福柯在文章中提出的"系列"模型中的第三个模型里面（这个模型里，关系复杂的演员自组织系统形成了明显的"场地"网络）？自由和"幻象"场地在这些系统中起什么作用？异托邦和船所暗喻的经济发展是什么关系？

很多学者试图回答这些问题。我简要地选择几个从城市理论、建

图 4-7　异托邦，布鲁诺·德·马尔德：比属刚果的耶稣会，大约在 1990 年

图 4-8　布鲁诺·德·马尔德：比属刚果的采矿工地宿舍，大约 1990 年，《"Mavula：非洲宽果河的一个变异空间，1895~1911 年"》，1998 年

筑学和城市系统角度诠释福柯文章的学者。在福柯的文章发表 4 年后，1969 年弗朗西斯·科伊在她的文章《城市主义和记号学》中提到了异托邦。科伊认为中世纪城市的城墙、大教堂、城堡等工程是变异性的（它们的作用和结构与住宅建筑之间的标准邻里语段关系截然相反）和历时性的（经历不止一代人才能完成）。

另一位巴黎学者乔治·塔索特和威尼斯学派以及曼弗雷德·塔夫里将威尼斯城市公共机构的原型分析与福柯关于公共机构对于创造专业和科学知识的作用联系起来。在文章《异托邦和空间的历史》中，塔索特回顾了法国医院原型随着医学和精神病学（基于福柯的《精神病与文明》，1972）专业医生的出现而向理性主义的转型。他还把这种分析扩展到了现代主义公共住宅原型。

罗宾·伊文斯在《美德的构成》（1982）中，描述了他对引发边沁创造出圆形监狱的英国监狱改革的研究。伊文斯与福柯的研究是平行进行的，但是各自独立（伊文斯的文章最早发表在 1971 年的《建筑协会季报》）。伊文斯的文章详细研究了前现代时期监狱的发展，并得到福柯的赞扬。福柯自己则把前现代时期的监狱称作"危机异托邦"。伊文斯描述了前现代监狱如何作为特殊的治疗场所被整合进社会（我把监狱称作"H1 变异空间"）。他写道，监狱就是威尼斯宫殿的翻版，带有庭院；英国的监狱就是联排住宅的翻版，也带有庭院；监狱甚至被装进了城堡大门之上高塔的房间里（带有窗栏和水龙头的房间）。犯人被暂时关进监狱，在这期间他们的家人要尽量偿清欠债，朋友们可以来监狱探望。

伊文斯还描述了监狱的生活环境如何吓到了约翰·霍华德等 18 世纪的改革家。改革者们强调了从中世纪城堡监狱的地牢以及行刑室和禁闭室中生还的不易。边沁监狱的生活条件要更优越，每个单间都有通话管道、空调、供暖、活水和马桶。这种偏离和惩罚异托邦（我称之为"H2 变异空间"）特意把犯人隔离开以便改造他们，也就是引诱他们遵从现代工业社会的规范。伊文斯通过实例证明这种把犯人与居民隔离开改造的做法随着需要隔离的犯人种类增加而变得事与愿违，系统开始变得失效（其他改革者也在同时质疑这种做法的功效和人性化程度）。

受到福柯文章的启发，许多学者都把研究焦点放在"偏离和惩罚"异托邦上，对"幻象"异托邦则较为忽视。例外之一是沃尔特·本杰明（1892–1940）的学生们，比如苏珊·巴克·摩斯（《视觉辩证：沃尔特·本杰明和拱廊建筑》，1991）。本杰明构建了工业革命与生产和消费体系之间的联系，并以通信系统为补充（比如市场营销）。本杰明认为，拱廊、百货商店、林荫大道等都是"幻象"场所和消费场所。遵循这种逻辑，凯文·赫瑟林顿（《现代化劣地：异托邦与社会秩序》，1997）更加广义地诠释了福柯的异托邦思想，增加了"选择性社会排序的场所"，比如工业革命初期的工厂，或者在全球交换系统中分配制造业产品的拱廊购物街和百货商店。后来的一些学者，如玛格丽特·克劳福德，在其关于乔恩捷得事务所的购物中心设计的文章《你在这：捷得国际事务所》（1999）中，进一步把这种购物和"幻象"的概念更新为"选择性社会排序"（alternative social ordering）和围绕购物中心线性主街的空间组织。尽管在这种商业性异托邦中幻象的一面更加突出，其潜在的双重代码歧义更明显，但是很多评论家仍然把购物中心当作"偏离"和惩戒场地（H2）。米歇尔·索金及其合作者在《主题公园的变革》（1992）中也认为这种私人拥有的异质性"公共空间"属于偏离异托邦。

异托邦在后现代城市中的扩散构成了爱德华·索迦对洛杉矶城市地理学研究的主要观点（《后现代地理学》，1989）。索迦在书中先说明了他对福柯研究中的重要发现，提出异托邦是一种独特的空间单元。对空间的关注使索迦摆脱了当时现代主义规划所流行的数学模型和抽象的城市理论，在方法学上关注城市中特定的场所和特定的演员，突出特定的流和空间，进而从地图中分辨出洛杉矶市中心的环状工厂区"锈带"和在圣莫妮卡与市中心之间形成的银行和金融走廊"阳光带"。这种方法还使得索迦能够将变异性稳态空间从城市的稳态空间中分离出来，重点研究其内部的演员关系。

索迦的研究在美国历史上最大规模的一次内乱之后（1992年的罗德尼金暴乱）由于查尔斯·詹克斯的文章《变异都市（ *heteropolis* ）》（1993）而广泛流传（图4-9）。"变异都市"主题开始进入主流学术演说中，并成为2001年在洛杉矶召开的美国建筑学院联盟会议的主题。此时，市场营销专家已经学会把他们的商品——不管是新香烟还是伏特加——摆放在"幻象"异托邦中，比如夜总会和酒吧等，试图通过时尚人士的引领来操控主流市场。到2002年，变异空间成为德国引领零售商、消费者和评论家的时尚风向标杂志《X》选择的主题之一。

本杰明·吉诺齐奥是为数不多的把研究重点放在福柯"幻象异托邦"分析上面的学者。为了研究"幻象"，他再次研究了乌托邦和异托邦的关系。在1990年代的一系列文章中，吉诺齐奥强调了福柯观点中乌托邦和异托邦之间的联系，并揭示了"幻象"乌托邦的清晰图景。

图4-9 查尔斯·詹克斯：1992年罗德尼金暴乱图示，洛杉矶，《变异都市》，1993年

他同时还指出僵化的机械和全景式"幻象"乌托邦项目中所存在的问题，其观点与沃特·本杰明和塔夫里相呼应。他对比了这类项目中所强调的内部秩序与福柯所描述的日常生活的混乱之间的反差。吉诺齐奥通过引用一个澳大利亚的视频项目来阐述这一反差。这个项目在一处人行地下通道中安装了一个视频和监控系统，视频中播放关于澳大利亚的历史以及土著居民命运的颠覆性画面。这个项目意图通过视频制造削弱中央控制和秩序的假象，鼓励一种间隙性自由异类空间短暂地出现。项目起初由政府有关当局委托设计，但是后期迫于媒体的批判关闭了该装置。

最近的研究将异托邦的概念延伸到后殖民研究领域和大规模移民及其产生的后现代大都市多元文化混合。布鲁诺·德·马尔德（Bruno de Meulder）对 19 世纪耶稣教信徒在刚果建立的异质性殖民地进行了调查，这些殖民地与福柯提到的巴西的案例很相似。马尔德在鲁汶大学的同事希尔德·海纳（Hilde Heynen）以及美国学者泽伊内普·塞利克（Zeynep Celik）共同编辑的《建筑教育期刊》的一期特刊中，探讨了多种不同文化情境下移民的异质性定居点，如土耳其首都安卡拉沿着城市外围环路高岗建立起来的国内移民居民点，国际移民在纽约这样的西方城市里建设的带有店面的清真寺等等。他们和其他一些学者的研究探索和延伸了福柯一开始较为模糊的概念。本节的目的是将福柯关于变异空间比较混乱的想法进行整理分类，并将其对应到流动空间和稳态空间的分类中。

福柯首先通过区分场所的稳定和流动，描述了三种不同的城市组织系统。然后他开始集中研究稳定场所（places of rest）（一种稳态空间）。他将现实存在的场所与那些非真实的，通过微缩的多细胞反映乌托邦理想和周边真实环境的场所进行了比较。另外他还描述了这些场地如何被演员控制，如何不同程度地向公众开放，如何根据与周围环境的关系采取不同的存在形式。福柯区分了原始社会的危机异托邦和偏离异托邦——二者都变化缓慢或具有严格的内部秩序。他还区分了幻象异托邦，其特征是快速变化，弹性和内部流动秩序。为了简化，我用 H1 来代表危机异托邦（危机变异空间），H2 来代表偏离异托邦（偏离变异空间），H3 代表幻象异托邦（幻象变异空间）。

异托邦容易引起混淆的原因在于它们其实是复杂的稳态空间，而稳态空间在城市中无处不在。非变异性稳态空间一般容纳单一主导功能（例如房地产或办公园区）；变异空间则具有一些附加性的特征和功能，例如内部同时包含处理各种流的稳态空间和流动空间。不过变异

图 4-10 维托·阿孔奇和史蒂夫·霍尔：《临街建筑艺术》，纽约，1993 年

空间又确实和一般的稳态空间有相似之处，比如有明确的边界、大门、内部代码及强化代码的门卫等元素（图 4-10）。

现代工业社会为专业化居民创造出很多平行和独立的世界或稳态空间，即变异空间。变异空间的特性体现为三个"M"："镜像功能"（mirror-function），即反转周围环境的代码；"多个口袋"（multiple pockets），促进混合和变化；和一个乌托邦式的"微缩"（miniature）模拟环境，反映周边环境系统，改变或反转其代码。在这个镜像系统中还有一个"场地"（site）和时间的概念。这意味着任何一个变异空间都是一个耗散结构，依托特定时期内特定的社会组织存在。所以边沁才会梦想有一个"补偿性"（compensatory）的机器，在早期工业革命阶段那种极端流动的情境下增强规范的严格性；同样道理，今天的新城市主义者在全球化情境下所做的努力也是为了强化地方性规范。

福柯在 1964 年提到的快速消失的"危机异托邦"（H1）指的是城市语段内部的机构和小规模肌理，比如城市中心教堂附近的墓地。"偏离异托邦"（H2）的出现和随之而来的现代化过程中国家或私人组织所应用的"补偿性"规范（例如诊所或医院中的医生）是福柯终生研究的核心问题。福柯对"幻象异托邦"（H3）不是特别感兴趣，把它们看成是逃离工业时代生产专制，幻想自由的场所。对"幻象异托邦"更深入的理解则强调其包容弹性和幻象空间的作用，从而能够帮助演员进行市场营销，并在高度媒体化的世界中突出"自己的场地"。幻象异托邦中的关键元素是图景（image）的分化、分裂和快速置换，以此对抗后现代网络城市的普遍连接和普遍联系。

图 4-11 第一类变异空间，阿姆斯特丹联排住宅中隐藏的天主教堂轴测图，多林金·德斯利，《阿姆斯特丹旅游指南》

关于异托邦最混乱的理解来源于它们促进和控制变化的作用。我之所以列出三种不同类型的变异空间就是为了阐释变异空间从城市内部肌理转向外部，然后再转向多中心过程中的范式转换。第一类变异空间（H1）与林奇的信仰城市有关（图 4-11，图 4-12）；它们将变化容纳在城市肌理中，表面则平淡无奇；第二类变异空间（H2）与推动欧洲社会现代化的动力有关，这个阶段城市功能向外部转移，从而在开放的郊区网络空间中发展出专业化新形态和原型；第三类变异空间（H3）与林奇的生态城市相关，反映了通信系统从处理物质产品到处理象征性信息的转变。这三种类型的变异空间还意味着三种主导范式的转换，即从即时回应危机，到设计"规范性"代码以提供稳定性，再到通过信息代码处理影像和"幻象"。在范式转换过渡期，这些城市元素则会对科学和稳定系统中的标准分类造成极大破坏。

图 4-12 第一类变异空间，帕拉第奥：奥林匹克大剧院，维琴察市，意大利，1580 年

嵌套在变异空间内部的多样化小型稳态空间可以使变异空间在保

持内部结构稳定的同时处理动态平衡和变化。变化被限定在环境系统的微缩模型中。在这种嵌套系统中，常规就是不同"层"之间的灵活变化。如前文所述，波图加利曾经指出，任何时代的社会主导性规范都会"奴役"其他系统，决定整个稳态空间在当时的总体特征。这个观点对于变异空间同样适用，它们可能（事实上是经常）包容多元的规范相互竞争；不同的是，在变异空间中演员－设计师能够轻易监测和比较不同细胞的变化速度（图 4-13）。关系密切的演员对彼此更加了解，对与之竞争的规范以及变化有更清醒的认识。于是当演员偏好随着时间的推移而变化的时候，多细胞的变异空间不仅会改变其主导组织系统，而且允许演员有意识地在各种变化中做出选择，自下而上地做出反应。

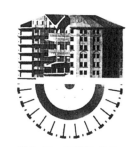

图 4-13　杰瑞米·边沁：圆形监狱剖面，1820 年

我通过简单描述一个极端的例子来结束本节。这个例子在很多方面都体现了我们介绍的变异空间的特点。格雷格·吉拉德和伊恩·兰伯特在《黑暗城市》（1993）中描写了曾经作为香港的一个稳态空间存在的九龙寨城（图 4-14）。这是一个微缩城市，有着多样化的组成部分，随着时间的推移变得日趋复杂。在这里业主权非常重要，既镜像又反转了香港的标准代码。九龙寨城跟香港的相似之处在于它们都沿垂直轴线向空中发展，不同之处在于没有一个人拥有土地产权。与周边布满塔楼的街区不同，九龙寨城本身就是一个密度极高、极端复杂的超级街区。

图 4-14　九龙寨城立面，香港，1900 年代

九龙寨城是二战后在香港的一处废弃军营上发展起来的，当时香港还是英国的殖民地。营区的正式归属方是中国，但是由于寨城周边地区全部为外国拥有，中国政府无法接近这块领土。不过由于同样的原因，英国殖民司法权也不能在这里发挥作用。结果这个营区既不能使用殖民司法权也不能（有效地）使用中国司法权。在 1947 年中国革命战争后的大规模移民和住房短缺时期，许多移民非法占有了土地，开始建造房屋。随着移民日益增加，这些围绕着中间庭院建造的住房和混合建筑开始向空中发展，镜像了香港由于土地短缺而建设高层建筑的做法（图 4-15）。

九龙寨城慢慢变成了由一个垂直住宅街区构成的矩阵，许多不规则的水平连廊在不同楼层上连接各处建筑。在庭院中，连廊两侧慢慢生长出服务居民的商业设施。此外，这个复杂的综合体由于游离在英国和中国的法律之外，成了理想的黑帮聚集场所，在这种迷宫般复杂的结构中根本不可能找到他们。于是寨城变成了"他者"（other），隔离在宿主社会之外；难民和移民在这里创建了自己的机构和组织。其

图4-16　九龙城寨里走廊处的供水设施

图4-17　九龙寨城的天台游乐场和天线

图4-15　上图：九龙寨城鸟瞰图

下图：九龙寨城正立面图

形态则镜像了周边社会高层建筑的代码，二者都出于土地紧缺的原因（图4-16，图4-17）。这个综合体是工业社会的产物，但是移民在这里的社会组织方式是前工业化的，根植于这个场地。它像一艘驶向另一个王国的航船；它的三维矩阵和组织自我独立，在国际法的缝隙中生存。

　　英国当局在归还香港之前经与中国政府商议后拆除了九龙寨城。九龙寨城被拆除后，在互联网中获得了新生。成为一个神秘的、激发灵感再造（比如网络朋克文化）的非公司化和非理性数据天堂，一个理想的异托邦和寄居在公司化网络空间中的虚拟自由场所。

　　寨城具备许多建筑城市（Archi Città）贫民窟的特征，包括 1947 年以前就位于中央庭院的传统低层祠堂和寺庙建筑（H1）。寨城被局限在有限的空间里，随着流入人口逐渐增加而不断压缩。它的庭院式结构最初镜像了本地传统，但是后来又转型成为高层街区。同时它也是一个工业时代的稳态空间（H2），是在电影城市（Cine Città）中寻找工作的大规模移民流动的产物。寨城中有工厂、小厂房、商店和休闲娱乐场所。综合体的屋顶扮演着特殊的角色（图 4-17）：孩子们可以在上面放风筝、做游戏。寨城也是香港城市流中的临时性耗散结构，最终仍将回归中国的控制。媒体把它塑造成一个贫民窟和犯罪者的天堂，有好几个电影（如徐克导演的"顺流逆流"）都表现了它的三维迷宫般的特质。于是寨城就进入信息城市（Tele Città）中观众的起居室，被当作一种制造迷惑和幻象的变异性元素，贴上毁灭、消极的标签。

　　这个异托邦一直存在了 50 年，直到最后被拆毁，变成一座公园。九龙寨城的不寻常之处在于它是自下而上孕育产生的，在正常的司法规则之外，但同时又反射其所处的大环境。它的混杂高层建筑 / 超级街坊格局同时反射并反转了香港的建筑原型。荷兰先锋的 MVRDV 事务所高度评价了这个综合体的乌托邦设计元素，指出其超高密度、三维空间矩阵是欧洲工业化时代长期以来的梦想（金《纽约梦》，1915）。九龙寨城即使在香港也属于超高密度的开发，不过这个异托邦也以这样的方式使得香港能够处理一些困难的需求（比如大量的移民），帮助香港维持正常的发展和稳定系统。

　　九龙寨城是一个复杂和多层的结构，包含着许多变异性场所（存在于一些怪异的位置），它本身也是一个组合体。在研究幻象变异空间中的块茎组装之前，我们将在下一节先研究一下危机变异空间和偏离变异空间"内部"的组合逻辑。我们将要通过研究变异空间在林奇的三个标准模型中的作用来结束本章。变异空间是怎样作为变化的触媒和工具来促进三个标准城市模型转化的呢？

4.2　危机和偏离变异空间中的重组

　　在前面的章节，我基于福柯 1964 年的先锋文章《其他空间》，区分了三类异托邦。我认为这三类异托邦——危机异托邦、偏离异托邦和幻象异托邦——能够最好地诠释我关于变异空间容纳城市系统中排斥性元素（这些排斥性元素是城市系统中必要的组成部分）的想法。在林奇的每一个标准城市模型中都应该有三个镜像结构，至少是近似有，能够让特例在这里聚集。三种结构都是变异性的，其本身被大系统所排斥，但是每一个结构又要反射其所在的大系统。也就是说，每一个城市系统中都包含着一些以反转逻辑为特征的场所，这种反转逻辑也是系统逻辑的必要组成部分。这些场所在某些意义上反转了大环境的主导代码，包容那些注定被主导演员当作"他者"的人群、物体或过程。香港的九龙寨城很明显就是这样的场所。

或者，我们可以仔细思考福柯 1964 年文章中描述的三种空间系统。第一个概念与"安置"（emplacement）有关，第二个与"延伸"（extension）有关，第三个与"场地"（site）之间的关系有关。基于这些，我们认为应该有三种变异性结构存在：在一个安置系统中处理移位的变异结构；在一个延伸系统中处理压缩的变异结构；以及处理故意分裂、甘受奴役和割裂的变异结构（镜像和反射与自由幻象以及"场地"联系有关的大系统）。我们希望三种变异空间像它们所处的环境那样存在着明显差别。

福柯的三种空间系统建立在一系列代码反转和重组基础上。就是说，每一个空间系统的结构都反转或违背之前的系统逻辑，也就是主要范式的转换（这种转换可能通过累积跳跃来取得，不必一次性完成）。比如，中世纪城市的"等级系统"，涉及"安置"和围合稳态空间系统中的"地方化"；这时危机异托邦是核心稳定元素。接着这个系统开始分裂，在"偏离"和"幻象"代码的基础上发展出新混合体。偏离异托邦的出现加速了这种变化；原来的稳态空间"溶解"在伽利略式的开放和非等级化的无限网格空间之中。在这个空间中，一切物体都处于运动状态，沿着拉伸或压缩的线性框架流动。时间取代了空间，成为协调的准则。接下来幻象异托邦促进了偏离异托邦的代码反转，于是严格的规则、隔离和分类被网络中演员更加流动和开放的关系以及"场地"间的联系取代。幻象异托邦加速了这个过程，再次强调了"场所"的概念。为了加速虚拟联系，这些异托邦通过增强特例的峰值，促成进一步分散；变异空间是隔离和断裂的场所，暂时打断和放大了通信和交通系统中流的网络。

其他很多城市评论家也发现了福柯描述的模型转换和代码反转现象。福柯提到的转换和代码反转跟在《初级城市》（1999）（扩展了罗和科特的《拼贴城市》的观点）中描述的反转城市一样。不同之处在于，福柯关注的重点是那些能够促进更大规模社会变化的代理者——特定场所和演员，以及"镜像"在"流"中形成识别感的作用。三种空间系统中的每一类异托邦在加速、减缓、处理变化方面都发挥着自己独特的作用（图4-18，图4-19）。

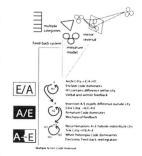

图 4-18　戴维·格雷厄姆·肖恩：概念模型和代码反转示意图

　　这三种变异性场地（危机、偏离、幻象）都具有多细胞基础组织结构。前面讨论的福柯关于异托邦的六点原理清楚地概括了这种组织的要点。异托邦会在其内部微缩结构中反射周围系统的整体组织，但是要反转其代码。这些空间要用各种方法，使用包括具有序列性的流动空间（比如在戏剧院和电影院）和具有场所感的稳态空间（比如图书馆）等各种分类工具来处理时间"切片"。所有的异托邦都是受控的稳态空间场所，有大门和围墙，或多或少向周边环境开放；但是在不同系统和不同场所中异托邦的形态差别很大；异托邦中通常都会涉及对既有结构的再利用，以适应新的目的。

　　在内部，危机异托邦（H1，我的第一个变异空间类型）对于分类居民不是那么高效。它们依赖神秘的规则，允许现代医学或者教育科学所不能接受的变异性混合体存在。福柯列举了危机异托邦内部处于暂时弱势的奇特混合人群（演员），包括儿童、"青春期少年、月经来潮的妇女、孕妇、老人"等。在危机异托邦中，组合的逻辑还停留在本土化和符号化上面，以单一焦点或权威为中心。它依赖与近邻的比较，依赖接触和感知，依赖物理接触以及对超自然现象的理解。

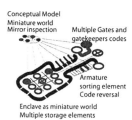

图 4-19　戴维·格雷厄姆·肖恩：概念模型和媒体空间中的多元演员

　　在《疯狂与文明》（1961初版，1972年再版）中，福柯令人惊异地提出了前现代时期法国医院和监狱中对病人和犯人进行分类，并将其分配到不同细胞中的标准：国王认识的人将被安置在一起并给予特殊照顾，家庭出身好的放到另一处，穷人在一处等等。国王认识的麻风病人和精神病人将会在同一个房间中死去，这没有任何医学上的意义，但是满足了把国王作为世界中心的社会及皇家逻辑。

　　福柯认为，所有的异托邦都有"补偿性"一面，在场所内部执行代码和规则；也有"幻象"的一面，始终追随空间管理者的乌托邦目标，尊重其理想，并不断校正其代码。在危机异托邦中，"补偿性"和"幻象性"很容易混合在一起，形成一种外来的、混合的、杂交的逻辑。福柯引用阿拉伯的"土耳其浴"——一种仪式性澡堂，作为另一个幻象异托邦的例子。在那里除了具有通常的洗浴功能外，还包括一种精神维度上的清洗。很多宗教都有仪式和浴室，通过这种方式，反转可以获得通过，并更新其信仰，就像犹太人的仪式浴室或者基督教的洗礼堂（图4-20）。

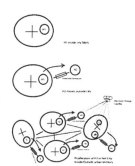

图 4-20　肖恩：城市中变异空间的位置变换

图4-21 左图：危机变异空间，Beginhoff济贫院的院落，阿姆斯特丹
右图：危机变异空间，Beginhoff济贫院的轴测图，阿姆斯特丹

在《疯狂与文明》（Madness and Civilization）的介绍中，福柯描述了他对乔治·路易斯·伯吉的印象逻辑的兴趣（起源于中国哲学家）。伯吉将印象逻辑与不产生任何联系感的"洗衣单"进行了比较。洗衣单本身的序列化、逻辑化形式反映了现代系统的理性和连续性，形成了一个奇怪的混合体。洗衣单上的人名彼此相接，保持着通常的连续序列逻辑，但是无论从科学还是从常识角度看，每一个单元的内部都没有任何意义。所以说仅仅是毗邻和序列化并不能具备清晰的秩序感和系统关联感。这和前现代时期使用透视系统对城市进行视觉表达的情形类似，每一个细胞都有自己的参考坐标系，并相对于邻居旋转，没有一个整体的逻辑。就我们的城市等式而言，我们可以说，危机变异空间（H1）由偏离－抑制代码（D）和乌托邦幻象代码（I）构成的混合体，形成了等式 H1=（D+I）（圆括号表示变异空间包容在城市肌理内部）（图4-21）。

这个系统中组合的关键在于，差异被包容在城市系统的基本细胞单元内部。这些基本细胞单元就是位于城市等级最基层的住宅细胞。这些以家庭尺度为单位的封闭住宅单元可以在城市肌理内部容纳变化。从城市外部看，它们甚至和普通的家庭住宅没什么区别，立面上有门有窗，就像是真的住宅。不过，他们内部的组织，如同伊文斯引用的威尼斯豪华宫殿中的监狱一样，被彻底改变以容纳变异系统。其中可能会有多个空间分区和一些专门的区域来分离流和分类人群、事务和物体，并把他们安置到合适的位置。当危机到来时（比如在瘟疫期间），几乎所有的住宅都可能会被转化成危机变异空间，因为政府可以把病人关在他们的家里，直到病人死去，晚上再收集他们的尸体。在不同的时期都有过家庭尺度的病人住房、犯人住房、工作房、浴室以及公共住宅。"公共住房"作为终极的危机异托邦和"pub"——村庄和工人区的社会生活中心，在英国曾经存留长达几个世纪（图4-22）。

图4-22 危机变异空间：像监狱一样的威尼斯宫殿

在这些家庭尺度的变异细胞内部依靠触碰和边界相邻组合成一个

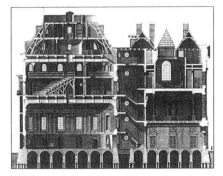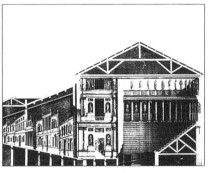

图 4-23　危机变异空间
左图：菲利克斯·梅瑞塔斯学校剖面，阿姆斯特丹
右图：帕拉第奥，奥林匹克大剧院，维琴察市，1580 年

"拼图"式系统，就像维加诺在《初级城市》（1999）中描写的那样。如同拼图，所有的碎片要装在一个更大的模式里或者信仰城市的整体图景中，才能表达一个完整的意象。"补偿"和"幻象"代码需要混合在一起才能达到这个目标。在危机异托邦中，这些目标被压缩和微缩在单一的家庭细胞中，如 17 世纪阿姆斯特丹住宅中隐藏的天主教礼拜堂（因为非法）或者现代带有沿街店铺的教堂、美国移民地区的清真寺等等。在这个系统中，元素的边界挨着边界，有助于维持中世纪城市的符号学系统以及街道立面的连续性（图 4-23）。

与其说危机异托邦没有在前现代城市中凸显出来，不如说它们已经被编织进城市肌理中，其外部形态通常表现为庭院式住宅、联排住宅或者公寓。这样的例子包括中世纪阿姆斯特丹或鲁汶城市中心为寡妇修建的救济院——这些房子直到现在仍然用于最初的目的。在这里，每一栋单个住房都是一个危机异托邦。这些住宅聚集在一个公共空间周边，作为教堂的慈善事业进行统一管理。比利时和荷兰的救济院采用迷你联排住宅的形式（维梅尔的画表现过）来接纳失去家庭的寡妇。在这里代码反转就是住宅所有权由个人变成了公共；孩子、工作和家庭都消失了，街道内部的隐私、安宁和隔离也消失了。住宅只有少量面向街道的开口，这些开口也都有大门和把守者。

阿尔伯蒂在《建筑十书》（*On the Art of Building in Ten Books*）中写道，每一座房屋都是一个小城市，与福柯提出的危机异托邦是具有多样性的稳态空间的概念如出一辙。阿尔伯蒂想象的可能是文艺复兴时期有多个家庭居住的商人豪华宫殿以及它们对城市多样性的微缩相镜像。宫殿的三维空间矩阵中交织着多样和复杂的程序，被认为是柏拉图理想立方体形态的起源。宫殿的门房和庭院朝向底层周边的仓房；二层是公共接待间，里面放着彰显高贵的钢琴，可能还有舞厅、私人办公室、起居室、图书室、卧室和浴室等；再上面一层是家庭成员的房间，顶层阁楼是仆人的卧室。在这样一个压缩的单一建筑三维矩阵中，

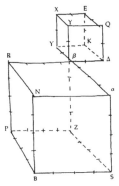

图4-24 乔治·L·荷西：嵌套立方体，《毕达哥拉斯宫殿》，1976年

维持和运行里面的村庄社区需要专门的管家（他同时也维护着建筑本身的肌理）。将病人或疯子放进这种封闭的公共建筑中不会带来问题，除非有太多的人被当作病人或疯子。

文艺复兴宫殿立方体代表了一个家庭危机异托邦的极端案例。在文艺复兴时期城邦国家商人－富豪的财富和权力推动下，这些变异空间膨胀到了一个新的尺度。它们的建筑形式受到中心透视、几何和立方体的和谐比例，数字学、古罗马肖像学等文艺复兴思潮的影响。这些建筑将与数字有关的神奇理论和现代理性的数学计算交杂在一起。建筑的美学理想是构建一个自我封闭系统，嵌套在另一个同样封闭的系统中（图4-24）。

不管危机变异空间的形态如何特殊，它们都是为那些与社会关系处于危机状态的人保留的圣地或禁地。在危机变异空间中，演员通过微缩自己的专业化装置——象征性中间体——来与其他演员进行谈判。各种镜像外部城市的功能通常被容纳在一个以家庭为尺度的细胞中，甚至是在其中的一个房间里。在旧的"安置"（emplacment）系统里，多功能所需的专业化工具具有高度机动化特征，同时反映代码的反转。博物馆的最初原型是学者家里的"奇妙的陈列室"，办公室最初起源于商人们使用的高度专门化、带有多功能隔间的办公桌（法语中"bureau"最初的意思也是桌子）。有些桌子可以折叠，从一个地方带到另一个地方，变成移动的办公室。

演员们创造危机变异空间不一定都需要建造新建筑。他们可以通过改造住宅或其他建筑的使用功能，建立起基于地方性的小尺度场所轻易实现与宇宙、魔力、虚构网络的联系。于是在危机变异空间中可以经常观察到福柯的第二个原理——一种场所或形式在不同的社会制度下被用于其他的用途。

在很多文化中都存在像荷兰和比利时的寡妇救济院这样的小规模危机异托邦在有监管的庭院稳态空间中集聚的模式。在许多案例中，那些容纳一些有专门知识和技能的人的建筑可以充当大系统内部的一种自组织吸引场。比如，一些家里有专用图书室的学者们可能会决定联合起来，围绕常用的共享空间形成一个专业化细胞集聚体，这样就创建了一个小规模的学院或大学，就像阿拉伯的宗教学校那样。

一个有关英国牛津或剑桥大学早期历史的概念性草图表现了前现代危机变异空间对小城市的潜在影响。想象一下这两个大学城的中心区存在着大量相互隔离的学院稳态空间的时代。导师住宅和学生宿舍围绕着庭院布置，每一个这样的变异性稳态空间都是一个小城市。这种大型变异空间组群的布局决定了城镇的特征。每一个学院都是一个自我包容的自组织系统。没有一个学院与另一个学院有直接联系，但是大学城仍然由这些相互隔离的单元主导。接下来，在这些小尺度细胞聚集体中生活的学者们与在城镇里的其他学者们联合起来，形成了大学组织。从此以后，他们的关系开始由大学组织来管理。就这样，这些人建立起一个具有独立法律和规则的群岛；这个群岛包纳着城镇里不同的学术碎片，但同时也绕过了当地居民及民间的规则。这些独立的危机变异空间从一开始就作为规范转型期青少年生活的异托邦被连接到后来成为大学的网络中：这种网络是完整的、自组织的、变异性的公共机构，是城镇中的另一种社会秩序（图 4–25~ 图 4–27）。

图 4–25　牛津大街平面图

图 4–26　牛津的方院和住宅

从大学城自组织集聚的历史中我们惊喜地发现了更广泛的模式：专业化细胞在变异性的专业化稳态空间内集聚。通过这个过程，一个城市慢慢地、自下而上地被危机变异空间的力量所改变。这种变化在小城镇中更容易实现，但是在伦敦这样的城市，类似的变异性现象可能会缺乏改变整个城市的力量。比如以"四大法学院"闻名的泛大学校园区域（图 4–28）。它位于伦敦城商业中心和白金汉宫行政中心区之间，后来又向西延伸。四大法学院地区包括了围绕庭院和花园布置的联排住宅，带有台阶的入口。律师们把办公室开在这里，偶尔也有律师住在这里。由于这个区域属于牛津剑桥大学，因此带有门房、门卫、公共餐厅和礼拜堂，成为一个城市中有自己规则的微缩城市，其司法系统由附近的法院负责管理。尽管四大学院区拥有较大的规模和不同的学院，但是由于周边城市更大的尺度和更强大的司法力量，这个区域并没有成为伦敦的主导网络。虽然这些学院有自己的规矩，但是伦敦也有规矩，皇家宫殿和威斯敏斯特公园，还有更西端的大型地产拥有者都有自己的规矩。

图 4–27　牛津大学新学院的餐厅

图 4–28　伦敦的律师学院

我们描述过柯芬园西部的大型地产如何逐渐扩大规模，占据了本地区大量土地。最开始，每一处地产都是位于大都市增长边缘的独立稳态空间。随着每一处地产规模的扩张，穿越整个地区变得越来越困难。地产办公室开始把独立区域的扩张与整体开发结合起来，仔细规划边界的增长。比如布鲁姆斯波利的百德福地产以及贝尔格拉维亚和皮米里克的威斯敏斯特公爵地产的开发中，都将广场与街道整合进复杂的几何系统中。

伦敦中心城这两个稳态空间之间的关系很纠结。起到规范学者们相互关系作用的虚拟社区没有像牛津和剑桥大学那样对应的实体空间结构。各处地产之间的河床、田地以及传统农庄仍然是障碍，成为系

图4-29 戴维·格雷厄姆·肖恩：伦敦房屋过去200年的规模变迁

图4-30 伦敦东端的码头，1800年

统中的扰动因素。在很多实例中，这些构成地产之间边界的障碍后来都会被诸如纳什及其继任者，或者后来的铁路公司等城市设计者开发，建设穿越中心的道路（见之前章节的流动空间历史）。《拼贴城市》中伦敦中心城的图解（1971-1972）显示了线性道路穿越地产稳态空间间隙，形成复杂的流动空间和稳态空间网络（图4-29）。伦敦中心区就这样慢慢地产生了连接各处稳态空间的道路。后来为了避免切割大地产，又建设了穿越中心区的地下铁路。

福柯认为殖民地的构建可能会形成全球化的变异性关系网络，这和一个城市中依托相互分隔的学院或地产之间建立起来的网络没有什么区别。这些网络可能会连回到欧洲中心城市，如伦敦或巴黎，就像17和18世纪欧洲殖民地系统那样。船舶构成了这个大尺度群岛或网络模型中的联系媒介。欧洲的港口城市作为这个系统中主要的分类机器，构成了变异的基地，反转周边基于陆地的单中心封建农耕社会的代码和价值观。比如那些1800年以来在伦敦东端发展起来的码头和仓库就是这个网络系统中最关键的装置（图4-30）。

在殖民地和港口城市的案例中，福柯很清楚他研究的是"偏离"异托邦，而不是危机异托邦。监管现代偏离异托邦的组合规则是极其有规律的，有严格的惩罚性"补偿"系统来强化代码。不过，福柯认为偏离异托邦是促进变化的最核心工具，它使得社会现代化成为可能。人和物在流动空间中被分类，被放置在专门创建的稳态空间中分别进行研究，并在对它们进行观察的基础上建立职业知识团体，从而促进社会产生大规模变化。对福柯而言，知识才是真正的力量。

现代科学的线性逻辑强调行为是反应的结果，这为现代科学促进社会改善提供了一个基础模型——最先应用在对偏离异托邦的管理。偏离异托邦的管理需要由专业人士引导，改善卫生、设备、交通、保健、住房、医院等条件。福柯认为，边沁的圆形监狱理论概括了这个过程。对微反应和社会实践的不断重复可以增强监狱看守者的代码，直到犯人从内心认同这些代码标准。补偿性的惩罚代码被使用在监狱的所有场所。这些场所都被赋予代码并被分类，每一部分彼此独立，功能单一，围绕着看不见的单中心在外围旋转。改革者在圆形监狱以后设计的理想监狱，如伊文斯所示，煞费苦心地把每一个犯人隔开。厚重的监室隔墙阻止了犯人之间相互交谈，他们甚至不允许犯人互相看见脸，即使是在礼拜堂（椅子由移动的墙分隔开）和操场上（要求犯人带上皮制的面具）。虽然这些措施在今天看起来可能有些荒唐，但是其中很多的想法依然在监狱建筑中发挥着作用（图4-31）。监视的范围也已经延伸到通过套在嫌犯脚踝的脚环来连接远程计算机，监控软禁犯人（电子设备取代了旧的铁链和枷锁）。

图 4-31　本顿维尔监狱，伦敦，1820 年代

这些代码背后是对严格的分类和排序规则的期待，期待它们能在居民的灵魂中变得根深蒂固，重塑其价值观和工作习惯。这个乌托邦元素就是边沁毕生倡导的"仁慈"目标。我们可以使用之前的方法写一个偏离变异空间的公式：偏离变异空间（H2）等于"补偿性"惩罚代码（D），其代码主导（或超越）幻象代码（I）：H2=D\I。

早期的偏离变异空间包含了专业化流动空间和稳态空间的新组合，对人流和物流进行分类和包容。这些空间组合是那些积极的城市代理人在试图改造犯人和社会过程中使用的关键性触媒。慢慢地，也许是一个世纪以后，改革者们改变了人们对于社会组织及其价值观的思考方式，把他们从信仰城市转换到机器城市或者电影城市。电影城市把各种城市功能进行分类和排序，放置在专业化稳态空间中，然后用普遍和高效的交通通信流动空间将它们连接起来，构建出一个以时间为轴的全球系统。在电影城市中，"安置"这个基本代码被反转，"拉伸"成了普遍现象。"拉伸"也是维亚诺反转城市（独立的亭子系统在城市内间隔分布）的基本代码。

电影城市中的代码组合与流动空间的线性序列有关。线性序列将元素进行分类并安排进入空间的叙事结构，从而将连接各个引力中心之间的流划分成段落。由于有了先进的通信系统和遥控技术（如圆形监狱的声管），这种序列化过程一般不需要直接接触。维加诺将反转城市的代码比作棋盘格或国际象棋，棋子的活动被局限在网格内，但是可以跨越充当标志或者存储非移动状态碎片的稳态空间和稳态细胞。在这种图景和图境系统中，序列自述（narration of sequence）对于组织标准化大众巡游变得十分重要。

交通工具变得压缩化、机动化和多目的地化，成为在网络中穿行的偏离变异空间细胞。福柯把船比喻成优异的异托邦就表达了他对于船的机动性和作为时间容器的关注。我之前描述过米开朗琪罗在巴洛克时代初期的作品中引入拉伸流动空间的概念以适应四轮马车的出现，标志着城市出现了新的尺度。巴洛克时期的罗马和豪斯曼的巴黎规划主要使用了图境组织的方法，极度依赖马车和长长的林荫大道。到了 19 世纪，伦敦在马车交通的基础上又植入了铁路系统，标志着城市交通系统进入机械化时代，但是仍然以不同速度和轨道的机动化偏离变异空间为基础。

由于交通和通信速度不断提高，图景式景观开始进入城市旅行叙事结构中。在 19 世纪，德国的城市旅游指南会告诉旅客各条铁路线接

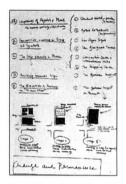

图 4-32 文丘里、斯科特·布朗和艾泽努尔小组：拉斯维加斯赌场及其停车场的演变，摘自《向拉斯维加斯学习》，1972 年

图 4-33 文丘里、斯科特·布朗和艾泽努尔小组：拉斯维加斯的遮盖系统和新型车辆规模，摘自《向拉斯维加斯学习》，1972 年

近目的地时车窗外可能欣赏到的景观。汽车作为机动化偏离变异空间，把个体交通一直延伸到乡村开放地区。文丘里、斯科特·布朗和艾泽努尔小组一直追随着约翰·布林克哈福·杰克森（《发现本地风景》，1984）的思想，但是并没有提出更进一步的见解。凯文·林奇和唐纳德·阿普尔亚德的《路上景观》（1965）在视觉和美学维度上记录了城市流的图境和序列，以及作为机器城市组成部分的大尺度大地景观（图 4-32、图 4-33）。

机器城市中的变异空间还表现出反转周边社会代码的趋势。交通工具在电影城市的流系统中起到小型规范性变异空间的作用，既通过微缩和压缩极力反转城市沿流动空间扩散的主导代码，又矛盾地加速了城市的扩散。同样的，圆形监狱也代表了构建一种封闭、压缩、由一个人监视的中央控制世界的绝望企图。圆形监狱表达了对拉伸式流动空间中交通和通信速度加快而激发的主导代码加速扩散进行反转的意愿，后来塞尔达在《城市化理论》（1867）中也描述了这种意愿。圆形监狱——扩散性城市中超级压缩的微缩城市——就这样反转了城市扩散代码。他假想在这个微缩城市系统的核心有一种看不见的中央控制体或时钟，确保这个微缩的机器城市运行和谐。不过圆形监狱既能够反转代码也能够反射代码。比如边沁就提取了港口城市的组织代码和概念性分类工具，并把它们压缩进圆形监狱的专业规范设备里。

同样出现在 19 世纪的摩天楼，作为一种影响巨大的现代主义偏离变异空间，对圆形监狱构成了挑战。高层建筑容量巨大，可以沿着垂直流动空间对各种元素进行分类和分隔。大部分现代主义高层建筑都是办公楼，其历史几乎可以算作一部单一功能办公楼的历史。很少有评论家注意到电影城市的高层建筑中功能混合偏离变异空间的系统组装，或者系统性地研究这些三维建筑综合体中的城市元素组合关系。约瑟夫·芬顿是个例外，他在"混合建筑手册之 11 号建筑（1985）"中识别出混合使用建筑中的三种组合代码（图 4-34）。每一组代码代表着一套现代主义元素的组合关系。芬顿的第一类组合叫肌理混合（Fabric Hybrids）。在肌理混合中，居于主导地位的是城市街道 - 街区系统，强制所有不相干的元素集中到典型街区内，如之前提到过的文艺复兴宫殿的例子。在更大尺度上，这些肌理混合体可以看作是早期危机变异空间的后代，在城市细胞肌理中起到组织结构的作用。

芬顿从联排住宅和庭院形态归纳出肌理混合的原型，并提供了许多城市多功能混合设施的例子。他频繁提到的一个变异性组合是一个包含了剧院、办公、居住或旅馆等功能的建筑，这是对巴黎大革命前

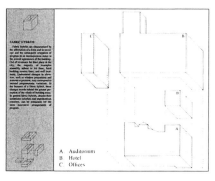

图 4-34 左图，约瑟夫·芬顿：肌理建筑示意图，摘自《混合建筑手册之 11 号建筑》，1985 年

右图，阿德勒和沙利文：《大礼堂》，芝加哥，1887~1889 年

费多剧院迷宫般碎片的反转。沙利文和阿德勒设计的芝加哥商业中心（Chicago's Loop）的大礼堂建筑（1887~1889）就是一个这样的变异性组合（图 4-34）。这个建筑的底层是剧院，周边和剧院上层是旅馆，一侧高起的部分为办公楼。旅馆顶部小塔楼是一个酒吧，沙利文和年轻的弗兰克·劳埃德·赖特经常工作后在这里休息。沙利文的合作者阿德勒写道，这些复杂的"重叠和交叉构成了一个中国的迷宫。"

古典立方体宫殿原型，源于文艺复兴时期依据透视比例网格建设的宫殿，现在内部运行的是肌理混合系统。在这个系统内，元素之间互相触碰，共享围墙、大门、入口和庭院。所有的元素都必须是立方体，并能够放置在大体量低层建筑中，形成街道和广场的边界。细胞元素层叠在一起来填充起整个建筑。垂直交通可以遵照程序指令到达任意一层。独立的楼梯和入口可以通向建筑的不同部分。还可以按照需要组合或者重组建筑的各个部分。我曾经讨论过，勃鲁乃列斯基的三维透视矩阵对于在边界封闭的空间内分类和打包元素至关重要。剖面透视，像莱昂纳多画的那样，能够同时表现出建筑的整体形态和内部组织结构。文艺复兴时期的"庭院 – 宫殿"属于这种组合传统，在 19 世纪被反转成为俱乐部、对外办公建筑、百货商店、公寓楼等带有复杂变异程序的三维压缩体。

芬顿的第二个"混合建筑"组合原型是嫁接（Graft），其中元素的长边彼此相靠，相对独立。他用图示表现了不同的垂直几何体互相锁定和彼此压缩的情况。这些体块也可以水平嫁接，形成带有不同程序（program）的层。每一个体块代表着一个单一程序，与其他层的程序并行。这些程序有可能（但是不一定必须）共享建筑的垂直交通。每一个体块都可以在不影响其他体块的情况下进行改变（图 4-35）。

芬顿展示了几个"嫁接"建筑的案例，其内部由专业化元素形成各种稳态空间。在粘合移植系统（Graft system of bonding）中，各种建筑元素从外部表达出来，而不是像肌理混合那样根据城市代码形成建

图 4-35 芬顿：肌理建筑分析图——运动员俱乐部，纽约，《混合建筑》

筑及其体块。建筑的功能元素从外部就可以识别出来，符合"形式追随功能"的现代主义信条。

芬顿认为美国现代经典建筑如豪和莱斯卡兹（Howe and Lescaze）设计的费城储蓄银行大厦（1932）属于嫁接建筑。这个建筑沿街商铺上面是一个两层的银行大厅，再往上是一个30层的办公塔楼（这个新艺术运动风格的建筑现在是一个时髦的旅馆）。各种功能各自独立布置，堆砌在一起。由爱施拉格、德拉诺和奥德里奇1931年设计的俄亥俄州辛辛那提 Carew 大厦，综合了百货商场、零售拱廊街、办公、餐厅、舞厅和停车库等功能，每部分功能都是一个独立的垂直体，带有自己的出入口。弗兰克·劳埃德·赖特设计的俄克拉荷马州巴特斯维尔的普莱斯大厦（1953），有三个片段用于办公，另一个片段是带有独立电梯的公寓。嫁接粘合技术也在发展，比如杨经文在1980年代晚期的设计。他在马来西亚的高层建筑中设计了垂直分布的多层生态平台和花园，以减少空调的使用。诺曼·福斯特设计的法兰克福荷兰银行大厦（1995）也体现了这种概念的未来发展趋势。在这两个例子中，第四个片段是各层的花园或平台。平台沿着塔楼核心螺旋上升，在向上的同时，成为不同功能区的组成部分，结果是塔楼的每一个功能区都带有多层花园。丹尼尔·里伯斯金早期为世界贸易中心重建设计的1776英尺高的塔楼，在高高的电视墙和广播天线的底层部分也使用了嫁接生态花园的设计手法，使得建筑底部的每一层都带有花园和公共空间（图4-36、图4-37）。

在一个粘合嫁接系统中，两个垂直功能体之间可以在每一层发生联系，比如普莱斯大厦；也可能是间隔的联系，比如杨经文的生态平台。

图4-36　左图，约瑟夫·芬顿："嫁接"建筑示意，《混合建筑手册之11号建筑》，1985年
中图，"嫁接"建筑：弗兰克·劳埃德·赖特设计的普莱斯大厦，巴特斯维尔，俄克拉荷马州，1953年
右图，芬顿：实体建筑示意，《混合建筑》

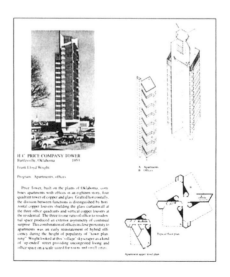

在纽约"公园大道 500 号"项目中，由波尔舍克建筑事务所设计的石材立面住宅大楼位于钢和玻璃材质的百事可乐总部大厦多层建筑的背后。新住宅大厦设计了独立的出入口，同时也为旧办公大楼新建了一个出入口。

嫁接系统中也可能出现"空中大堂"（Sky lobby）连接体。比如东京新宿副中心的世纪南悦酒店（建在火车站上方 1997~1998），旅客可以绕过底层办公区，乘坐电梯直达 20 层。在这个例子中，酒店大堂通过建筑外部的快速玻璃电梯连接地面层，从大堂的酒吧可以俯瞰暮气中的富士山。也有些例子中各个部分可能根本没有联系，中央大厅用不同的电梯连接各部分，有单独的街道入口和地址号码。

图 4-37 丹尼尔·里伯斯金：世界贸易中心的创新性设计研究，2003 年

芬顿认为纽约中心区的运动员俱乐部具有功能叠加并且沿街道后退的特征，因而属于嫁接建筑（斯塔雷特、凡·弗莱克和邓肯·亨特，1931~1932）（图 4-38）。雷姆·库哈斯在《混乱的纽约》（1978）中也提到运动员俱乐部的高层建筑形态很可能促进了极度非理性的拼贴组合。建筑内各种功能片段的叠加遵循严格的逻辑，最大和最重的体块放置在建筑的底部。各种运动员设施模块围绕着作为中央垂直流动空间的电梯布局，这是对郊区运动员设施主导代码的反转，因为通常建在郊区的运动员设施遵循的是水平拉伸式稳态空间布局模式。

库哈斯称赞纽约运动员俱乐部是对各种运动功能进行的超现实"疯狂"组合。人们走进建筑，乘坐电梯，就可以进入压扁的庭院、保龄球巷、微缩高尔夫球场、游泳池、室内网球场、酒吧或者餐厅、旅馆等等分布在不同楼层的各种设施。这个建筑在其剖面内组合了一个微型城市的所有元素，并对它们进行美化，如同福柯提到的游轮，成为一个现代版的偏离异托邦。

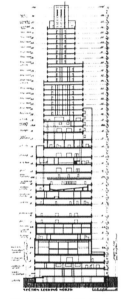

图 4-38 斯塔雷特、凡·弗莱克和邓肯·亨特：运动员俱乐部剖面图，1932 年

库哈斯指出现代主义的严格代码起源于工作目的，但是现在已经被转化为娱乐休闲目的。库哈斯注意到一旦面对具有非功能性、非线性、半逻辑化指令性质的娱乐需求时，现代主义建筑的组合逻辑就显得很荒谬。不过他没有注意到运动员俱乐部建设的社会背景。在 1920 年到 1930 年间，纽约中城的俱乐部只对白人、盎格鲁撒克逊人、新教徒等开放，天主教徒、犹太人和非裔美国人不允许进入，因为当时的主流思想认为这些人是新移民、变异体和"他者"。这些人尽管会赚钱，在商业上很成功，但是仍然受到社会的排斥。他们需要自己的幻象变异空间（H）——运动健身场所。因此创建了纽约运动员俱乐部作为自己的避难所，将高层建筑——现代主义商业和效率的象征（H2）——转型为娱乐休闲和体育健身场所，反转了惯常的逻辑。

图 4-39 运动员俱乐部大楼，西街，纽约，2000 年

到 1970 年代，纽约的俱乐部开始接纳那些外来者，甚至从 1980 年代开始接纳女性运动员。因此纽约运动员俱乐部变成一个耗散结构，只存在了两代人的时间。在其衰落期间，大部分收入仅来源于美国大学足球"豪斯曼杯"比赛的电视转播权。这个一年一度的赛事就是从这栋建筑三楼的酒吧间转播到全美国。俱乐部一直挣扎到 1990 年代，此时各种拥有现代化设施的商业性健身房和运动俱乐部已经遍布纽约的社区，传统的私人俱乐部面临淘汰。处在破产边缘的运动员俱乐部与同样濒临破产的一家公寓开发商谈判出让建筑上层的房间。故事的结局是一个讽刺性的翻盘。俱乐部大楼在世界贸易中心的袭击事件中损毁，但是这次事件给了俱乐部一个绝佳的媒体宣传机会。那一年的豪斯曼杯被移到了中城的耶鲁俱乐部（图 4-39）。

纽约运动员俱乐部的耗散逻辑、类型转换以及流浪者的自组织历史在早期的小规模危机异托邦如荷兰救济院中也发生过。得益于机构设施的网络化，包括教堂的支持，救济院存在的历史跨越几个世纪。它们现在则成了潜在的旅游点。但是并非所有的异托邦都能够像这样通过转变身份长久存活下来。九龙寨城就命运迥异。九龙寨城的存在依赖于周边殖民地稳态空间的法律，并受到其空间压缩。一旦外部环境发生变化，边界限制消失，这个高度压缩的异托邦、城中之城，就变成了过去政体的冗余象征，消亡的命运也就不可避免。

到目前为止我们已经考察了两种类型的变异空间。荷兰救济院代表了危机变异空间（H1），在建筑城市肌理中（如牛津和剑桥大学）形成多细胞集聚。边沁的圆形监狱和纽约运动员俱乐部代表了压缩式偏离变异空间（H2），暂时接纳电影城市中的流浪者。这两类变异空间通过内部组织反射和反转外围城市的元素，为异位居民（displaced occupants）创造出一个专业化、微缩和压缩的城中之城。下面的章节，我们将要考察幻象变异空间，一类被福柯相当忽视的异托邦。我们已经看到危机变异空间中的混合代码如何创造出一些前现代医院的奇怪同伙，这些新类型空间并不遵循明显的逻辑。相反，偏离变异空间的"补偿性"代码力图规定秩序，建立科学和逻辑标准，而这些秩序和标准总是放之四海而皆准。这些代码追求理性效率和明显的公平，不过非常严格刻板，拒绝变化，对元素、类型和场地采取专制和刚性的隔离。

幻象变异空间反转了这种严苛的逻辑。但不是通过返回到危机变异空间的逻辑，而是通过重组促进快速变化和提高灵活性。我们现在开始考察幻象变异空间如何包容变化以及幻象变异空间中明显的非理性、非线性、超现实的组合逻辑。

4.3　块茎组装和幻象变异空间

幻象变异空间具有与其他变异空间相同的基本特征：它们是城市中的微缩城市，是一种对流（flow）进行分类和储存的多细胞结构，以稳态空间和流动空间形态存在。幻象变异空间属于模糊结构，能够促进或者阻止变化。像偏离变异空间一样，幻象变异空间可以连接在一起，通过交通和通信网络构成星云和群岛（尤其是在机器城市里）。只要采用合适的装备，小汽车、船和火车等交通工具都可以成为幻象变异空间。幻象变异空间和偏离变异空间的主要区别在于，前者是由快速变化的"幻象"代码所主导。在幻象变异空间中，演员最重要的工作是使用"图景"（images）来构建新标准和引力点。他们同时还运用相反的规则代码。比如拉斯维加斯大街上的赌场，一方面使用各种图境式城市元素吸引人流，另一方面还要依靠严密的保安组织控制人流。

这种代码反转——依靠图景而非现实物质世界——可以用我们之前使用过的符号来表达。对于偏离变异空间我们用的是 H2=D\I，对于幻象变异空间我们就用 H3=I\D，这里"I"代表受约束的自由幻象，这个幻象所主导的"D"，代表偏离或者是"补偿性"规则。

福柯在 1964 年的文章中只列举了少量幻象异托邦。他确实认为波斯花园在早期特定的城市社会中是一个有代表性的幻象异托邦。这里，在一个典型的设计中，世界的四个部分被集中在花园中央象征生命的喷泉周围。福柯认为波斯地毯是一个移动的波斯花园，一个能够把波斯花园的宇宙象征带进房间和住宅里的"魔毯"。其他的早期幻象异托邦还包括阿拉伯土耳其浴室和日本的公共浴室。城市演员们在这些净化场所中获得宇宙意义的"幻象"，而不仅仅是身体上的清洁[①]。人们通过这种仪式洗去灰尘和罪恶，成为一个新人，获得重生。基督教的洗礼仪式提供了一种精神洗涤的形式，并且其意义被不断更新（比如通过忏悔和圣餐）。科伊特别强调了教堂异托邦，如我们之前写道的，教堂通过壁画和壮观的彩色玻璃营造出天堂、地狱、圣灵、天使等幻象空间。马歇尔·麦克卢兰把这些建筑当作巨型交流机器，其实它们就是电影院的前身。

福柯想象对幻象异托邦的深入研究将会揭示场地（site）中关于"人

---

① 这种清洁之所以称为"幻象"是因为它有非物质层面活动的意义，不能完全由客体观察者所检验或理解，只是在这种特殊意义上成为幻象；这里的"幻象"一词并不意味着对这些活动或信仰的消极判定。

类生活在其中被分隔，但更多出自幻觉"的全部范式。幻象异托邦就这样反转了偏离异托邦的严格代码；后者通过基于类型和单一功能分区系统的分类机器来强化社会权力结构。前者，如福柯所说，向现象学者和巴什拉（Bachelard）学习，使演员能够超越这些结构进行活动。幻象异托邦允许演员在通信系统中使用象征性图标来监控和调整城市中图景和价值之间的转换平衡。

这种把戏是通过镜子完成的。用福柯的话来说，所有的异托邦——不仅仅是幻象异托邦——都能够"中和或者反转他们碰巧指定、镜像和反射的关系设定…这个关系设定使得异托邦与其他场所构成联系，但是与其他的场所又是矛盾的"。这种反转－镜像功能对于幻象异托邦聚焦"梦幻性"功能元素（如福柯所说，这种元素在人类事务中无所不在）和通过通信系统反转代码尤其重要。我们已经介绍过福柯利用拉肯的"镜子理论"研究乌托邦。镜子的表面可以充当一种反射机制，帮助演员塑造和美化自我形象，使他们在杂乱的社会和世界流中界定自己。拉肯的理论认为，如果没有镜子就没有个体存在的意义，也不存在统一的身份，有的只是一系列与耳朵、眼睛、鼻子和皮肤等有关的感观差异。对拉肯而言，在弗洛伊德之后，我们对个体性的感知取决于和他人的隔离，以及像家庭和镜子这样的能够把我们从空间上塑造成为社会人的反馈机制。但是弗洛伊德认为通过镜子的自我识别是一种社会必须，而拉肯则认为这是一种"歪曲"和错误（图4-40）。

拉肯思考的是真实的镜子；幻象异托邦允许在通信网络中镶嵌机械化的虚拟镜像空间。在这些空间里，演员的工作对象是人、物或关系的图像，而不是他们自身。幻象异托邦因此允许演员监控和调整他们在纯洁的柏拉图式乌托邦完美理想和混沌的亚里士多德式恶托邦不稳定世界之间的位置。这些概念性操作需要从一开始对"心眼"（mind's eye）进行精心的脑力训练。就像弗朗西斯·叶兹描述的"典型记忆"系统。在幻象异托邦中，非透视触觉反馈系统主要依靠道德判断来监控和调整人们的行为。这些行为源自人们通过"良知之镜（mirror of conscience）"对外界的感知，并且受到牧师和武士的控制。后来到了机器城市时期，幻象异托邦的"镜像－反馈"功能变成了机械化的。每个演员都有一个与其他城市演员共用的机械镜子。时间与空间可以在戏院和电影院内通过使用舞台布景、电影胶片、蒙太奇、快速变换场景序列等方式被人为操纵。在电影院里，通过闪回和跳跃剪辑使得时间本身也可以被编辑。

图4-40 罗伯特·弗拉德："心眼"与记忆系统，弗朗西斯·叶兹，《记忆的艺术》，1966年

现在在幻象异托邦中同时出现了"镜子－空间"的机械化、光学检查系统以及很早以前勃鲁乃列斯基通过一点透视暗示的视景机械化（mechanization of vision）。边沁的圆形监狱标志着偏离异托邦中光学检查系统和执行标准成为主导；光学检查和展示系统也同样出现在幻象异托邦中（银版照相法、立体幻灯机、动物实验镜、电影等等）。

福柯对曾经概念性表达特权的"镜子－空间"变得机械化和大众化持谨慎接受态度。马丁·杰在《低垂之眼》中谈到，福柯和拉肯延续了法国评论家（从笛卡尔和卢梭之后）一直以来的观点。他们认为我们眼睛看到的，用柏拉图的隐喻来说，只是存在于墙上的洞穴的阴影。柏拉图想要把画家排除在他的理想共和政体之外，因为用镜子（模仿）复制的过程只会造出不完美的复制品。根据这种理论，视觉信息只是为了引人注意而进行的抽象，它阻碍人们看到各种情形的真实关系结构。镜子本身只能显示一个人的外部性，即他的外在图像。

在 1920 年代和 1930 年代，德国评论家瓦尔特·本杰明也提到过类似的对视觉的不信任。他把这种视觉假象比喻为妓女为了吸引顾客而佩戴的美丽"面具"。这些"面具"在顾客的光学检查下减少了个性表达，导致人性的丧失——本杰明发现这一过程在极权政体中也存在。人们疏远本我，在市场经济中变得商业化。这种消极转型也是马克思主义评论家格奥尔格·卢克在 1920 年的书中描述的"物化（reification）"过程的一部分。在这一过程中，人们变成了商品，不再是人了（图 4-41）。

图 4-41　"三明治人偶"，柏林街头的行走广告，1930 年代

本杰明在文章《巴黎：19 世纪的首都》中，详细列举了这种促进光学检查的场所，并且特别强调了已经成为商品和时尚的拱廊、百货商店、林荫大道、全球市场等场所的作用。现代商品供应系统，除了反映出广泛的社会分工，同时也有助于通过视觉检查把人按照等级和社会身份进行分类，而忽略其人性。本杰明在当代艺术"机械复制时代"（这个作品中大师名作变成了明信片和插图）中也觉察到类似的失落感。这些复制品丧失了原始手工作品中有关特定时间和特定场所的"气息"。不过，他认为，当这些大规模复制品在市场中变成商品的时候，它们会引导艺术的广泛流行和欣赏，从而具备了引导社会转型的功能。

福柯还提到现代博物馆。他认为现代博物馆属于幻象异托邦，把时间切割成"场景碎片"，冻结在"不同时代的展厅"和典型的家具布置中。福柯还认为过去的妓院以及月经房和盛装妓女都是一种幻象异托邦。时间在这里被反转，或者说被重新拧上发条。电影城市中的幻象异托邦则相反，其时间是被加速的，比如股票交易所和市场。在股票交易所和市场里，商品价格快速波动，构成了卡尔·马克思所说的

图 4-42　a、b）大卫·格林：电路板，1970 年，《岩石栓》，1969 年
c）麦克·韦伯："Suitaloon"可穿戴房屋，1967 年

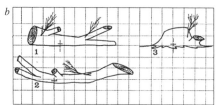

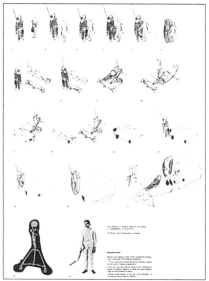

商品社会的最终模型。一种产品的价格取决于全球信息流动以及对信息的解读，每分钟都在变化（图 4-42）。

　　现代化促进了通信工具的微型化和交通系统的提速，从而使得光学检查系统渗透到城市生活的方方面面。在信息城市中，幻象变异空间不再局限在偶然的公共活动、林荫道上的公共展示或者是博物馆、股票市场、戏院和大众电影院中；几乎每一所住宅（以及住宅中的每一个房间）都可能有一台电视，作为一种机械化的镜子，通过广告、肥皂剧（通常会有产品植入）以及其他节目帮助人们识别身份。电视广告可以采用"场所宣传"的策略，把人们吸引到主题公园、购物中心、商务公园或者房地产项目等特定的地方。

　　微型幻象变异空间就这样加速了信息城市中演员的增殖和镜像过程，使得多种矛盾和复杂的情形可以同时存在。偏离变异空间则相反，其中的演员必须遵从单一主导标准。同时，奇怪但是又充满历史讽刺意味的是，微型幻象变异空间的这种状况标志着家庭尺度异托邦的回归，早期的危机异托邦似乎又要出现了。微缩变异空间进行光学检查所使用的电子工具包括摄像机、监测器、便携电视、电话和带有全球电子邮件和网络连接的手提电脑，很快还会有漫画书上才有的小玩意——可视化腕式电视（图 4-43）。

　　同样的微缩可以在 West 8 为婆罗洲设计的荷兰式联排住宅区和阿姆斯特丹的爪哇岛造船厂更新工程中看到，项目的构想是建成一个微型幻象变异空间（图 4-44）。这里的住宅都配有互联网，有停车位、车库、办公空间、起居区、屋顶花园以及健身空间和多媒体室。类似的

图 4-43　监视用的间谍相机，2005 年

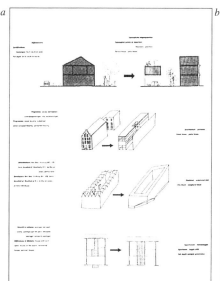

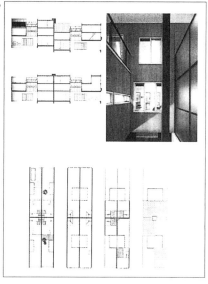

图 4-44　a，b）West 8 社区及其他：爪哇岛和婆罗洲风格的新型建筑，阿姆斯特丹，2000 年

住宅配置也可以在新城市主义设计中看到，如迪斯尼在美国佛罗里达的欢庆城（new town of celebration）。West 8 或库伯·罗伯森等设计师只是通过建立整体城市代码来控制群体开发形态，而不是试图去设计每一栋房屋。其内部不同的部分和住宅组团分别由其他建筑师和客户设计，从而为最后的建成品增加了多样性。这种微缩的幻象变异空间在大规模网络化城市群中已经成为小尺度的常态。在东京郊区的独立式住宅或者伊斯坦布尔和曼谷的新城市主义规划中都能看到这种微缩的幻象变异空间。这些幻象变异空间是微缩的多功能细胞，通过多样化通信渠道获取和发射信息，与各层级中复杂的移动"电子居民"联系（呼应阿基格莱姆小组 1960 年代设想的电子人乌托邦）。

　　在《空间构成》（Spatial Formations，1996）中，英国城市地理学家尼格尔·屈夫塔拓展了这种已经深入到每个人的生活和家庭，由复杂的大众电子媒体构成的"镜像 – 反馈"系统的涵义（图 4-45）。屈夫塔认为"网络理论学家"创造了一个"关于但并非二元"的系统来构建"对称人类学"，这个系统可以平等地处理"非一致的"演员和"象征性中间体"。"象征性中间体"可以是有助于网络沟通的任何东西。在广阔的"演员 – 网络理论"场中，物体和人被平等或公平地对待，在物理上与弥漫在空间中的重力和能量场具有同等地位。演员 – 网络理论使得人 – 技术（人 – 物）之间的界面变得模糊，把技术和社会世界连接起来，从而将城市的解读引向由混合的"电子人"构成的"电子有机体"。

　　按照这种观点，幻象变异空间中的演员现在在全球连接与透明化的技术乌托邦中占据了主流地位。戴维·奈将这种"幻象的"乌托邦

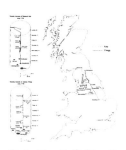

图 4-45　尼格尔·屈夫塔：乡村医生的旅途，1800 年代，摘自《空间构成》，1996 年

状态描述为"美国式技术升华"。这种乌托邦中有一个看不见的维度是廉价劳动力营地——美墨联合工厂以及远在他国为全球市场生产的制造业基地。在这个乌托邦里，特权演员可以自由地构建"幻象"变异空间进行试验；作为消费者，他们可以充分满足自己的欲望；利用全球需求监控网络自下而上地塑造市场。他们能够建立跨越时空的联系，将他们此时此地想要的元素（影像、声音、货物）进行位移（随时随地把他们想要的东西位移过来进行娱乐）。他们能够在很小的空间内重组和压缩场所的虚拟图景，收藏和展示不同场所和年代的物品，建立起个人的幻象"组装（assemblage）"——《韦伯词典》对这个词的解释是"一群人或物聚集……由碎屑和杂物以及零星的东西（如纸、布、木头、石头或者金属）构成的艺术作品"。

图 4-46 约翰·泰尼尔爵士：疯帽子先生的茶会，源自路易斯·卡洛，《爱丽丝漫游仙境》，1865 年

从电视机和个人电脑到广告牌和巨型体量的标志性建筑，非统一元素和混合物随机变异组装成为普遍存在。约翰·拉什曼在《德勒兹[①]连接》（2000）中写道，多样性与无组织性本身必须"相信世界"，并且保持发展，不断实验，不断构建组装或"机械"。这些构筑物慢慢有了智能和疯狂的逻辑，象路易斯·卡洛在《爱丽丝漫游仙境》（1865）（图4-46）中描述的那样。这些组装不是工具，没有实用功能。但是它们能表达思想和创造性，能从概率中抽象出可能，从统一中抽象出多样性。

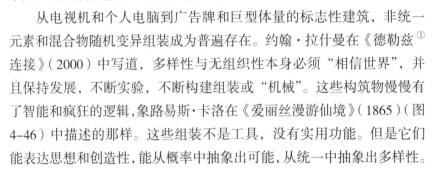

这些分离的"机械"与那些现代主义者以及后现代主义者的作品非常不同。拉什曼写道，吉尔·德勒兹批评信息城市中有组织的"机械行为"以及地面控制导致了"过多"的通信和监控。"精神－技术"系统还允许控制公众意见，从而人为制造出一致性。这种组织方式形成一种"新的愚蠢"，激发起那些感觉自己被排除在主流社会以外的人的暴力。按照德勒兹的说法，国际合作、普世宗教、电子地球村以及新老"少数民族"都是为了逃离被现代主义者、国际主义者和国家福利装置捕捉的演员。机械化的组织方式使这个世界充满了陈腔滥调，需要采取一些特定的疯狂形式和象征性暴力来打破这种"机械行为"。

德勒兹及其合作者菲力克斯·伽塔利（Felix Guattari）在《1000个停滞时期：资本主义和精神分裂症》（1987）中描述道，有一套可以替换现代主义机械网络的概念网络和结构，它们叫"块茎"（rhizome）。《韦伯词典》对块茎的解释是，"某种拉长的，通常是水平的地下植物茎，上部发芽，下部生根，可以当作食物原料。与真正的根有所不同，块茎拥有芽和节，通常和叶子大小相似"（图4-47）。德勒兹和伽塔利强

图 4-47 块茎的解释，来自一本 19 世纪的植物学教材

---

① 吉尔·德勒兹（1925-1995），法国后现代空间哲学家，块茎连接理论的创始者，对电子媒体空间进行过开拓性研究。——译者注

调，一个块茎是一个自组织矩阵，它刺入并且灵活地适应环境，在不同的环境下呈现不同的形态。它的根系是一个广布的网络，在土壤下面支持着类似稳态空间的隆起。在地面上，块茎具有茎的结构，有发生光合作用的叶子和用于繁殖的花。块茎构想是个隐喻，用来描述任何具有适应性和灵活性的网络。这种网络包含多种物质和人群，采用不同的形态，适应各种生存环境的需求，为移动的演员提供通道和资源。在一个块茎网络中，演员们构建组装装置，发展出概念机制来检验德勒兹和伽塔利所谓的"内聚（intensive）"空间中的未知。内聚空间是笛卡尔和现代科学冰冷的"外向（extensive）"空间的对立面。"外向"不是在感觉上非常大，尽管它确实很大，而只是因为它是延伸的，均质化地不断延伸。拉什曼把内聚空间的特性与 20 世纪英国画家弗朗西斯·培根那幅令人震惊的人变成肉的肖像画进行了比较（培根用动物残骸作为模型）。在培根的肖像画中，不同的人物根据激情、痛苦和暴力愤怒等表情用不同的色调来表达，画中的模特在精致框架管道形成的正在溶化的透明虚拟空间中尖叫。在一些肖像画中，分不清是人、骨骼还是穿着教皇袍子的猴子在尖叫。[①]

瑞典教授马克·安吉里尔认为在这种复杂背景下的城市设计行为就像"块茎组装"。在幻象变异空间中，演员通过块茎组装的方式，使用精密的机械将智能和奇思怪想结合起来，构成信息"组装体"，进行各种尝试和实验，从而在获得理性认知之前检验感知的层级。拉什曼也提到过类似的感知检验。他认为，从外部看，一个块茎组装就像一个"析取合成（disjunctive synthesis）[②]"，有点略为疯狂和暴力的感觉。

块茎组装作为中等规模后现代幻象变异空间中的主导合成代码，一方面可以容纳演员自上而下多样性和"非一致性的"的积极安排，另一方面也包容拥有基本权利的独立消费者自下而上的参与。拉什曼写道，演员们需要一个"模糊区"，也就是，一个多种可能性并存的不确定区域。演员们在快速变化的幻象变异空间中创建这些模糊区。在这里，可以通过大尺度的机械手段实现镜子的自我强化、自我组织和反馈的作用（就像拉肯的认同形成理论）。演员们可以在这些变异区中快速尝试各种各样虚拟的或者真实的组合方式，而不必扰动整个系统。因此，后现代城市的设计师们接受了块茎组装技术，并将这种技术推向主流；幻象变异

---

① 参见弗朗西斯·培根的《教皇英诺森十世肖像》系列教皇肖像画——译者注
② 德勒兹和伽塔利在关于人类欲望的精神分析研究中，提出社会代码会强行通过"析取合成"将欲望生产引向一种固定的方式。析取合成意味着对社会欲望的分析、整理和重组。——译者注

空间开始逐渐推广，促进并保护演员们构建拉什曼描述的"析取合成"。

不过设计师们还是花了一些时间将块茎组装这个在很多领域使用的激烈概念应用到三维城市设计策略中去。为了达到这个目标，他们必须使自己的作品显得"酷"和智能。他们采用拼贴－拼凑等设计手法，尽最大可能避免出现能够提示传统整体秩序记忆的视觉线索。由线性的"科学"代码和非线性的自组织块茎组装构成的分层变异性组合对牛顿世界观下的标准连续空间产生了扰动，由此产生很多新奇混杂的公共空间。扎哈·哈迪德在香港竞赛中入围的先锋作品——山顶旅馆（1981），就创造了一个这样的新混杂空间。建筑的公共部分是一个独立的体块，漂浮在旅馆体块的中空，盘旋在城市上空。哈迪德为这个部分设置了一个非常特别的公共入口。

哈迪德的块茎组装空间继承了很多现代主义先锋设计师的思想，特别是勒·柯布西耶、埃尔·利兹斯基以及俄国结构主义者通过清晰的体块装配融合不同个体路径的手法。但是山顶旅馆在空间分层技术上超越了他们，进一步丰富了三维层级矩阵的剖面，在城市上空创建出一个新的公共空间。现代主义旅馆的标准代码在这个建筑中进行了内外反转，形成一个不寻常的空间三明治——在入口层的上方和下方各有一个漂浮的平板型建筑体块，形成了壮观的入口序列。

从1981年以后，很多建筑师开始在中等规模公共建筑的开放公共空间中探索块茎组装。比如早期的阿基格莱姆小组，他们在公共空间中引入像大屏幕这样的传媒设备，创造出一个高度媒体化的环境。剖面技术进步使得非线性代码和程序串可以方便地装配在一起，同时通过隐藏由专业结构公司设计的几何结构矩阵来维持"科学的"序列控制。比如库克·西梅尔布劳在没有建成的竞赛获胜作品法国小镇melun-senart总体规划（1986）中，规划设计了一个可以自由浮动的三维条状多层城市中心建筑，城市中心的密度可以随着城市的发展，变得越来越大，越来越复杂。米歇尔·索金也采用同样的原则设计了一个全新的乌托邦新城（图4-48）。

类似的多层立体城市中心也出现在建筑师丹尼尔·李伯斯金为IBA国际建筑展设计的漂浮在柏林墙上方的住宅项目（未建成），以及他在柏林亚历山大广场的设计项目中（图4-49）。渐近线工作室提供了更多的实例，比如在1988年"洛杉矶西海岸大门"（Los Angeles Gateway）建筑设计竞赛的获奖设计。设计中整个建筑盘旋在中心城公路的上方，下面是深槽公路，高峰期交通流以每小时4英里的速度在里面流动。这个工程包括一个位于西端长而薄的棱柱状建筑。它像一个巨型鱼缸折射光波，为驾车向西行驶的司机提供优美的落日景观。

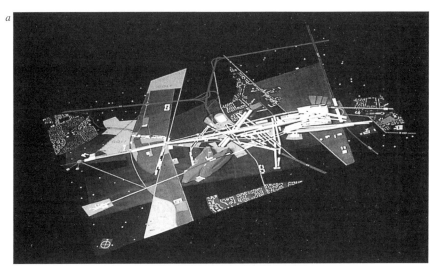

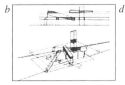

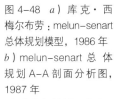

图 4-48　a）库克·西梅尔布劳：melun-senart 总体规划模型，1986 年

b）melun-senart 总体规划 A-A 剖面分析图，1987 年

c）艾辛姆帕托工作室：洛杉矶大门竞赛，模型，1988 年

d）索金工作室：艺术空间的典范城市项目，1986 年

e1）艾辛姆帕托工作室：洛杉矶大门竞赛，模型，1988 年

e2）艾辛姆帕托工作室：洛杉矶大门竞赛，公共空间，1988 年

f）艾辛姆帕托工作室：洛杉矶大门竞赛，结构模型，1988 年

几条独立的柱状建筑分别容纳着移民博物馆以及博物馆设备、商店、餐馆等等。通往上层酒吧的直梯和扶梯悬挂在公路分隔带正中的巨型框架系统外面。在两个柱状建筑下方，渐近线工作室设计了一个带有大屏幕的三维公共空间，屏幕上播放着建筑内部的活动（移民们正在

图 4-49　丹尼尔·李伯斯金：安居工程，国际建筑展，柏林，大约在 1988 年

图 4-50　约瑟夫·芬顿："巨型建筑"示意图，《混合建筑手册之 11 号建筑》，1985 年

图 4-51　SOM 建筑事务所：约翰·汉考克大厦，芝加哥，1968~1970 年

进行的研究、活动、公告等）。这个立体公共空间中还包含两个能够沿着轨道移动的小型电影院，步行的公众和下面的汽车都看得见。块茎组装这种使演员（使用者）参与其中的设计明显与由单一设计师控制的现代主义图景式拼贴或者蒙太奇技术有很大的差别。

这些分离性块茎组装确确实实是芬顿描述的第三个原型——"巨型建筑（monolith）"原型的对立面，尽管二者都具有超级尺度、拼凑和分层的特性。在《混合建筑》（1985）中，芬顿描述了第三种组合方式。作为"巨型建筑"，整体形式的合奏很重要，尽管其内部可以有很多差异（图 4-50）。大尺度的巨型外壳把各种功能和细胞压缩在奇怪的混合体内，形成奇怪的装配体。芬顿描述了 SOM 设计的芝加哥汉考克中心（1970）如何成为美国后现代功能混合的"巨型建筑"（延续了塞特和罗杰斯小规模混合塔楼的现代主义传统）样板（图 4-51）。汉考克中心的剖面包括一个位于底部的购物中心，上面是办公楼和住宅楼的门厅，再上面是几层停车楼，接着是办公层部分，再往上是一个几乎延伸到大楼顶部的空中大堂中庭，这是顶端住宅层的入口。位于大厦顶部的是餐厅和酒吧，楼顶是广播间和天线。这个 1000 英尺高的建筑在 1977 年世界贸易中心建成之前一直是世界上最高的建筑。

约翰·汉考克大厦由于其"巨型建筑"形式成为晚期现代主义的代表性作品，人们对城市天际线中简洁的楔形体量的关注超越了建筑本身的设计内容。芬顿写道，"巨型建筑"的尺度使得人们可以在同一栋建筑中居住和工作。在约翰·汉考克大厦中确实存在这种可能性，但是人们要从家里进入办公室必须在空中连廊或者地面层的大堂换乘电梯。芬顿列举了 SOM 设计的纽约奥林匹克大厦和美国罗氏公司大厦作为"巨型建筑"的例子，前者集购物拱廊层、办公室和公寓于一体，后者则混合了旅馆、办公室、带有网球场的运动员俱乐部、银行和独立的地面层大堂等多种功能。纽约的"中城特别区划区"从 1970 年代以后就明确鼓励这类混合建筑的开发；在第五大道和 56 号街建筑群中能找到一些这类建筑，其中最早的建筑是特朗普大厦（Swanke Hayden Connell 事务所于 1983 年设计）。在约翰·汉考克大厦的成功带领之下，芝加哥的密歇根大街现在已经有了很多类似的建筑。在此期间，开发商们也计划采用这种混合使用的高层建筑来重建洛杉矶市中心，最终巴尔第摩酒店大厦（1980 年代晚期）等几座建筑得以建成。

库哈斯开启了巨型建筑的新版本。他在 1990 年代设计的纪念性巨型建筑外部形态主导了内部布局，体现出现代主义自上而下的装配传统（与特权演员自下而上的输入相结合）。建筑内部的坡道和复杂的城市节目被掩盖在普通的现代主义建筑表皮里面；巴黎图书馆的设计也类似，为卡尔斯鲁厄媒体中心巨大立方体设计的内部螺旋坡道或者叫蛇形坡道也被隐藏在建筑外壳之内。库哈斯设计的北京媒体中心（2004年的时候还在建设中）、西雅图公共图书馆（2003年建成）同样延续了这种雕塑式巨型建筑的传统（图4-52）。

图4-52　大都会建筑事务所，雷姆·库哈斯：中央电视塔，北京，2004年

我在信息城市的流动空间和稳态空间的分类中已经提到过拉斯维加斯大街从1950年现代主义汽车友好型的全盛期快速转型为1990年代后现代主义行人友好型的城市图景（urban images）丛林。在这里，赌场建筑的巨型体量只是被东拼西凑的幻象障眼法伪装成了行人友好的环境。这种幻象俗得不能再俗。但是迪斯尼乐园图境式主街则很成功。在全球资本和移民加速流动背景下，这些人造城市环境镜像出对娱乐、城市、社区以及历史的深切需求。

拉斯维加斯的赌场从1990年代开始就形成了复杂的巨型剖面通过多层块茎组装的方式压缩城市，创造出一种幻象变异空间。城市天际线由一些巨型元素主导，如微缩纽约天际线的纽约城赌场和复制埃菲尔铁塔的巴黎赌场（1999年）等。现代主义单一功能元素被分散到巨型建筑复杂的剖面中，没有任何明显的逻辑联系。比如，作为睡觉区域的"居住区"可能还是采用板式建筑原型，但是在这里被垂直布置在赌博大厅之上，如威尼斯赌场（2002）。这个赌场甚至在屋顶花园中还有独立的"别墅"，替代了传统现代主义建筑中顶层豪华复式阁楼，酒店的客人可以从地面层赌博大厅的裙房乘坐电梯到达这些居住区和别墅区。赌博大厅的室内设计模仿意大利露天广场，环绕着茶座酒吧，广场中央是老虎机赌博区。在赌博大厅的上面，裙房的第三层，是一个购物中心，贯穿购物中心的"威尼斯运河"充当了线性主题元素（图4-53~图4-55）。

图4-53　大运河购物中心，威尼斯赌场，拉斯维加斯

在信息城市中，媒体公司（通常是主题公园和赌场的业主）采用大尺度巨型幻象变异空间作为标准主流组织工具。比如，媒体巨头索尼公司，在柏林建造了包含办公楼和酒店的巨型索尼中心（由美国建筑师赫尔穆特设计），作为波茨坦广场开发的一部分（2000）。诺姆·乔姆斯基和爱德华·赫尔曼在《制造赞同：大众媒体的政治经济》（1988）中记录了这些掌握卫星、新闻电视台、出版社等媒体工具的大型全球媒体集团的发展历史。它们通常都被由从19世纪到20世纪传承下来的默多克、甘乃特、赫斯特、麦克劳、耐特里德等传媒大亨家族所掌控。美国的媒体观察集团FAIR（Fairness and Accuracy Reporting）也记录了最近美国联邦通信委员会通过的法案进一步加速了媒体权力集中的趋势。媒体巨头索尼公司，除了在旧金山、柏林和纽约已有的媒体中心

图4-54　地面层和一层平面图，威尼斯赌场，拉斯维加斯

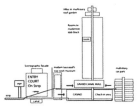

图 4-55 大卫·格雷厄姆·肖恩：威尼斯赌场剖面图，拉斯维加斯

图 4-56 SOM 建筑事务所：时代华纳中心，纽约，2004 年

图 4-57 内部商业拱廊，时代华纳中心，纽约，2004 年

之外，还在建造一系列包含表演和产品零售的全球媒体中心，展示了其作为全球企业的战略野心。另一个媒体巨头最近正在纽约第 59 街和哥伦布广场建设由 SOM 和戴维·查尔兹设计的时代华纳中心（图 4-56）。这是目前美国最大的商业项目。两座包含酒店、公寓、电视台和办公等功能的塔楼坐落在一个巨大的曲线形多层购物中心之上。这个购物中心内部包括高档食品超市、影院和位于林肯中心剧院内的两个巨大的爵士吧——它们的前厅可以鸟瞰中央公园（图 4-57）。开发商将各种功能和演员都组装进这个带有双子塔楼的庞大形体里。建筑总计花费 18 亿美元，这对任何一家银行来说都是极大的挑战。因此这笔资金被划分为不同来源，以便减少金融风险。不同的开发商、合同商和设计师从事建筑不同部分的工作，但是全部统一在 SOM 和戴维·查尔兹的整体设计框架和建筑表皮内。

与边沁的圆形监狱类似，时代华纳中心巨大的幻象异托邦代表了微缩、镜像和控制城市世界的绝望尝试。它是一个城市中的城市、一个自我组织的系统。它遵从普遍联系代码但是打乱了由现代交通和信息推动的城市持续蔓延的趋势。与圆形监狱不同的是，这是一个由电影院、电视演播室、爵士剧场、健身房、食品超市和公共房间等多重快速变化的"幻象"图景 – 代码（image-code）主导的购物广场。超大的酒店套房和公寓住宅拥有 12 英尺（3.6576 米）高的天花板，并包含各种奢华的装备：多媒体室、图书室、美食厨房、书房、健身房、办公套间等。戴维·查尔兹是 SOM 建筑事务所负责该项目的合伙人，在 911 之后出任纽约世贸中心重建项目的开发商代表。他将李伯斯金最初的方案修改为在地下建设购物中心，地面建设公共纪念大厅、一个 70 层的办公塔楼、一个公共餐厅和位于 1200 英尺（365.76 米）高空的观光台，还有巨大的风力涡轮发电机和一个达到 2000 英尺（609.6 米）高度的电视天线。在起初的设计中，公共剧场或文化建筑位于建筑底部，目前则（由弗兰克·盖里设计）位于另一部分独立的建筑内部。SOM 的设计策略标志着幻象变异空间已经取得优势，成为纽约大规模开发项目的标准城市设计原型。

我想以哥本哈根的克里斯蒂安尼亚（自由城）社区的例子来结束本节。与上述巨大的复合式超大购物广场和塔楼项目不同，这是一个自下而上的幻象变异空间的例子。它和九龙寨城类似（两者都建于之前的军事基地上），但密度更低，也对自身形象的塑造更加热切。自由城为我们提供了一个有意思的实验案例，因为哥本哈根是一个相对较小的欧洲首都城市，具有较长的民主和参与性城市规划历史，且保持着较高的设计标准。在 19 世纪，哥本哈根主要是围绕紧凑的中世纪老城（E1）和启蒙时期扩建的道路网格（加上新皇家宫殿；E2），呈环形放射状增长。在城墙外面的蒂沃利公园（靠近铁路站）发展出另外一个娱乐中心。这个娱乐中心在早期欧洲电影业（H3）扮演着重要的角色。早期大量建设的码头和铁路设施被完好地保留下来（A2，E2），到现在还在使用（世界上最大集装箱货轮线路是由丹麦拥有）。在战后，哥本哈根著名的"手指状"规划引导着新城和新项目沿着狭长的铁路和高速路廊道发展（A2），手指（E2）之间则是保护完好的绿色空间，使得新开发项目总是能够亲近自然。"指状"建设用地内的大量住宅由公共机构或国家（E2）赞助的住宅联合会开发，采取低层高密度的建设模式（图 4-58）。在丹麦，购物广场开发商必须向政府证明他们的开发项目（H2）不会损害附近城镇及其商店（E1，E2）的贸易活动。

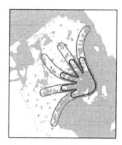

图 4-58　指状发展规划，哥本哈根，1940 年代

在 20 世纪 90 年代，"手指状"布局分出第六个指头，延伸至机场和新建的通往瑞典的高速铁路大桥（A3，H3）。主火车站被重新设计，更加方便与机场客流的衔接，同时也升级为丹麦 – 瑞典高铁线上的一站（H3）。预计哥本哈根未来住宅的增长主要集中在这条交通廊道上（E3），而不是在码头区。在老城对面的湿地区域，一个带有大量娱乐设施的巨大区域性公园（H3）替代了之前的军事靶场（H2）。内城码头区的重建近期刚刚开始，增添了很多"奇形怪状"的办公楼建筑和"大盒子"商业建筑（H3）。

哥本哈根这种建立在电影城市模型基础上的有序的自上而下协商式规划范式中，也出现了一个幻象变异空间自组织系统的特例。1971 年一些哥本哈根流浪者开始在废弃的克里斯蒂安尼亚军事驻地内建立非法定居点（]H2[）。这个定居点成为丹麦城镇规划成功故事中的一次"无规划"特例。一场在政府有关当局、非法定居者，还有城市规划专业人士之间关于这个幻象变异空间现象的辩论就此展开。直到最近才确定了对这个地区采取多重复杂的组织形式，而不是简单的取缔（图 4-59~ 图 4-61）。

当 1971 年这些非法定居者开始搬进老军事基地内的时候，他们不得不想尽一切办法来抵抗政府的强制，保卫自己的非法占有。他们创建了一个娱乐区，为吸引戏剧团和音乐节（H3=I/D）建设了餐厅、咖啡厅、酒吧和卡巴莱餐馆。在这个拉锯战过程中，娱乐团体和音乐家被证明是自由城存活下来的重要角色。当聚居地受到威胁时，艺术家们借助丹麦人民的自由主义和公平竞争精神，展开精心策划的媒体示威活动。自由城里装扮奇异（或裸体）的卡巴莱艺术家总是能在动乱现场与警察的对峙中引起斯堪的纳维亚半岛媒体不小的轰动（H2=D/I）。

作为一个法律之外的社区，自由城和九龙寨城（H3）有点类似，

图 4-59　克里斯蒂安尼亚中心位置，哥本哈根，2005 年

图4-60　克里斯蒂安
尼亚

a）支持者中有城市规
划师施泰因·埃勒·拉
斯姆森，律师欧里·克
拉鲁普以及作家 Ebbe
Klovedal Reich，1974
年7月

b）流浪者们搬到了克里
斯蒂安尼亚，1971年

c）自由克里斯蒂安尼亚
向导图

d）劳里，克里斯蒂安尼
亚的斗争时间轴线

它吸引着各式各样的反叛分子，其中一些甚至是罪犯。但是自由城社
区以典型的丹麦方式提倡非滥用行为（H3=I/D）。社区施行自己的酒精
和软毒品法律，禁止硬毒品。他们在"Pusher Street（A3）"表演心理
剧来抵制鼓吹硬毒品人群的入侵。他们还搭建了装饰性的厕所以制止

图 4-61　克里斯蒂安尼亚

e）克里斯蒂安尼亚大门

f）克里斯蒂安尼亚自建的房屋

g）保卫克里斯蒂安尼亚集会，2004 年

h）克里斯蒂安尼亚集市市场

i）房屋彩绘

j）灰色大厅的卡巴莱歌舞表演，克里斯蒂安尼亚

k）克里斯蒂安尼亚自产的佩德森自行车

l）哥本哈根的抗议涂鸦，2004 年

m）大门上的标语

n）哥本哈根桥上不时出现的抗议横幅

o，*p*，*q*，*r*）警察强行拆除 Pusher Street，其中一个临时棚屋被移到国家博物馆，2005 年 3 月 16 日

摩托车帮随地便溺。最后，他们还争取到官方的协助，抵制暴力帮派和武装硬毒品群体的入侵和对这片自由之地（H2）的亵渎。但与此同时，他们也利用言论反对警方擅自对社区的干涉（图 4-62）。

　　为了照顾自行车和行人的权益，如同哥本哈根市中心（A3）所采

图 4-62　支持克里斯蒂安尼亚的抗议游行，1976 年

取的措施，克里斯蒂安尼亚非法居民也采取了禁止汽车的措施。他们组织新工业，生产自行车和专业三轮车等，支持哥本哈根的大规模自行车运动。他们还利用废弃的军事建筑开办了由女性经营的制造火炉和庭院家具的铸铁厂、新木工和石艺切割工坊、古董店、二手服装商店等（]H2[）。如今这些商店也通过互联网进行销售（E3）。社区居民们成立了规划委员会，禁止建设巨大奢华的建筑，鼓励在小型独立建筑（E3）中共同居住。他们还自行管理生活中的纠纷，并且将所有财产都归为公共所有。他们保留和重新利用了很多旧军事建筑，学习新的手艺，申请政府保护基金。在国家的支持下，他们还像其他社区一样创建了自己的学校（H3）。

克里斯蒂安尼亚的居民还在工农业经济已经非常发达的丹麦引导了综合生态改革。他们为自己的餐厅种植有机农场产品和蔬菜（E3），循环利用自己的垃圾废物，利用人类粪便进行农业施肥，如同现在的印度或古代中国和罗马时期。他们还利用沿着克里斯蒂安尼亚边缘的军事防御设施为社区和周边的邻居们（哥本哈根北端的阿玛岛）建造了新公园（E3）。

在战后丹麦早已经确立的社会民主传统中，克里斯蒂安尼亚成为一个变异性特例，一直作为一个特殊的政治维度存在。它能够存活下来的一部分原因缘于专业规划人员的自由主义。比如《伦敦，一个独特城市》（1937）和《城镇和建筑》（1949）的作者施泰因·埃勒·拉斯姆森（Steen Eiler Rasmussen）在 20 世纪 60 年代抗议对克里斯蒂安尼亚公社的打压。他曾给媒体写信表示如果丹麦让这种自由的象征消失，那就等于失去了自己的灵魂。克里斯蒂安尼亚在秩序井然的民主国家里起到了调节社会安全的阀门作用。不过，21 世纪初期上台的丹麦保守政府许愿将克里斯蒂安尼亚的土地卖给开发商，颠覆了之前政府已经建立起来的和解代码。由于这片新潮嬉皮士聚居区位于中心城附近，靠近码头办公走廊的地带，紧邻建在一个废弃海军基地（]H2[）上的新大学校园（H3），土地价值十分可观。到 2004 年，社区内部的居民被给予机会购买自己的住房（颠覆了自由城的公共财产精神）。根据政府新提案，一些土地将被用来重新开发。新政府还仿照英国 20 世纪 80 年代撒切尔时期的做法，提出削减国家规划办公室的职能，将公共住宅（E3）私有化的计划。

克里斯蒂安尼亚是一个典型的自下而上组织形成的幻象变异空间案例，直到目前为止都还以乐观和希望的精神维持着和其他政府机构间的微妙关系（例如政府和规划专业机构）。克里斯蒂安尼亚并非在政府非难中顽强生存的唯一特例；很多城市中的"寮屋"、破败的小镇、贫民区都生存在政府禁令下。

在下一章我将讲述幻象变异空间如何与其所处的城市进行互动，如何与之呼应，如何相互协作，又是如何逐渐改善它所栖身的既有标准模式的（图 4-63~ 图 4-66）。

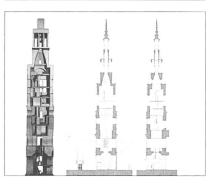

图 4-63 变异空间
a）北京紫禁城鸟瞰图
b）罗马圆形剧场转变成一个中世纪小城镇，阿尔勒，法国
c）远洋班轮，1950 年代
d）矿工棚，比属刚果（刚果旧称），大约 1900 年
e）福特工厂，胭脂河，底特律，1920 年代
f）迈克·韦伯：罪恶中心项目，莱斯特广场，伦敦，1962 年
g）库克·西梅尔布劳建筑事务所：煤气厂公寓大厦 B 座改造项目模型，维也纳，1995-2001 年
h）伯纳德·屈米：工厂转变成艺术中心，Le Fresnoy，法国，1991-1997 年
i）博雅斯基 - 墨菲：雷恩教堂塔楼转变成公寓，伦敦，2004-2005 年

图 4-64 变异空间

j）仿中世纪的鱼市，威尼斯，2004 年

k）神圣的教堂和岩石穹顶，圣殿山，耶路撒冷

l）牛津大学，18 世纪

m）帕拉第奥：奥林匹克剧场，维琴察，1580 年

n）本顿维尔监狱，伦敦，1820 年代

o）巴黎老佛爷百货公司，1860 年代

约翰·格雷厄姆：
p）Northgate 区域购物中心，西雅图，1950 年代

乔恩·捷德：
q）弗里蒙特街体验，拉斯维加斯，1990 年代

Cardinal Hardy 小组滨河带更新，蒙特利尔
r）太阳马戏团的出口棚，1980 年代

s）分层轴侧

t）码头长廊，1980 年代

u）大地景观，1980 年代

v）拉辛运河港池更新，1990 年代

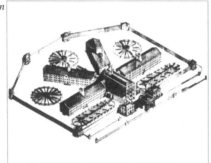

图 4-65 变异空间

伦佐·皮亚诺和理查
德·罗杰斯：
a）蓬皮杜中心，巴黎，
1972~1977 年

槙文彦
b1,2,3）山坡露台复合建
筑，东京涩谷区，1966~
1979 年
c1,2）温特帕克购物中心，
佛罗里达州，2000 年

c3）索尼中心，波茨坦
广场，柏林，波茨坦广场，
1990 年代
c4）索尼中心中庭
d）大型购物中心

Labarchitects 公司：
e1）联邦广场，墨尔本，
2002 年
e2）平面图
e3）联邦广场，2004 年

柯林·福聂尔和彼得·
库克：
f1-4）"蓝鲸"，格拉茨，
奥地利，2004 年

乔恩·捷德建筑事务所：
g1）行走城市，全球化
城市，洛杉矶，外立面
模型，1993~1994 年
g2）平面图
g3）流动空间，1999 年

图 4-66 变异空间

O'Donnell & Tuomey 事
务所：坦普尔酒吧区，
都柏林
h1）场地示意图，1991 年
h2）爱尔兰电影中心，
1992 年
h3）坦普尔酒吧广场被
当做电影院使用
h4）国家照片档案馆和
学校，1996 年

汉德建筑：丽思卡尔顿，
波士顿公园
i1）场地规划，2000~
2002 年
i2）反郊区化的混合使
用分析，2000 年
i3）混合使用剖面图，
2000 年
i4）丽思卡尔顿，2002

扎哈·哈迪德建筑事务
所：第 42 街酒店，纽约
j1）X 射线轴测图
j2）混合功能模型

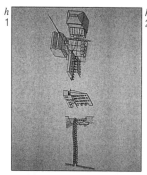

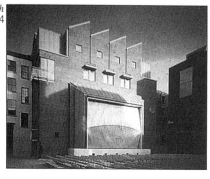
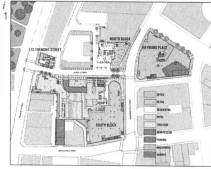
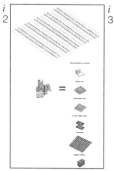

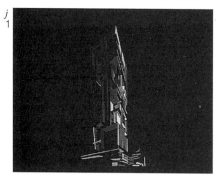
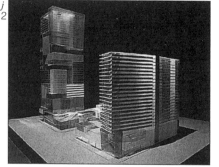

4.4 幻象变异空间和标准城市模型

到目前为止我们回顾了三种城市元素——稳态空间、流动空间和
变异空间。我强调过其中每一个组织工具都对应着林奇的二个标准城

市模型之一。稳态空间主导着信仰城市，流动空间主导着机器城市，而变异空间主导着生态城市。在最后一节中，我希望展示城市演员如何在三种城市模型中使用这三种城市元素，结合城市装置和其他城市子元素，组织城市中流动和稳态模式的转换。

　　为了简化这个任务，我创造了一个经历过三个阶段发展模式的假想城市。我将使用一个简单的图形来表现这个假想城市模型。在这个城市模型中，每个发展阶段都基于科学作家詹姆斯·格雷克在畅销书《混沌》（1987）中所提到的各种组织原则（图 4-67）。我们可以利用格雷克关于一个系统从简单到复杂的演化过程的描述来分析城市的增长过程。横轴代表时间变化，竖轴代表尺度、规模，或者组织复杂度。当一个组织随时间生长时（在横轴上向右移动），它变得越来越复杂和庞大（在竖轴的振幅变大），而且要历经五个阶段，其中三个是稳定阶段，两个是中间过渡阶段。在前两个稳定阶段之间，以及第二个和第三个稳定阶段之间是组织危机的过渡阶段（分叉点）。三个阶段最主要的差异，就是我们上一章结尾回顾过的稳态模型中插入了作为转换器和催化剂的变异空间元素，并通过反馈激活了整个复杂系统。

　　在第一章，我们看到了保罗·克鲁格曼在《自组织经济》（1996）中为了解决中心地理论中单中心增长问题提出了类似的城市模型系列，即在一个多中心的环形"赛道"模型中，先是出现双星城市，然后是多中心增长。阿兰·图灵（数学家，密码破译家和早期提出计算机能够成为自动思考机器的理论家）第一个概括了基于反馈回路多细胞增长的脉冲动力，其作用机制与格雷克模型中的自组织系统类似。这里，我们将从对格雷克的解读中了解城市的生长。

　　第一个阶段是一个单细胞在"稳定状态"中生长，通过在周围不断地重复相同的模式在动态环境中维持稳定和自组织。在第二个阶段，当这个单细胞规模增大到不能靠自己的力量维持的时候就会形成不稳定状态，这时就会出现第二个中心。为了保障细胞自组织的稳定，一个能协调两极（两个细胞）周围活动的新组织系统会应运而生。二个系统会建立一个理性的线性组织系统来处理逐渐增加的分化和不断加速的流（反映了交通和通信技术进步），同时允许增长沿廊道分布。最终这个二元组织系统不能继续管理系统中的流动，这时就会出现第二个不稳定时期——就像最近 50 年内大多数城市所遇到的情况那样。

　　随着全球网络的增长，繁杂的参与者之间产生明显混乱的流，因此在第二个过渡期结束后，就会出现一个多中心网络系统以解决这些问题（我将这种布局称为"网络城市"）。在这个网络中，增长看似随

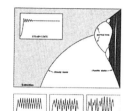

图 4-67　詹姆斯·格雷克：阶段变化图，《混沌》，1987 年

机发生，没有明确的等级或者自上而下的模式。演员之间的关系可以转换和改变，结果导致系统快速变化而且开始不稳定。

本节的最后部分将要结合前面几章提到的林奇关于城市演员、三个标准模型的论述以及我们之前讨论过的稳态空间、流动空间和变异空间三个元素，在这个粗略的城市系统演化模型基础上进行扩展。

城市演员会反复地对一些工具进行组合和重组以构建他们自己的行为模型。稳态空间、流动空间和变异空间就是演员在三个城市模型和过渡期中使用的三种工具。就是说，在三个标准模型中的演员把这三种元素当作稳定状态和度过两个创伤过渡期的组织辅助工具（从建筑城市到电影城市，从电影城市到信息城市）。这两个过渡期分别涉及偏离变异空间和幻象变异空间。

1. 稳定状态：建筑城市：格雷克的第一阶段

格雷克的序列开始于围绕单中心进行自组织和生长的"稳定状态"。用城市术语来讲，这是范·杜能（Von Thünen）中心地理论城市模型（在第一章中讨论过）（图 4-68）。欧洲环状增长的建筑城市属于这类，比如巴黎，间隔性地拆除城墙提供更多的增长空间，像龙虾脱皮一样。这种城市可以表示为 E/A+H1，其中 H1=（D+I）。在各种文化模型中，城市子元素都被安排在中心稳态空间的周围，如阿兹台克的神庙场地、希腊和罗马的集市和论坛以及伊斯兰清真寺、中世纪欧洲大教堂的广场等。在第三章中，从中国、希腊和罗马的街道和庭院住宅，到中世纪伊斯兰和西欧的非透视组合式住宅及其尽端路系统，我们已经见过这类城市的各种居住模式和多功能肌理。我们还注意到了维京人在欧洲建设的联排住宅。

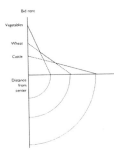

图 4-68　保罗·克鲁格曼：范·杜能的中心地理论模型示意图，《自组织经济》，1996 年

在研究稳态空间与流动空间关系转换的过程中，我们把重点放到城镇广场和与其连通的街道上。我们还发现在稳态空间和与之相连的流动空间的"稳态"增长阶段还包含几个子阶段。从欧洲中心论的角度看，这些稳定状态阶段包括前古典时期（埃及、中东、中国、日本、印度和中美洲，阿兹台克神庙等）、古典时期（希腊、罗马等）、维京和哥特时期，以及伊斯兰入侵时期。"稳定生长"的历史在西欧中世纪（围绕地中海的贸易和新城镇）、意大利文艺复兴城邦时期和因透视的发展而重塑了稳态空间与流动空间关系的欧洲大陆巴洛克时期一直持续。这里我们注意到罗马为了发展旅游而出现了网络城市模型——多中心及其间的拉伸式线性空间——预示了单中心城市系统在欧洲启蒙运动中被打破（在第三章结尾讨论过）。H1 变异空间以城市单细胞的尺度植入到这个城市系统的肌理中。小尺度的 H1 变异空间在城市肌理

中容纳变化、疾病和各种扰乱；排他性的大尺度结构物，比如城堡和城墙（H2）或大教堂和清真寺（H3）等，仍然承担系统稳定器的功能，承载着演员实现控制或自由的乌托邦理想。

城市组织的"稳定状态"起始于小规模城市定居点网络（图 4-69）。就像我们在第一章中见到的，科斯托夫提到在古代和中世纪时很少有超过一万人的城市。定居点逐渐发展，形成了从小聚落到村庄、城镇及城市的等级体系。这种等级网络结构有它的局限性：考虑到当时的通信水平，城市的规模超过单中心能够控制的能力时，城市就会分离。这种情况下，最初的 E1 稳态空间并不会简单地随着新系统的形成而消失，而是依旧存在并与其他组织形态进行竞争。例如，各个大中心之间的陆地连接保持不变：小型次级城镇、村庄和聚落始终充当着层级网络中的一级"组织层"，成为城市在发展和偶尔组装过程中的一个功能层级。

如同我在第三章讲到的流动空间和稳态空间的关系简史，在法国和美国革命的过渡时期，革命演员为了体现新城邦国家的世俗价值观，对多中心巴洛克式的象征性稳态空间和流动空间展示系统进行了重新编码。新编码创造出新的城市系统，采用方格网道路作为基底，如朗方的华盛顿规划或拿破仑的西巴黎拓展规划。

图 4-69　大卫·格雷厄姆·肖恩："稳定状态"示意图

2. 被干扰的稳定状态：第二类变异空间：格雷克的第二阶段

在格雷克的第二阶段（应用于城市理论中），偏离或惩罚变异空间（H2）替代危机变异空间（H1）成为主导。虽然，危机变异空间与偏离或惩罚变异空间都是通过包容变化来维持总体系统的秩序，但二者有本质的不同；前者（H1）存在于城市肌理中的任何地方，而后者（H2）则既可能被移到城市的外围，也可能被放在城市核心的中心位置。福柯在他的"异质拓扑学"中指出了这种地理上的转换。他认为墓地从教堂庭院迁移到城市外围的郊区，并在这个过程中变成花园或公园，就是一个这样的例子。更进一步，工业革命导致更大的组织容量、更大的城市片段以及变异空间的规模跃迁（从 H1 到 H2）。和社会发展的趋势相一致，城市变得更加专业化，人群被分类和隔离，商品、思想和信息可以更快、更精准地进行交流。

福柯选择边沁的圆形监狱来象征偏离和惩罚异托邦（H2）。这个选择意味深长，因为圆形监狱细胞围绕着中心塔里隐藏的"权力之眼"，完全反映出范·杜能中心地理论中的环形组织。福柯写到，尽管伽利略尽了最大的努力，空间还是拒绝同质化，留给后代人的依旧是"彻底的谜题"。旧的封建等级权力结构和精神秩序机构存活下来；这种社

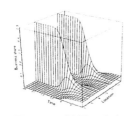

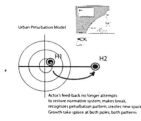

图 4-70 保罗·克鲁格曼：阿兰·图灵的环形脉冲发展模式示意图，《自组织经济》，1996 年

会的和概念上的"树型"组织装置并没有一夜消失，而是留下来成为新系统的中心地模型，阻止系统扩张并限制穿越中心的活动。在欧洲，尽管流动空间在技术上不断升级和扩展，圆形监狱和花园城市模型的环形放射等级系统依旧起主导作用（图 4-70）。如巴蒂（Batty）和朗利（Longley）在《分形城市》（1996）中指出的，这种强有力的树状等级系统结构保证了同一种基本模式（环形放射状布局）在几个层级自上而下地重复，但同时又为地方差异性保留了空隙。

福柯强调了偏离异托邦（H2）的转型力量，例如边沁的圆形监狱，在那里专业人士对那些不符合现代社会正常行为规范的人进行"补偿性"管教。演员在旧的引力中心外围找到新空间和自由来进行新空间布局，发展新的形态学和类型学，重组流动空间和稳态空间来安置他们的活动。圆形监狱后来的版本体现了流动空间的特征：在多层的牢房建筑中，长长的顶部照明通道从监狱长的中央控制室辐射出来。这种环形放射状的规划还可以用在医院、精神病院、博物馆、大学和城市中。这种布局使人们被分类并处于中央控制者——中央协调点——的视线监督之下，其逻辑与稳态空间围墙外面流行的"扩展的"均衡空间逻辑背道而驰。在墙的里面，有过量的秩序和纪律；在外面，人们面对城市的混乱，希望在变革后的工业城市中可以"自由"选择无限开敞空间，其代表就是塞尔达的方格路网或者《明日的田园城市》中的网络图。

H2 偏离变异空间在旧城边缘的扩展标志着以缓慢的渐进式增长和渐进式空间"植入"为特征的稳定状态系统的崩溃。霍华德的图示表明，先前嵌入城市肌理中的 H1 危机变异空间内的许多功能，随着城市的扩大，转移到城市的外围地区。比如医院、监狱、屠宰场、工厂、精神病院、大学、孤儿院和寄宿制学校作为独立的城市片段迁移到了环绕母城和卫星城周围的绿带中（图 4-71）。最终，这些模式也被应用在城市中心。H2 变异空间和流动空间占据了主导地位，促进了工业城市的出现。这就是塞尔达生活的林荫大道、铁路和通信系统提速的时代。

欧洲港口城市以及全球贸易和殖民地网络成为最强大的 H2 变异空间，不断地改变着封建城市。港口和殖民地的演员逐渐发展出新组织模式来应对、加速和分类日益复杂的全球流。流动空间为这个过程提供了必要的线性管道。廊道和拉伸式流动空间中的船和其他交通工具是这个系统里移动的变异空间元素（回想一下，福柯认为船是"最卓越"的异托邦）。从码头开始，然后是铁路和货场，提供了中心集聚的旧系

图 4-71 大卫·格雷厄姆·肖恩：偏离变异空间移民到城市边缘

统与全球尺度流动的新系统之间的交互界面。

　　在第一章中我们看到：克鲁格曼描述了紧邻范·杜能中心地理论的第一个中心两侧出现两个次中心。其中一个次中心变得繁荣而另一个则停滞不前，跌入了它的孪生兄弟和老中心的"阴影"之下。这种双次中心布局是我们熟悉的模式：老城镇引力中心两侧经常会出现一对城市，但是细微的差异赋予某个点初始优势，从而导致非对称和不均匀发展。这种差异随着时间的推移而逐渐放大，结果形成了典型的双子城市现象（两个健康的中心和第三个挣扎的中心）。这些细微的差异并没有被机器城市摧毁，反而在城市演员为了生存和娱乐而挖掘其优势的过程中得以放大。

　　图灵关于单中心经历扰动形成双中心的双支发展模型考虑到了轻微干扰的影响，从而解释了双中心系统是如何形成的。对于图灵来说，这是多中心系统发展的第一阶段——在环形（单中心）城市中建立反馈和嵌入增殖系统。其实，这个孪生系统能够形成主要是因为多中心系统从一开始出现就失败了。失败的部分原因在于受到社会和城市等级制度支持的城市主导演员抵制变革。

　　地貌上的细微差异和气候扰动也会增强两个次中心在功能性和地方性上的差异，帮助一个次中心占据主导地位。比如在伦敦，盛行风向和污染工业的区位意味着城市西边成为政府和高收入阶层的消费区，而东边成了工人阶层的生产区。幻象变异空间（H3）——剧院、商店、商场、画廊以及百货商店和电影院——聚集在城市的西端。在东端，惩罚变异空间（H2）围绕着巨大的东、西印度码头综合体（19世纪初）凝结而成一个小型工业城市。巴黎虽然缺少伦敦的港口，但是同样有盛行风，也同样形成不对称的布局。当工业迁出城市或者污染变少的时候，这种布局在两个城市中都被淘汰，取而代之的是城市里的棕地更新。

　　简而言之，动态和双极的H2惩罚变异空间网络系统作为引力中心出现在老城的边缘和中心地区标志着城市发展历史出现了一个过渡期分叉点：加速流模型的出现打破和替代了古代"稳定状态"模型的主导地位。正如我们看到的，像边沁的圆形监狱微宇宙案例一样，港口城市发展出线性二元代码。机器城市模型中的演员就使用线性二元代码来分类、构建和识别城市流和子元素。比如摩天大楼，作为一个强大的分类机器，把大量房间压缩在垂直的机械流动空间周围。历史表明，这类工具对于信仰城市转变为现代工业城市（机器城市）具有强大的作用。

3. 线性动力和电影城市：格雷克的第三阶段

H2 变异空间为演员在第三阶段获得稳定和成功提供了关键工具。概念模型和组织实践活动被安全地隔离在城市边缘机构中进行试验。证明有效的概念和实践会被当作"科学的"公式和一种异托邦网络系统，大规模应用在城市中。这些变异空间改变了城市，加速了信息系统，从而促使新模型扩散。曾经的特例随着时间的变化变成了新的规则。

塞尔达关于"科学城市主义"的定义对欧洲、美国和日本等工业国家的城市转型起到巨大的作用。这个转型以第一次世界大战为界限分为两个阶段。在第一个阶段，设计师的目的是改革早期工业革命形成的混乱城市。第二个阶段的目标是将分类和序列的逻辑以及日新月异的科技（比如电影院、电话、打字机和无线电）动力融合起来建造新工业城市。城市改革者如英国实业家吉百利（Cadbury）（他于19世纪为自己在曼彻斯特的巧克力工厂外围建造了供雇员居住的伯恩威尔住宅区）属于第一代设计师；而20世纪早期的建筑师，如勒·柯布西耶和密斯·凡·德·罗则属于第二代设计师。

"科学城市主义"的概念使得工程师、建筑师和城市规划者能够将微型惩罚变异空间中发展出来的模型像边沁的圆形监狱一样应用于包括整个城市在内的更大的系统。科伊在《现代城市：19世纪的城市规划》（*The Modern City: Planning in the Nineteenth Century*）中写道，奥斯曼和阿尔方在巴黎的规划代表了这种倾向。他们试图创造一个"城市机器"，具有清晰专业化功能的稳态空间（例如西岱岛安置了中央政府、法院和巴黎圣母院）由沿着长而笔直的多车道林荫大道铺设的通信线路相互连接起来。这些专业化稳态空间和多通道流动空间等元素组合起来形成一个系统，对城市地域范围内的所有功能进行分类，并且像塞尔达所说，还会形成一个延展的城市腹地——"城市化的郊区"，支撑和哺育工业城市。

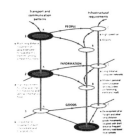

图4-72 斯蒂芬·格雷厄姆和西蒙·马文：电子旁路与媒介层《破碎的城市》，2001年

拉伸式流动空间，不论是城市的林荫大道还是城市腹地的铁路，都是形成网络系统的必要元素。外围新中心依靠廉价的土地、新的设施和更健康的环境成为吸引点；同时，原来的老中心凭借稠密的多样化人群、专业化和机会（社会的、经济的和文化的）依然具有吸引力。流动空间充当了两个吸引点——中心和外围——之间沟通的渠道，加速交通和通信，绕过一些社区而优待另一些社区（图4-72）。在流动空间中，不稳定和流动是持续性的，需要特别关注"补偿性"的协调、分类和秩序。系统中因此发展出一种公制时间文化，作为一个整体贯穿城市和社会，在整个系统中产生纪律和协调。长距离通信、物质和

信息的物理位移像过去每天读报、从邮局接收两封信一样变得像越来越普遍。如福柯所说，在由机器定义的新"扩展"或宇宙空间系统中，过去的"安置"系统退化为一个临时停顿场所。

设计师通过压缩稳态空间和拉伸流动空间创造出一个工业网络城市，并呈现出多种形式——节点之间的指状城市、网格城市、星形放射状城市——与中心地理论所描述的早期单中心环形城市相互作用。塞尔达喜欢在新城市中采用方格路网。在巴塞罗那规划中，他采用方格网道路系统将城市老中心和郊区居民点连接起来。方格网道路系统在美国和殖民地的开发中非常流行，但在欧洲就没有那么普遍了（在这个方面巴塞罗那是个例外）。如艾比尼泽·霍华德在《明日之田园城市》中围绕着中央枢纽呈环形放射状的新城所示，即便是在最激进的改革情形下，传统中央等级模式依然存在。

塞尔达的巴塞罗那规划，在港口、公园、火车站、兰布拉斯商业街等地方布置了专业功能稳态空间。这些元素作为城市局部变异性装置，连同消防站、澡堂、医院、监狱、剧场和歌剧院等，将城市划分成不同的功能区域。这些地理差异为塞尔达的新型住宅街区系统植入了一种渴求交流与连接的欲望和动力。与豪斯曼时期的巴黎一样，巴塞罗那老城一直被视为空间发展的障碍，现在则被转化为行政和文化等功能（与之相伴的是通过新建道路拆除尽可能多的中世纪"贫民窟"）。

国家街道，例如拿破仑的巴黎里窝利街（1808）、纳什的伦敦摄政街（1810）和辛克尔的柏林林登大道（1820）等，承载了典礼活动以及通往新郊区的新公共空间等功能，成为一种专业化流动空间（图 4-73、图 4-74）。后来林荫道和铁路又控制了城市的商业流。旧的建筑城市作为吸引点依然存在于新的电影城市网络内，但是明显阻碍了人流、物流和信息流的自由流动，其内部的贫民窟充斥着不安因子。正如我们在第三章提到的伦敦 A2 流动空间，这种情况导致城市交通基础设施日益复杂地沿竖直方向发展，并最终随着林荫大道遍布整个城市网络。随着时间的流逝，这些曾经是例外的布局变成了城市发展的标准模式，比如近现代工业城市郊区的有轨电车街区[①]。

流动空间作为城市演员之间的象征性中间体统治了电影城市，在

图 4-73　约翰·纳什：摄政街，伦敦，1811 年

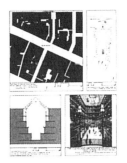

图 4-74　克利夫兰拱廊，克利夫兰，俄亥俄州，1888~1890 年

---

① 纽约的 A2 海洋公园大道即为典型代表。弗雷德里克·劳·奥姆斯特德和卡尔弗特·沃克斯于 1870 年代设计了海洋公园大道，其道路、公园和铁路系统形成从布鲁克林到大西洋沿岸郊区新指状发展骨架。

通用空间坐标系统中充当着连接各个场所的线性组织工具。稳态空间作为存储的场所、单功能系统或者休息的场所，是流动空间的附属。变异空间也一样是附属空间（它依然容纳被主导秩序的逻辑关系排除在外的人群、活动和货物）。我们可以把这个关系表达为电影城市等于 A2（流动空间），主导或"超过"E2（稳态空间）加 H2（异托邦）：Cine Città = A2/（E2+H2），这里 H2 = D/I（偏离或惩罚变异空间）。

在流动空间主导的同时，位于通信和交通系统节点上的压缩式变异性稳态空间在工业城市内部各种活动的分类、序列化和秩序化过程中也扮演着重要的角色。演员在这里面发展出自组织技术和反馈系统来应对和临时存储每天从周围地区和全球网络流入城市的人流、物流、信息流。例如在 19 世纪，工业城市的职员和秘书的数量激增。他们维护组织的总账和账户余额，并利用统计信息监控这一系统的表现和效率。书面记录、归档系统、参考文献图书馆和研究型办公室等都是这个专业维护系统的组成部分。

演员们参与到维持系统总体平衡的反馈回路中，在其中发展出自己的建筑学、建筑类型学和城市形态学等来满足自身的功能需求。19世纪的国家城邦在现代化进程中出现了专业化建筑原型，比如工厂、百货商店、商场、赌场、股票市场、公共图书馆、大学、议会等等。摩天办公楼则象征着机器城市中反馈机制的重要性。

到 20 世纪初，全球已经形成了工业城市等级网络。其中伦敦和纽约是居于首位的控制和命令中心，次级城市包括巴黎和芝加哥，此外还有具备专门功能的第三级城市。正如科斯托夫所说，这些专门化城市有时候作为生产的场所（港口城市、工厂城镇、磨坊小镇等等），另一些时候则作为休闲的场所（SPA 城、度假村、海滨城镇、休闲中心、美国的国家公园等）。

塞尔达和早期的城市规划师等第一代改革者想象的是一个笛卡尔式系统。在这个系统里所有的空间都是均质的，因此网格里的每个点在潜质上都与其他点无异。机器城市模型将普遍空间的概念与牛顿的作用与反作用力、惯性定律、力和万有引力等概念结合起来。按照这样的"科学"思维，流动空间应该起到调节两个吸引点之间的能量流的作用，以使一个吸引点的规模大体上与它的引力容量成正比（图4-75）。国家资助建设的街道系统代表了新的公共流动空间，比如被奥托·瓦格纳（Otto Wagner）在《现代建筑》（*Modern Architecture*）（1896）中称赞而被卡米洛·西特（Camillo Sitte）在《城市规划的艺术原则》（*Town Planning on Artistic Principles*，1889）中猛烈批判的

图 4-75 SOM 建筑事务所：纽约天际线中的自由塔，2004 年

维也纳环形大道。

第二代现代"科学城市主义"者继承了第一代所有的形态学和类型学，但是他们试图打破拉伸式流动空间与城市之间的联系。CIAM 设计师特意将住宅肌理从城市中分离出来形成独立于快速交通通道的居住街区。他们将城市的新公共空间与新稳态空间和替代了传统城镇广场的管理区隔离开。城市的全部功能都被布置在单一专业化的功能稳态空间和交通流动空间中。

勒·柯布西耶以及许多现代主义者继承了传统学院派的城市等级观点。到 1932 年为止，勒·柯布西耶的光明城市仍然只有一个城市中心，一组摩天大楼象征着对城市的管控（一个巨大的向心流动空间导向这个综合体），城市的另一极由工业综合体构成。在重建圣迪耶(St. Dié)（1945）的方案中，勒·柯布西耶再一次使用了这种轴向流动空间的设计手法，把河流一侧的城堡 – 教堂和另一侧的火车站 – 工业带联系起来。（他用一条公路轴线替代传统的城镇主街，然后又在一个由巨大停车场屋顶平台形成的市民广场上设计了一条步行轴线。）

在机器城市中，稳态空间作为单一功能的专业化自组织 E2 场所，在他们的占有者、拥有者或者操作者的保护下存活下来。以前的耕地分界线成为了现在的用地框架，为居住、工业或者商业区的开发提供了边界。农村及其主街可能会被蔓延的都市吞并，变成地方次级中心，比如伦敦的汉普斯特德和纽约的格林威治村。随着城市的边缘逐渐向农业地区扩展，城市功能变得"亭子化"并被安置到专业化建筑中，彼此相互隔离（见第二章）。从这个趋势来推断，CIAM 运动的现代主义改革者似乎预见到城市将变成由快速路联通的一片片孤立的摩天楼群和板楼街区。但事实上，战后的城市"亭子化"则呈现出一种完全不同的形态。

我们在第三章讨论过的哑铃状购物中心就是双极机器城市（建立在流动空间基础上）的微缩版，是一种郊区次中心 H2 的发展模型（图 4-76）。环绕这些次中心的是由独立式住宅构成的居住稳态空间组团。这些位于郊区，彼此隔离的"亭子"在大地景观上低密度蔓延。我们以前提到过，在城市中心，摩天大楼围绕一个垂直的线性中枢（armature）组织空间，把大量细胞压缩进小小的 H2 基底中。摩天大楼应该与边沁的圆形监狱并列，同样都象征着现代城市的分类机制。

网络城市中后来发展起来的辅助通信系统——并非 CIAM 预测的巨型尺度的物理互联——跨越庞大的殖民地网络，帮助城市演员协调彼此之间的活动。这些系统是连接穷人和富人、都市和殖民地、中心

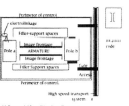

图 4-76　戴维·格雷厄姆·肖恩：哑铃状购物中心的稳态空间和流动空间示意图

和边缘、城市和乡村、消费和生产所必需的。辅助通信系统曾经以语言交流的方式出现在建筑城市中，尽管在技术上没有那么强大。在机器城市中，电报、电话和打字机使通信变得机械化，同时施加象征性干预和代码。先是摄影，然后是电影，用机械化方式创造出世界的图景，为演员提供更多的机会来构建视觉代码和视觉干预。不断提速的机械化通信流动空间不可避免地会绕开一些稳态空间，即那些没有足够资金获取初始新技术费用的地区（这个现象一直持续到今天，比如穷人就享受不到高级的网络条件，甚至根本没有网络条件）。

幻象变异空间在电影城市中扮演着次级角色——次级，是相对于技术化的移动和通信流动空间的首要重要性而言——它通过非强制性普及与休闲娱乐相关的标准来规范社会秩序的作用仍然十分重要。如本章前文所述，透视、摄影和电影意味着视觉、镜像和内省的机械化。现代媒体通过强大的力量向消费者推荐新身份、新生活方式和新潮流，消除他们面对大都市的复杂与流动而产生的存在焦虑感。瓦尔特·本杰明（Walter Benjamin）将纷繁复杂和大起大落的现代生活方式所导致的焦虑和人们对包括金钱和社会名望等外部弥补性符号的追求联系起来，把商场、百货商店、林荫大道和世界博览会等场所归类于新兴城市中产阶级的展示空间。福柯的分类与本杰明有所不同，但是也把世界博览会（连同现代戏剧院和电影院）归类于一种幻象异托邦。

我们再次注意到在电影城市中产生的过渡性变异空间。工业革命后有一部分危机变异空间（H1）依然存留于城市肌理中。比如掀起了工业革命的"家庭手工业"，直到19世纪仍然能成功地与机器竞争。事实上，他们现在仍然存在于发展中国家（比如在服装业）。我们也应注意到电影城市就是以幻象变异空间——电影院，一个集体娱乐的场所——来命名的。线性秩序形成了电影城市的组织结构；电影院暗示着消费的重要性（被通信加速），也暗示着电影院自身（和相关的科技）能够创造非透视蒙太奇的新型非理性规则。

4. 被扰乱的二元动力：第三类变异空间：格雷克的第四阶段

如前文所述，克鲁格曼在"双城"布局研究之后继续用图灵发明的数学公式来解释多中心的出现。图灵假定从旧城原始核心放射出的时间和空间增长脉动控制着城市外围的生长方式。卫星城则有各自的动力；一些变得繁荣另一些变得衰败。这样的例子在伦敦真实地发生着，一些新城（如西北的米尔顿·凯恩斯）变得繁荣起来而另一些（如东北的新城）则在挣扎中生存。考虑到机器城市的双极关系，这些卫星城的成功或者失败主要源自于地貌、区位和气候上的微小差异。

通过补偿性措施为新城建立一个公平的竞争环境会导致所有新城同质化（例如战后的瑞典），所以隆德学派等城市地理学家特别强调差异的重要作用。隆德学派的拥护者认为应在高密度、紧凑的节点里聚集专业服务来加快节点的发展。他们强调，尽管通信网络越来越快捷，但是人们对"氛围（milieux）"的需求仍然会增加，因为人们需要面对面的会见和简单的交谈。这些环境氛围应该有良好的交通联系和高速媒体连接，以便促进网络中的反馈。

根据隆德学派的观点，创建环境氛围的关键工作是数据处理和模式识别，即理解流并发现流的关系（"场地"）。幻象变异空间通过构建虚拟和概念性的"镜像－空间"反射外部环境并为逐渐出现的新模式建立模型，从而促进环境氛围的形成。幻象变异空间是一种允许演员在不冲击整个系统的情况下进行实验，并为演员提供放松和自由感觉的场所。他们也因为其速度和灵活性而从城市中分离出来。这种分离在文艺复兴和巴洛克剧场的舞台布置中已经有所反映，在工业时代因为机械化的作用而更加被强化。随着数字时代的开始以及电视、电话和个人计算机等微型通信设备的出现，作为城市加速器的幻象变异空间本身也开始进行自我加速（图 4-77）。

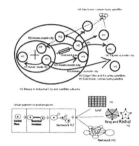

图 4-77　戴维·格雷厄姆·肖恩：幻象变异空间的媒介和增殖扩散

尽管理论上可以在任何地方为新兴模式构建模型，比如"数据天堂"或者"计算农场"（即国内外的计算机数据存储银行），但这个过程所需要的技术操作者偏爱居住在城市或者都市蔓延区中。为了吸引这些操作者，大型跨国集团把各类变异性环境氛围（milieux）集中在一起，形成引力中心，以抵消电影城市和信息城市的分散趋势。老城中心、二级中心以及"边缘城市"和卫星城因其信息化环境氛围而得以巩固。信息控制论在大型尺度、中型尺度和微型尺度上都冲击着网络城市，大型主题公园和大型商场只是信息控制论的冰山一角。高度商业化的拉斯维加斯赌场在文丘里、斯科特·布朗和艾泽努尔等人研究过的 1960 年代现代主义城市化阶段，以及作为行人友好、伪城市和图境村庄式环境的后现代形态阶段，都是这些 H3 变异性工具中极其成功的实例。这种在中心城市和旅游城市中出现的多功能混合使用的变异性流动空间和稳态空间打乱了机器城市的专业化功能分区（即 1933年 CIAM《雅典宪章》的现代主义者宣言；见本书第一章），他们创造出的新型吸引点很难在其他地方复制（图 4-78）。

图 4-78　缅因街街景，塞拉布雷逊镇，佛罗里达州，2000 年

H3 幻象变异空间在一些全球城市网络战略性节点中的成长标志着城市"双极"系统及其间脉冲式增长的崩溃。这些变异空间出现在城

市中心（比如节日集市）、边缘（如休斯敦的商业街廊等大型商场）和作为系统基本细胞的个人住宅（比如 West 8 设计的阿姆斯特丹婆罗岛的迈克别墅）中，处理和存储那些使分散城市高效运转的巨量信息流和图像流。

5.多中心网络城市：信息城市：格雷克的第五阶段

格雷克自组织增长的最后一个阶段是在多元模型、节点以及系统的增长、稳定与萎缩之间转换的"混沌系统（chaotic system）"。

通信革命带来的灵活性使得 H3 变异空间引发城市密度增加和持续低密度扩散同时进行。城市演员在融入全球网络合作过程中对建筑城市和电影城市进行了部分修复。新兴的网络城市允许个体自下而上的反馈，定制个人表演空间和环境，实现个人叙事；也能够实现大众市场产品自上而下的经济分配——这种方式如今已经成为我们生活的基础。这种双重结构得益于不断发展的信息革命。信息得以在整个系统中广泛传播，使得任意一点的城市元素可以随机组合（必须要根据地方条件调整）。设计者使用的分形模式和标准化设计方法（如艾比尼泽·霍华德的自上而下等级化的花园城市图示）现在被打破了；每个元素都可以从现成的元素中定制。形态学和类型学研究作为"混杂（hybrid）"的思想源泉再次被重视，也变得更加灵活。

在网络城市的个性化叙事和定制化形态生成过程中，两个对立的空间状态——开阔空间（openness）和高密度（density）——被凸显出来。这两种空间从前在电影城市中都出现过，但是现在他们不再因为受信息的限制固定在传统空间区位上。这两种空间状态可以出现在任何地方。

在城市中心区出现开阔空间可能是由于公众的集体无意识、经济发展状况（比如美国的底特律）、战争（比如贝鲁特和萨拉热窝），或者自然灾害（飓风、洪水、龙卷风等）等原因导致。也可能是为了纪念一次刻骨铭心的悲剧经历而建造的纪念性场所，城市演员在那里以自上而下或自下而上的方式重塑城市。还有可能是在各方声音不完美对话过程中形成的场所（一个充满诟病版本是 911 事件后的纽约，即 2002 年夏在雅各布·贾维茨中心由 Imagine New York 赞助的 5000 人征询活动）。

开阔空间的形成取决于管理者在决策时倾听和处理多元声音的能力，同时也推动了城市的进一步蔓延。开阔空间依赖通信系统的扩展。随着通信系统的延伸和机动化的发展，富人和穷人现在可以超越传统城市地域的限制，居住在遥远的地区，过上移动和迁徙式的生活。

第二种状态是以前所未有的高密度实现新的压缩和围合。这是因为信息系统的计算能力日趋强大，使得演员能够在大尺度上设计和管理复杂情况。强大的计算技术使演员可以在庞大的信息网络中追踪多元个体叙事线索，编织成个性化信息流网络（例如工作或娱乐交通）（图 4-79）。

图 4-79　纽约一景，新愿景会议厅，纽约，2002 年

高密度和紧凑发展使得网络中的巨型节点能够充当变异性吸引点，与信息城市网络所引发的蔓延和扩散形成鲜明的对比。在对从前的公共活动进行私有化以及对机动化、旅行和开放（或至少是多孔的）空间的投入，产生了巨大规模的流动人口。他们根据季节、就业模式和收入的变化，从一个巨型吸引点流动到另一个。由于距离遥远以及人口的分散或转移，媒体图景（media image）——可以在任何时间、任何地点与任何人同步产生——在定义一个吸引点时变得非常重要。这些吸引点必须变成一种"控制混合体（cybrid）"——一个混合了控制或媒体的场所。于是幻象变异空间（H3）的创造者和管理者就能够根据自己的图境（scenagraphic）目的，利用流动空间和稳态空间主导城市。我们可以这样表达这种关系：信息城市等于幻象变异空间（H3）主导或者"超过"A（流动空间）和 E（稳态空间），也就是 Tele Città=H3/（A3+E3）。

幻象变异空间在信息城市中发挥基本作用，通过与休闲和娱乐相关的规则提供一个柔和的规范社会秩序的方式。这些规则是弹性的，既可以在自组织系统中通过新型有线媒体自下而上产生，也可以在传统等级体系中自上而下地产生。透视、摄像和电影以及后来的多媒体等机械化视觉力量为消费者引介了新的身份、新的生活方式和新的时尚。马歇尔·麦克卢汉（Marshall McLuhan）在《机械新娘》（The Mechanical Bride）（1951）中审视了大众媒体对美国郊区的冲击力，尤其是广告对女性消费者、家庭主妇以及郊区妈妈（居住在远离城市核心的郊区住房中难以出门）们的影响。在 1955 年迪斯尼乐园成功之后，美国的郊区购物中心开发商迅速发现了广告的力量和开发项目主题化对吸引顾客的重要性。

在第一章，我描述了塞里奥的《建筑五书》里出现的图境式流动空间，它是为特殊城市演员的布景，与林奇的三个标准模型有密切关系；在第二章，我们看到了在纽约出现城市设计和炮台公园设计的时期，这样的流动空间如何初步发挥作用；在第三章，我们注意到流动空间和稳态空间如何进行重新布局以容纳 H3 幻象变异空间。在纽约，高度媒体化和主题化的流动空间被插入到传统娱乐性稳态空间中（例

图4-80 纽约时代广场和第42大街的夜景，2000年

如第42大街），同时还经常伴随着对红灯区这样的诱惑变异空间（H2）的清除。尤其是在第42大街，幻象变异空间（H3）的重新布局常伴随着数万平方英尺摩天办公楼的建设——主要是由多媒体公司以及它们的律师、会计使用，巨大的塔楼闪耀在街道霓虹灯之上（图4-80）。随着H3幻象变异空间逐渐占据优势，郊区购物中心和多层电影院综合体不得不通过新城市主义（New Urbanist）升级街道图境来抵抗高楼大厦（MacMansions）里、汽车里和移动家庭中出现的越来越便利的媒体中心，否则将很难维持其竞争力。

信息城市依然保留着集聚的动力；不过，集聚不再出现在现代城市的两极，而是出现在各个变异性次中心。正如我们所看到的，城市设计师需要花时间跟上多媒体冲击城市的步伐，在城市垂直方向开发出新公共空间来承载多媒体影像和通信系统，吸收块茎组装的概念。扎哈·哈迪德的香港山顶竞赛项目（1981年竞标，1983年递交设计；但未建成）是早期巨型幻象变异空间意向的先驱。SOM设计的纽约时代华纳中心项目从这个作品中吸取了灵感，尤其是对塔楼基座内多种混合功能进行变异性组织和塔楼中酒店、公寓以及办公室的混合功能布局。

这些曾经是特例的布局，如今正在信息网络城市中成为标准化城市开发模式。这种转变的典型案例包括：佛罗里达州博卡立顿的米兹纳公园购物商场（H2）变成了一个开放广场（H3）（图4-81）；佛罗里达州奥兰多市的冬季公园购物商场（H2）通过新城市主义改造，变成了在停车场海洋中的一条独立的主街图境（H3）。精明增长政策仅仅切掉了城市这个巨型机器的边缘及其乡村般的图境元素，而没有动摇第一章提到过的机器城市方法论的基础。生态改革者们，比如《步行口袋》（*Pedestrian Pocket*，1989）的作者道格·凯尔博（Doug Kelbaugh），同已经习惯了低油价和在开敞空地开发的美国社会进行了激烈的抗争。

图4-81 米兹纳公园购物商场改造，博卡立顿，佛罗里达州，1992年

如我们前面所述，由于土地成本、可利用的资源、政策控制、文化偏好、时代的交通与通信技术水平等差异，造就了网络城市的不同形态。美国的城市蔓延模式不同于拉丁美洲城市：前者的蔓延由郊区和带状区域主导，而后者则是贫民窟。在欧洲，英格兰东南部、荷兰、比利时、法国、西班牙、意大利的威尼托地区以及瑞士山谷，他们的郊区增长模式都各不相同。亚洲的网络城市尽管披着新城市主义或欧洲中心主义设计的外衣，但是由于气候的原因，城市发展模式与西方差异很大。

如同在机器城市中一样，城市演员从曾经是例外情况的变异空间里学习教训——现在是 H3 幻象变异空间——并将它们应用到整个城市中。H3 变异空间能够对流动空间和稳态空间进行各种虚拟组合，将影像、信息、商品、原材料和人等各种流进行分类，为演员在网络城市系统（urban-network system）阶段的稳定和成功提供了关键装置。信息网络城市始终处于不稳定和流动状态，需要使用轻松、灵活的计时、分类和秩序化方式构建"场地"（site）关系。

信息城市中信息流主导着城市。理论上，每个细胞都可以接入更大范围的信息网络中（尽管一些网络比其他的更平等），从而提供超越早期模型的组织容量。这样的组织模式既允许信息自上而下地分配（与传统城市的"宣传"模式一样）；也包含对自下而上（一对多或是个人与个人之间）的反馈、互联网组织、消费者调查组织等响应机制。这个网络中的每一个细胞都变成了城市的一个碎片图景（fractal image），一个微型的多细胞变异性元素，容纳工作、休闲娱乐和生活安排，并快速地连接全球和地方通信交通网络。变异空间现在成为了规则而不再是例外。

6. 信息城市中变异性节点的出现

现在，我们仍然处于从电影城市世界到信息城市世界过渡的阵痛中，所以预测未来（一向不易）是困难的。然而变异性发展已经明显成为网络城市的常态之一。他们在改造传统专业化建筑，赋予其新功能的过程中表现出很强的灵活性。在信息城市中，传统的变异空间在新环境或新角色中存活下来，继续扮演过渡者的角色，在信息城市中改造建筑城市和电影城市的遗存，赋予其新功能（图 4-82）。比如，在 20 世纪 90 年代早期，伦佐·皮亚诺设计了都灵的菲亚特工厂改造工程，把它改造成为一个包含会议中心、旅馆、办公和展览厅的 H3 混合功能建筑。他还建造了一个屋顶跑道，这种方式曾经在勒·柯布西耶的《走向新建筑》（1927）中被大力推崇。伯纳德·屈米在法国弗雷努瓦市的一个旧厂房屋顶上建造了一个新媒体中心（1991~1997），并将部分旧建筑蒙上了新外壳，联通两个屋顶之间的空间。老发电厂（例如伦敦的河岸电厂在 1990 年代后期被改造为泰特现代艺术博物馆）、兵营、甚至火车站（比如巴黎的奥赛火车站（H2）在 1980 年代早期转变为奥赛博物馆（H3））都被艺术组织接手进行了改建。

我也强调过节日购物中心和主题公园所发挥的幻象变异空间的作用，以及它们在社会向商品化休闲娱乐转型过程中所扮演的先行者角色。这种转型通过改变我们日常锻炼、餐饮、卫生、休闲和性生活，

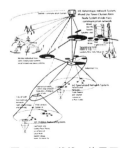

图 4-82　戴维·格雷厄姆·肖恩：网络和变异性节点

将我们的身体以福柯在异托邦研究中所预见到的各种方式融入到更大的消费和生产系统中。在信息城市中，传统城市组织形式被不断改造，充当组织装置或图景制造装置服务于商品化社会。

节日集市的成功部分源于食物，比如 1970 年代旧金山哥罗多利广场带有一座巧克力工厂，1980 年代波士顿法纳尔大厅带有高端产品市场，伦敦市中心的柯芬园一直有服务附近剧院的餐饮传统。食物、文化旅游和街道休闲是这些历史地区复兴的重要组成部分，直接表达了我们身体和感觉的欲望。区域购物商场的开发商者也希望能够复制这些环境。美国迪斯尼乐园的迪斯尼大街之上中心区旅游复兴看到了希望。也可以通过从城市各种场所中抽取建筑外立面的技术来人工创造自己想要的变异性环境，如乔恩·捷德（Jon Jerde）在《洛杉矶城市漫步》（City Walk Los Angeles）中展示的那样。

另外，我们也看到了摩天大楼作为一个多功能组织工具，使用了压缩式垂直流动空间。现在的摩天大楼开发大多伴随着封闭式购物商场流动空间，如 1986 年 SOM 在芝加哥设计的约翰·汉考克中心。SOM 也是 2000 年代纽约时代华纳中心巨型建筑的主要设计者。他们设计了一个建筑外壳，里面填充了一个庞大的综合体以及混乱组装的各种活动空间。像库哈斯设计的北京中央电视台大楼一样，这些巨型建筑看似倒退回现代主义时期，但其实它们的基础结构是为网络城市服务的。因此，它们明显属于未来的信息城市，代表了网络城市的领先优势；他们所呈现出的复杂混合的模型代表了城市未来发展的一个方向。

城市再集聚和重构的基础是反馈和自组织。信息通过通信系统广泛地扩散；智力变得分散化和去中心化。从这个意义上讲，这种状态也可以称作生态城市和网络城市。因为机器城市最初的线性自组织（及其封闭的反馈循环）已经通过演员自上而下和自下而上的催化被撬动松散，变成了一个复杂的非线性概率矩阵。

通信和交通系统的"第二属性"是协调全球网络城市所需要的"部件"的生产和供给，将其运送到全球几乎任意一个"场地"（在适宜的气候条件下）。这个生态城市，如目前所设计的，包括了工业化耕作和利用石化材料代替肥料的农业手段；农业企业扩展到了全球尺度。这个生态城市还包含城市农业和城市贫民窟内的自给自足农业（我曾经在加拉加斯见过牧场主在屋顶上养山羊）。弗兰克·劳埃德·赖特关于广亩城市的梦想也有可能实现，即在一个 4 英亩的网状城市中每个人都拥有一块自己的土地来种粮食。在生态城市中，"开阔空间"（openness）

图 4-83　迈克·韦伯：伦敦莱斯特广场罪恶之城项目，1962 年，一个早期的幻象变异空间

由于通信技术的变革而形成广阔的新边界轨迹。一些探索性新思想，比如景观城市主义，认为城市是一个增长和变化的灵活系统，它应该更易于回归到大地景观之中，只有在需要时才会有演员在普通场地上表演。它应该是像 1960 年代的流行音乐节那样的一个临时性耗散场所（图 4-83）。

根据格雷克的组织增长模式转换模型，生态城市的出现表明由于使用现代主义模型及其两种替代模式来认识信息城市而导致的不稳定和不确定的阶段已经结束。代表了从机器城市的秩序、线性逻辑到信息城市非线性逻辑的转换，并正在创造出生态城市的新模式。很明显，强大的双极模型已经走到极限。像它的单极祖先一样，它也无力处理大量信息流和多元声音，而这正是由于它自己成功地改变了世界所导致（尤其是因为建立了一个遍布全球的殖民贸易网络系统）。格雷克的第五个阶段，"混沌"增长模型，既不是单中心也不是双极模式。这两个早期的模型仍然存在，但现在的增长系统不但是多中心的，而且也是多模式和多音部的。多元增长形态理论上可以在任意一点出现，我们期待看到更多的混合体。

（图 4-84~ 图 4-89）

图 4-84　伦敦的变异性
节点

a）俯瞰特拉法加广场
1996~2003 年

b）福斯特及合伙人：从
特拉法加广场望向国家
美术馆，2004 年

c1）街道娱乐，南岸，
2004 年

c2）泰晤士河滩入口，
南岸，2004 年

d）马克思·巴菲尔德
建筑事务所，伦敦眼，
2000 年

e）从泰特现代艺术馆看
伦敦天际线（赫尔佐格
和德梅隆），2004 年

f）伦敦的分层研究，由
罗德里格·加尔迪亚绘
制，2004 年

g）福斯特事务所：瑞士
再保险总部大楼，海斯
码头购物中心，1997~
2004 年

h）千年桥（1996~2002）
和圣保罗大教堂

i）大伦敦政府总部大楼，
1998~2002 年

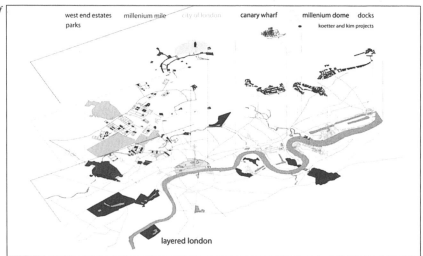

图 4-85　伦敦的变异性节点

j）SOM：金丝雀码头透视，1992 年

k）理查德·罗杰斯：千年穹顶，1999~2000 年

l）弗莱彻·普里斯特建筑事务所斯特拉福德高铁东站，2004 年，斯特拉福德城市总体规划，伦敦（大陆铁路 / 斯坦诺普 / 多层综合体 / 西田购物中心）

m）李克·马瑟和 West8：千年公园，南岸，剖面

n）West8：从伦敦眼望千年公园，南岸

o）West8：从千年公园望泰晤士河，南岸

p）马瑟：千年公园，从南岸看国家电影戏剧中心

q）马瑟和 West8：从滑铁卢桥看千年公园的夜景

r）赫尔佐格和德梅隆：泰特现代艺术馆图示

s）赫尔佐格和德梅隆：泰特现代艺术馆夜景

t）奥拉维尔·伊利亚森：气象展，涡轮大厅，泰特现代艺术馆，2003 年

u）河畔雕塑广场，泰特现代艺术馆，2004 年

v）环球剧场，河畔

图 4-86 纽约的变异性节点

a）从霍博肯看哈德逊河全貌，新泽西，2004

b）哈德逊河景观，滨河公园，纽约，2004

c）河畔南部住宅塔楼和滨河公园南延，2004

d）滨河自行车道，滨河公园，2004

e）克里斯托弗街的滨河散步道，哈德逊滨河公园，2004

f）理查德·迈耶：哈德逊滨河公园旁的住宅塔楼，2004

g）曼哈顿的分层研究，由由罗德里格·加尔迪亚绘制，2004

h1）纽约规划局，哈德逊广场开发规划轴测，2004

h2）纽约规划局，哈德逊广场开发规划区划图，2004

i）库伯·罗伯森：42 街和时代广场密度研究，纽约，1990 年代

j）SOM：时代华纳中心轴测，纽约，2003

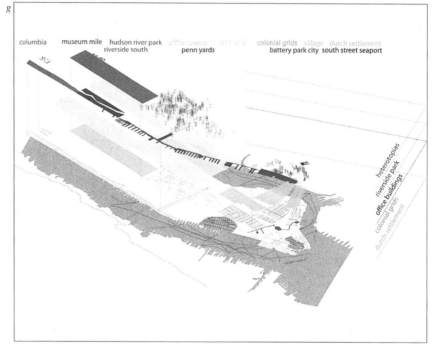

columbia　museum mile　hudson river park　office towers　1811 grid　colonial grids　village　dutch settlement
riverside south　penn yards　battery park city　south street seaport

heterotopias
riverside park
office buildings
colonial grids
dutch settlement

图 4-87　纽约的变异性节点

k1）安东尼奥·斯卡伯尼：世界人口，赛博地理学地图，2003 年

k2）斯卡伯尼：世界互联网用户，赛博地理学地图，2004 年

l）美国的光纤网络，2003 年

m）光纤有线电视网络，纽约市，2003 年

n）作为全球中心的伦敦和纽约，2004 年

o）布雷恩·麦格拉斯：《曼哈顿的时间形成》，摩天大楼博物馆的计算机生成模型，媒体大厦，纽约市

p）SOM 建筑事务所：贝塔曼大厦，1990 年

福克斯和福勒

q）路透社大厦，2001 年

r）康泰纳仕大厦，1999 年

s）伦佐·皮亚诺：时代大厦，2006 年

t）福斯特建筑事务所：赫斯特大厦，2005 年

u）西萨·佩里：彭博大厦，2004 年

汉德建筑，KPF 建筑设计所，SLCE 建筑：林肯公园

v）发展图，2003 年

w）混合使用塔楼剖面图，1999 年

x）混合使用塔楼及其裙房

图4-88 东京的变异性
节点：

a）日本火车站节点，
1990年代
b）京都车站的组织剖面
图，日本，1999年
c）建造中的京都车站，
1995年
d）京都车站北向鸟瞰图
e）京都车站公共空间的
剖面图，1996年
f）京都车站公共空间的
剖面图，1996年
g）从高处向东看京都车
站公共空间，1999年
h）低视角向东看京都车
站公共空间，1999年
i）从京都车站屋平台看
山，1999年

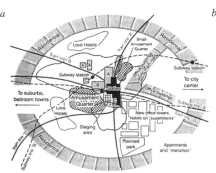
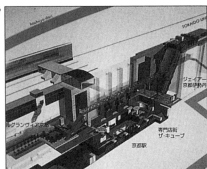

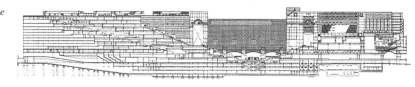
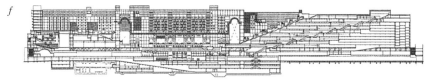

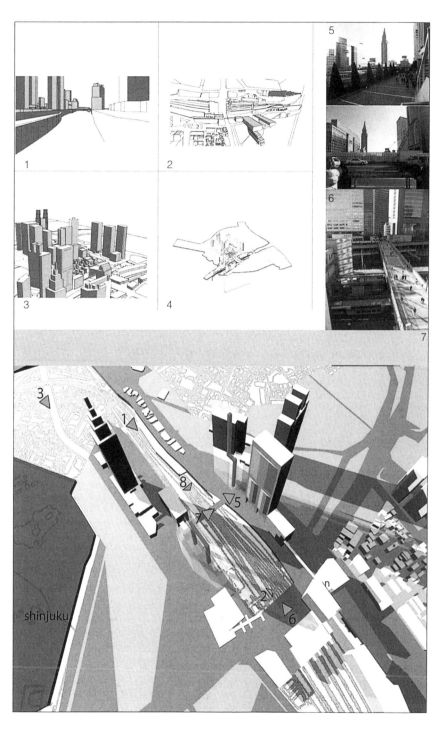

图 4-89　东京的变异性节点

1）通往新宿站的火车，2004 年。来自罗德里戈·加尔迪亚·Dall'Orso 的计算机动画，2004 年

2）看向皇家宫殿和公园，东京市中心

3）丹下健三：包括高楼大厦和网格状路网的新宿总体城市设计，1980 年代

4）新宿节点及行政边界，2004 年

5）南部平台及远处的帝国大厦，2004 年

6）从时代广场公寓楼看向大桥，2004 年

7）新宿的分层图，来自罗德里戈·加尔迪亚·Dall'Orso，2004 年

结论
变异空间、网络城市和重组城市

这么多年以来，很多学生问我为什么这么强调"变异空间"。既然"变异空间"是特例，那是不是就没那么重要？

恰恰因为变异空间的例外性，使它成为一个观察城市的绝佳窗口。这让我重新定义了福柯关于异托邦的概念以使其能应用于当代城市。由于社会结构发生了根本性转变，幻象变异空间现在变成了后现代城市的新常态。我将通过充实我的观点和介绍三个主要的世界城市案例（和一个蒙特利尔的小露台）来结束本书。这三个案例能够更好地解释块茎组装，供城市理论家、城市设计师和建筑师思考。

一个人能否控制整个城市或者环境，是区别现代主义设计师（他们确信这一观点）和后现代主义设计师（他们不同意这种观点）的根本标志。我对从1970年代到1980年代的现象解释是：当时的结构主义和理性主义设计师试图建立一种包括所有传统城市元素在内的城市建筑语言，如同牛顿法则用简单的规律解释整个宇宙——所有的东西都围绕着一个不容置疑的控制权而组织。从1980年代到1990年代，后结构主义和解构主义设计师们指出这个模式的核心疏漏，并且清晰地表达了这种模型从边缘到中心对整个城市地域带来的后果。

对这一事实的揭露带来的主要后果就是城市总体规划和总体规划师们失去了立足之地。城市有多样的自治系统，每个系统都有自己的逻辑。这种复杂性意味着没有人能掌控城市的一切。结果就是在1990年代，边缘、大地景观、边缘城市、流系统和反转城市等领域成为学术研究的主流。

事后看来，后结构主义和解构主义者把城市描述成一个充满混乱的竞争系统是正确的。我们也可以看到，这种混乱的局面有其自发逻辑。这些逻辑源自设计系统的演员，他们在广阔的城市地域内活动，完全不用考虑其他人的意见，每个演员都把自己的系统作为一个新图层叠加在原有的地形、历史结构和大地景观之上。结果就是演员和自己的小系统在流和私人动机的大系统中形成了"意大利面"般混杂状态。

它们在所经过的任意路径上，通过复杂的反馈机制进行交互作用。每个演员在思考和处理那些普遍的城市问题——土地和资产、贸易和市场份额、社会和政治地位等——的时候都遵从自己的逻辑，从而创造出一个高度混杂的城市生活世界。面对其他演员的竞争，每个演员为了在竞争中占据一席之地，都会形成自己的优先混合并设定目标。

由多元演员混杂关系构成的城市，只会产生具有地方秩序的碎片，而不会产生明显的总体协调机制。一个城市演员可能会控制环境的某一部分，而另一个演员会处理碎片之间的流；他们之间可能有（也可能没有）交谈。

城市规划师力图自上而下地想象城市演员间的对话，并按照演员的需求来创造城市的结构。然而，同处一地的地方演员和全球演员会根据自己的逻辑创造出各自独立的沟通线索，锻造出片段和稳态空间之间的生态关系，规划师采用大尺度数学模型分析交通流和人口统计很难模拟这些情况。演员的地方生态关系可以把碎片连接到更大的系统里——一个网络、一个星系或者一个群岛。今天，这样的织补系统工作高度依赖石化燃料和电力设施驱动的交通和通信（包括交流）系统。当代城市演员利用迅捷的通信系统将网络城市叠加到旧的城市系统之上，覆盖整个城市地域。这个叠加的系统也许并不那么引人注目，因为高速度的交通和通信系统把它溶解到了大地景观之中。结果就是半自治细胞散布于大地景观之中，每个细胞都有自己的逻辑和利益相关的演员。演员们利用移动组件（汽车、电话等）在秩序碎片之间运动，同时保持彼此的联络。

在这些秩序碎片之间是各种尺度的高度结构化节点，服务于多元演员，为他们提供面对面会见和谈判空间。既然在这个层面上没有单独的人或演员能发布命令，所以演员间的关系会快速转变。这种快速的关系转换具有典型的异托邦"幻象"特征。进一步说，这些用于谈判的变异性节点也是被争夺的空间，其中各种演员关系模式之间也存在着竞争。个体选择在这些空间里至关重要，它们关系到新解决方案（也可能是问题）自下而上的出现。比如，个体演员可以影响设计结果，并通过个人选择以及对标准产品的更改来改善最终产品；警觉的城市演员和公司经常审视市场以寻求新的发展机会。对于一些公司来说，不断吸纳变化和利润实验是生存所必需的：一方面，这种吸纳可以利用幻象异托邦来加速变化，这一点可能是好的；另一方面，这些演员通过剥削初始变化来获得公司利润，又可能会减弱或停滞变化。

在我们高度媒介化的环境中，所有的稳态空间都有幻象变异空间的一面——在一个真实的场所中植入一部分对自由的梦想或者无限选择的机会，从而形成地方演员控制的吸引点。变异空间的特点——多细胞结构、灵活、组合不同元素和欲望的能力，使它成为演员寻找自由感的理想工具。不同于工业革命激发的偏离和惩罚变异空间的刻板，幻象变异空间特别灵活而且容易与虚拟维度相协调，为那些对媒体展示和电话促销感兴趣的城市演员提供了有力的工具。城市旅游委员会、主题公园拥有者、商场拥有者等当代演员的城市活动证实了这些消费变异空间和幻象变异空间的大众市场营销战略的效果。

当多功能稳态空间在后现代城市地域内广泛分布时，单一功能的稳态空间已不再常见。我们现在已经能够跟上福柯 1960 年代的洞见；我们会发现异质性混合已经变成日常生活的常态。这个改变也引发了福柯的偏离异托邦（我的第二种变异空间）的复兴问题；这种异托邦的种类包括工作坊、军营、老式监狱、医院、精神病院、工厂等，它们对现代世界的生产作出了重要的贡献。最近许多设计竞赛都是围绕着这样的设施以及相关城镇的复兴进行的（这些城镇包括"萎缩城市"底特律、美国中部的"锈带"城镇、英国和日本的工业城市，甚至还有德国的鲁尔地区）。

对于追随柯布西耶和 1930 年代的 CIAM，已经习惯了单一功能分离和分类策略的现代主义城市规划师，幻象变异空间的滥觞引发了逻辑困难。那些通过代码产生暂时稳定幻象、复古透视图境的场所，并不容易归属到现代主义的门类里，除非被当成需要根除的衰败和堕落场所。区域购物中心和主题公园也被看作异类，1970 年代积极学习拉斯维加斯的思潮也受到批评；甚至对现代主义百般挑剔的林奇，也保持着现代主义规划者的全局视角，他为了帮助清除波士顿斯克利广场的红灯区，绘制了从 30000 英尺高度上空鸟瞰的漂亮草图。

1960 年代纽约城市设计小组发明了特别区，优雅地缝合了幻象变异空间与现代主义之间的裂隙。特别区作为一种工具能够容纳多元演员，提供有限度和界限的竞争性空间，容许小型变异性幻象稳态空间在其中生长繁殖。在这里可以通过规划激励手段鼓励复古风格、重新引入街廊、保护历史街区或者社区边界，响应地方演员的需求。新城市主义者使这种系统性设计方法臻于完美，并将它运用到美国郊区的巨大尺度上。在那里，大尺度标准化合作规划单元开发已成为常态。但是这种拼贴方法的阴暗面在后殖民时代"第三世界"城市中被放大了。城市移民在没有总体控制或者总体规划的情况下一块一块地自建房屋，形成了无规划的破碎吸引点。

《拼贴城市》为设计那种没有单一声音或演员能控制整体规划的城市提供了一种框架。罗和科特面临着抛弃城市总体规划所带来的一系列问题。他们发现了城市演员在稳态空间规划中的内向聚焦性，并试图在新的混沌环境中识别元素和秩序片段；他们进一步研究了这一困境的政治维度，假想在建设开放的社会和城市过程中通过开明的王子或赞助人来协调私人团体产生的片段。

批评者认为拼贴城市的政治解决方案有着与生俱来的缺陷，但他们也没有清晰地表述出一个更加民主的替代方案来解决一个没有总体规划的城市应该如何运作的问题。而这个问题很重要。正如我在"后现代设计的七个'ages'"一节（第二章）中提到的，城市演员必须做出复杂的设计策略选择：从"城镇景观"的拥护者（例如戈登·库伦）——他们提倡图境序列蒙太奇技术，到解构主义者——他们关注虚中心及新公共空间参与城市垂直分层拼贴，反转传统代码和等级的潜力。解构主义者对城市的重视能够解释为什么会出现惊人的并列体（juxtaposition）（当没有人掌管全局）；而他们对剖面的强调则形成了城市中心惊人的重组体。

块茎组装作为一种设计方法和政治策略，也认同城市处于没有单一声音主导的多声部状态。它不仅包容遵循自己逻辑的自治演员，同时也为演员之间不可避免产生的各种关系留有余地。它不仅在剖面，而且在整个城市的巨大地域空间中，为设计师提供了一种新自由来打破旧框框并塑造新组合。正如幻象变异空间可以作为一个组织真实城市场所的方法一样，块茎组装设计方法非常适合在没有城市总体规划的情况下处理那些令人惊奇的并列体。

因此，不管是在高密度的全球大都市系统节点，还是在城镇边缘充满未经规划的贫民窟和简陋住宅区中，城市演员在幻象变异空间（H3）中选择块茎设计解决方案不足为奇。城市演员追求的是空间利用的灵活性、多功能，以及工作、居住混合或工作、休闲混合的潜力。在本节结尾，我增加了两页图片来说明在伦敦、纽约和东京的几个这样的网络和变异性节点。

我想特别强调伦敦和纽约两个城市利用滨水区、码头和河岸进行的景观网络重构。这两个城市的演员重新布置网络线路以实现高速通信，更新旧的基础设施，将从前的工业区反转为后工业聚集区（比如伦敦的柯芬园和纽约的苏荷区）。与此同时，新的通信系统使两个城市的演员极大地扩展了"虚拟城市"的范围，强化了伦敦在英格兰东南部的地位和纽约在东海岸都市走廊的地位。

景观城市主义理论家，如威尼斯大学的塞齐（Secchi）和维加诺（Vigano），宾夕法尼亚大学的詹姆斯·科纳（James Corner）等人，强调大地景观的"反城市"品质，它形成了城市地域设计中的"第五立面"（维加诺），建筑被当作三维地形中的物体。增长和萎缩都可以用这个方式来处理，如最近的"萎缩城市"竞赛所表现的那样。

在这种集聚体的中心和边缘，城市演员创造出特殊的三维节点来处理密集的流以及信息、人口和产品的集聚。我曾经在第二章中强调过，这些新公共空间的垂直化和信息化特性正如1980年代解构主义设计师所假定的那样，被夹在重置代码后的城市竖向空间中。我在第二章指出扎哈·哈迪德1981年的山顶项目是一个重大突破，而渐近线工作室的洛杉矶西海岸大门项目使我们对新公共空间潜在的媒体维度有了更深入的认识。在纽约，库伯（Cooper）和艾克斯塔特（Eckstut）在1979年重置了时代广场特别区的标识系统代码，为这块区域在1990年代成为多媒体公司集聚中心埋下了伏笔；这种现象最早产生在东京新宿中心区，当时在那里出现了未经规划的电子显示屏。经过规划的行政－商业中心和未经规划的红灯区在东京南部台场区域形成混杂区，围绕着复杂的轨道枢纽发展。我对东京的描述集中于围绕这个枢纽所形成的三维公共空间，并将它与哈拉（Hara）在新京都火车站（大中央火车站的竞争对手）设计的卓越的三维入口空间进行了对比。哈拉一开始被要求提供一个小规模自下而上的设计，但具有讽刺意味的是，他设计了一个纪念碑式的总体框架。与哈拉的设计相反，围绕新宿车站的未经协调的演员和产权关系网络——包括都市区政府、小地主、铁路公司、商店组团和红灯区的黑帮——或许能够在不同尺度上为相关利益者提供更多的自由。由于缺乏总体协调结构以及演员混合，新宿车站周边形成了更多也更加惊人的块茎并列装置。

我还可以很容易地从非洲、南美洲或亚洲城市中非官方自建房行为的爆发式发展中举出块茎的例子。以委内瑞拉首都加拉加斯的棚屋为例，后来定居的建造者逐渐运用工业残料和本土材料进行奇怪组合来建造极其复杂的多用途空间，从而适应并创造出新型城市竖向空间。因为这里没有学校、医院、警察局或者市政公共设施，所以他们就在竖向空间内容纳了所有的公共功能。最后在一些出乎意料的城市演员、邻里互助组织、毒枭或者社区主导的妇女团体（关注公共安全、教育、卫生和健康问题）等人和组织的控制下，形成了新的形态。我们介绍过由West 8设计的阿姆斯特丹爪哇和婆罗岛旧造船厂区高端开发的案例，其中提到了类似的（但是经过规划的）变异性功能组合如何在新型后工业化联排别墅项目中出现（见第四章）。

块茎组装的新自由满足了多元演员、惊人的并列体及谈判与会面场所的需求。我从伦敦、纽约和东京所选取的案例既突出了反城市作为网络城市的新景观尺度，也强调了网络城市中关键性变异节点内越来越复杂的垂直空间组织。在缺乏中央规划的情况下，这两个层面都包含了由来自具有逻辑内涵的自治系统的元素组成的惊人的并列体。中央规划师的缺失摆脱了现代主义城市演员的传统关系和等级秩序，加强了后现代主义城市的多元话语体系。在前边提到过的紧密城市节点中，高层建筑的垂直开发使得人群被压缩，促进了前所未有的大规模个体交流，包括一对一和群体性（小规模或大规模）的会见。

小型移动通信设备为个体反馈和信息收集提供了一种新方式，这是一种基于掌上移动设备网络的新分类机器。这些设备使得个体能够通过地理数据卫星系统和仪表信息系统的导航在巨大的景观城市网络中游弋。移动电话能够让人们在高层高密度、多层级的步行节点中找到彼此。特权越大的人获取信息的能力越大，如《破裂城市》（*Splintering Urbanism*）中指出的。但只要是买得起移动电话的人或多或少地都参与到了新的城市矩阵中。获得信息就掌握了城市巡航的钥匙，就能以种种难以预料和不断变化的方式对演员进行分类。

同时，慢慢出现的自我监督和自我规范系统，使得蔓延的反城市和高密度节点模型可以脱离中央操控运行。旧的控制系统（监狱、警察等）依旧保持强制力，但因为过于粗糙，它们的实际效用逐渐降低了。这种发展的关键是在市民和城市演员网络联接中通过反馈系统形成自我规范。

在这点上，网状城市（net city）信息传播途径的复杂性显而易见。由于网络空间的超现代性，城市模型开始从虚拟概念维度处理基本的群体心理需求，使得非理性欲望再次萌生。这种非理性的结构似乎在网状城市的媒体系统中变得异常强大，并激发出广泛流行的巨型荒诞结构。

我们已经注意到这些巨大的新节点，他们通过自下而上地重构传统旅游和娱乐吸引点，影响传统建筑城市和电影城市发挥作用。欧洲的建筑城市无法解释每年会有1200万~1400万人参观欧洲迪斯尼——参观威尼斯的游客也是这么多。但是这个数量跟美国的游客量相比只占一小部分。根据美国公众信息部门统计，佛罗里达的奥兰多主题公园每年接待3400万游客，拉斯维加斯每年接待3200万人，美国的区域购物中心每年接待人数总计达到4200万人。纽约在2000年仅有3600万游客；经过9·11事件后，游客人数下降到3000万人（2003年）。

同时，最繁忙的伦敦国际机场——在 2003 年流通了 6000 万人；新建的香港机场预计会超过伦敦。这种能够赋予个体更多自由的网络城市广受欢迎，特别是当系统正常运行并平等地扩散到广阔的地域范围内，没有交通出行高峰、瓶颈或者其他明显低效率因素的时候。

先前引用的欧洲和亚洲的城市案例说明了美国模式并不是唯一可以学习的网络城市范本。即使在美国，得益于科技的灵活性，我们不难猜测混合城市中的混合汽车和混合建筑可能会再次改变美国的城市模型，产生一个新型网络城市，远远超越当代新城市主义者所想象的低密度城市景象。

每年，巨量移民被吸引到网络城市中，表明人们渴望多样化城市形态。城市中大量变异性节点就是这种多样性的表征；大量的流也暗示着一个极度不平衡的动态系统。建立概念模型为我们提供了一种在当今商业系统中处理诸如生态流等海量数据的方法，同时可以通过模型评估这些流对环境的影响。概念模型还为我们提供了一种方法，在基本层面整合网络城市的支持基础——反馈系统和生态模型。

从这个角度看，城市里的演员持续不断从周围环境向城市中引入能量非常重要，城市生态从来没有平衡过。然而，这种计算方法却不适于度量城市产生的快乐和灵感、城市文化和组织容量（这些可能是人类在地球上生存的关键）；另一方面，现在的工业世界对能源显著的消耗既不可持续，也开始令人厌恶。

令人矛盾的是，城市既是人们生存的威胁，也是人们生存的最大希望。人们用脚投票，迁移到城市里，即便这意味着暂时要住在一个拥挤和不方便的变异空间内，比如九龙寨城、非洲自建的棚屋小镇或者拉丁美洲的贫民窟。城市组装体各个历史断层所代表的模式和历史生活世界仍然对个体具有吸引力，并为他们提供自由的潜力——还有更多的功能等待发现。

网络城市的概念模型为所有的城市模型提供了空间，使它们可以在不同层面共存，每个层面的模型都有自己的变异空间系统来控制稳定和变化速率。如果将所有这些因素都叠加在一起，这个多层面和多系统的模型可能会很复杂；我们只能在设计中理解其中的一小部分。然而人类有卓越的模式识别能力，它能让作为催化剂的设计师实现想象的飞跃。我们在阅读网络城市时必须依靠一部分直觉，因为没有一个中央控制者不遗余力地为我们量化或者模型化这个城市。我们在时刻冲击着新的平衡——却无法预见所有的后果。

城市仍然保留着为演员们提供会面场所的功能。它们仍然承载着人类的空间梦想。尽管城市存在是必要的，但也是恶劣和不平等的。城市仍然是重新分配财富，增长知识和社会公正的场所。城市中的学校仍然有助于社会再生产，有助于保存和宣扬我们生存所必须的知识。不过在网络城市的混沌和失调环境中工作的城市演员，可能会面临胡乱折腾、精力分散的危险——本书序言中提到的七点设计策略也许会帮助设计师提高效率。本书试图通过提供各种面向长远目标的工具，帮助所有类型的城市演员提高能力。

最后，我提供了一个灵活的"可能性形态生成矩阵"（morphogenetic matrix of possibilities），它能帮助演员在想要构建秩序的地方建设一块区域。但是当演员不需要一个主导秩序的时候，或者当他们需要灵活性、杂乱、不可预测性和创造意料之外的机会——幻象变异空间的时候，它也能够起作用。我提出的城市元素——流动空间、稳态空间和变异空间，构成了形态生成矩阵的一个维度；另一个维度由先前的演员创建出的标准模型构成，即建筑城市（Archi Città）、电影城市（Cine Città）、信息城市（Tele Città），以及我后来加上的新兴网络城市（Net City）。理想情况下矩阵应该是三维的，时间可以作为竖向维度，揭示特定城市、特定时期演员活动模式的层级和组织系统。

梅尔文·查尼（Melvin Charney）设计的蒙特利尔加拿大建筑中心

图 5-1 梅尔文·查尼：屋顶雕塑花园，蒙特利尔，加拿大建筑中心，1990 年

的露台微缩了灵活的可能性形态生成矩阵的希望。它通过重组城市原型和形态元素形成奇怪的序列，俯瞰着蒙特利尔的工业区废墟及其巨大的谷仓、工厂和棚户区。在这里，简单的住宅类型、复杂的结构主义元素，以及对城市过去和现在的隐喻混合在一起，强有力地传递了对城市和人类演员生存充满希望的信号。（图 5-1、图 5-2、图 5-3）

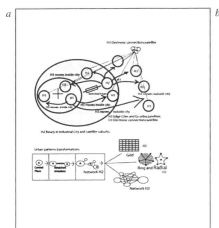

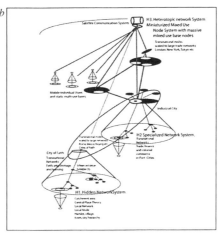

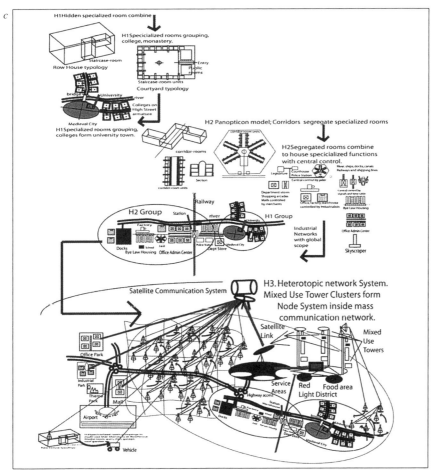

图 5-2 变异性节点
a）大卫·格雷厄姆·肖恩：变异空间的迁移
b）变异空间的增殖扩散
c）变异空间在城市扩张中作用的分层分析

图 5-3 变异性节点
d1,2）一个教授的工作之旅，咖啡和午餐，纽约市，2004 年
e1,2,3）从一个教授的视角看库伯联盟学院；市中心会议室向外看；乡村的下午茶

f）教授的路径地图，2004 年
g）观察者的乔装：迈克尔·杜布，亚历克斯·穆斯托宁，达伦·罗杰斯，和拉哈·塔莱比

译后记

　　后现代城市形态总是与碎片化、非理性、紊乱、异质等词汇联系在一起，这些词汇反映了一个共同的指向——过去我们赖以认识和描述城市的模型和工具不再适用了，这标志着一个新的城市形态范式即将出现。然而，城市空间形态的变化往往滞后于经济社会变迁。尽管凯文·林奇等学者对后现代城市形态已经有所预见，提出了生态城市、"炒鸡蛋"等模型，但是并没有对此展开深入讨论。相比于经济学对多中心的研究，地理学对信息化和流的研究，社会学和心理学对碎片化和异质性的研究等领域的进展，城市设计领域还缺乏系统认识后现代城市形态的方法论。

　　本书的贡献在于立足既有的城市形态理论和相关学科的研究基础，提供了一个完整的城市形态认知模型，即三个城市形态发展阶段——建筑城市、电影城市、信息城市，与构成城市形态的三要素——稳态空间、流动空间与变异空间。三种城市形态与三个要素虽然不是作者原创，但是通过重组城市理论，得到了很好的融合和内涵扩展。如同任何一个科学理论的突破，这个新模型不仅能够解释当前多中心、网络化和碎片化的后现代城市，还能够实现对历史上诸多城市形态理论的包容（作者试图进行这方面的尝试）。

　　重组城市理论将"流"和时间的维度引入城市元素内涵，从而突破静态描述城市建成环境的传统，其意义堪比林奇将"心理认知地图"引入城市形态和城市设计研究。在流和网络的认知框架下，本书从城市的起源开始，为我们展示了城市形态变迁的过程以及三要素所起的作用。

　　变异空间（或者称为异质空间）是后现代城市中最令人迷惑的空间现象，也是西方诸多领域研究的热点。作者用了大量篇幅将这一信息时代的新空间现象整合进重组理论体系，试图从建成环境的角度对这一现象进行解释，并指出，恰恰是这类空间促成了城市形态的演变。在三类变异空间中，幻象变异空间更能够体现信息时代亦真亦幻的空间特点，这是一个非常值得深入思考的命题。

本书的翻译颇为不易。一方面是因为许多关键术语没有对应的中文，或是书中的意义与既有的中文术语意义相差太远，例如对三个要素的翻译；另一方面是因为书中大量涉及其他学科领域的旁征博引，可能存在翻译不当之处，请读者批评指正。另外，由于版权的原因，原书中少量图片没有出现在中译本中，但是基本不影响阅读和理解本书的内容。这些图片和画作大部分是十分著名的作品，读者可以根据注释自行查看。

感谢阿西姆·伊南教授向我推荐此书，感谢本书作者格雷厄姆·肖恩教授。几年来，肖恩教授一直就翻译中的各种困难给予译者大力支持，并努力寻求解决办法。感谢中国建筑工业出版社，感谢在不同阶段参与翻译工作的张萃、张如彬、卜晓丹、陈钰麒、范金龙等同仁。

译者

2016 年 8 月